Dickerhof/Gengenbach

Kooperationen flexibel und einfach gestalten

Markus Dickerhof
Ulrich Gengenbach

Kooperationen flexibel und einfach gestalten

Checklisten – Tipps – Vorlagen

HANSER

Bibliographische Information der Deutschen Bibliothek
Die Deutsche Bibliothek verzeichnet diese Publikation in der Deutschen Nationalbibliografie; detaillierte bibliografische Daten sind im Internet über http://dnb.ddb.de abrufbar

Internet: http//www.hanser.de
Lektorat: Lisa Hoffmann-Bäuml
Herstellung: Ursula Barche
Umschlaggestaltung: büro plan.it unter Verwendung eines Bildmotivs von Hartmut Keitel
Gesamtherstellung: Kösel, Krugzell
Printed in Germany

ISBN-10: 3-446-40585-2
ISBN-13: 978-3-446-40585-1

Vorwort

Im Zeitalter der Globalisierung ist ein starker Trend zu Allianzen, Joint Ventures und Übernahmen zu erkennen. Diese Formen findet man häufig bei kapitalstarken internationalen Unternehmen, die z. B. internationale Marktführerschaft erreichen bzw. ausbauen wollen. Auf nationaler Ebene spielen im industriellen Bereich für klein- und mittelständische Unternehmen (KMU) eher Kooperationsnetzwerke eine Rolle. Der starke Globalisierungstrend zwingt die kleineren Unternehmen dazu, mit Partnern aus ergänzenden oder konkurrierenden Bereichen zusammenzuarbeiten, um gegen die „Big Player" ihrer Branche konkurrenzfähig zu bleiben.

Das „ökonomische Prinzip", also der Grundsatz der Wirtschaftlichkeit, nach dem mit gegebenen Mitteln ein höchstmöglicher Erfolg (Maximalprinzip) oder ein angestrebter Erfolg unter Einsatz geringstmöglicher Mittel (Minimalprinzip) erzielt werden soll, reduziert sich dabei nicht mehr nur auf die Betrachtung der eigenen Mittel, sondern bezieht auch Synergien durch Kooperationen mit ein.

Bedingt durch neue europäische Regelungen auf dem Arbeitsmarkt müssen sich deutsche Unternehmen auf die neuen Rahmenbedingungen einstellen. Das deutlich niedrigere Lohnniveau in osteuropäischen Ländern belastet einerseits die Wettbewerbsfähigkeit deutscher Firmen mit hohen Lohnkosten. Andererseits kann das niedrigere Lohnniveau gerade für einen Mittelständler auch ein Anreiz sein, verstärkt eine Unternehmenskooperation auch mit einem osteuropäischen oder asiatischen Unternehmen einzugehen.

Oft wird eine Unternehmenskooperation als eine statische Konstruktion angesehen. Dementsprechend werden Methoden und Werkzeuge auf einen einzigen Endzustand hin entwickelt. Gerade bei sich neu bildenden Netzwerken kann dies hinderlich, ja sogar tödlich für eine Kooperation sein. Unsere Erfahrung in Kooperationen und auch die Gespräche mit vielen Netzwerken haben gezeigt, dass wohl das Bild der „Unternehmenskooperation als Organismus" – wie es in den letzten Jahren bereits in theoretischen Arbeiten vorhergesagt wurde – der Realität oft viel eher entspricht.

Wir stellen Ihnen in diesem Buch eine Vorgehensweise vor, die sich an den Realitäten des Mittelstands orientiert. Entwicklungsphasen, Nutzen und Risiken einer Kooperation werden realistisch betrachtet, das schrittweise Vorgehen beim Aufbau wird erläutert.

Eine Aussage vorweg: Viele Forschungsprojekte und Beratungsgesellschaften haben sich mit der Infrastruktur von Kooperationsnetzwerken beschäftigt.

Unsere Erfahrung zeigt, dass der Einsatz von Software immer nur ein – wenn auch sehr nützliches – Hilfsmittel zur Erreichung unternehmerischer Ziele der Kooperation sein kann, niemals aber das Kriterium für deren Erfolg ist.

In diesem Buch erfahren Sie, wie man bei der Entwicklung und Umsetzung einer gemeinsamen Geschäftsidee vorgeht, welche organisatorischen und infrastrukturellen Werkzeuge für eine dauerhaft erfolgreiche Kooperation notwendig sind und wie Sie sie am besten in Ihrem Unternehmen umsetzen können. Denn ein Misserfolg kostet Sie mehr als nur Geld!

Inhalt

1 Kooperationsnetzwerke – eine Lösung für den Mittelstand im Zeitalter der Globalisierung?

„Es genügt nicht, zum Fluss zu kommen mit dem Wunsch, Fische zu fangen. Man muss auch das Netz mitbringen."

Fernöstliche Weisheit

Die Erkenntnis, dass Deutschland sich aufgrund der Globalisierung in einem dramatischen Umbruchprozess befindet, ist nicht neu. Die einen betrachten das Glas als halb voll und sehen in erster Linie die Chancen auf neuen Märkten; die anderen sehen es halb leer und sehen eher die Risiken, wie neue Konkurrenten mit deutlich niedrigeren Arbeitskosten, die deutsche Arbeitsplätze gefährden.

Viele Großunternehmen und auch einige Mittelständler verlagern Produktionsstätten in die neuen EU-Beitrittsländer oder nach Asien, weil Arbeitskosten von weniger als 1 € gegenüber knapp 30 € in Westdeutschland zu verlockend sind. In Realität lässt sich diese Kostendifferenz oft nicht realisieren. Qualitätsprobleme und Kommunikationsprobleme machen nicht selten den Kostenvorteil in den Arbeitskosten wieder zunichte. Einige Firmen haben ihre Produktion wieder nach Deutschland zurückgeholt; manche haben sich dem „Treck nach Osten" gleich gar nicht angeschlossen.

„Durch Optimierung der Geschäftsprozesse kann man auch in Deutschland wettbewerbsfähig produzieren", meint Wendelin Wiedeking, Vorstandsvorsitzender der F. Porsche AG. „Nun ja", werden Sie vielleicht einwenden, „der hat gut reden. Schließlich ist Porsche kein Mittelständler und nicht jeder produziert so ein exklusives Produkt. Von solchen Margen können wir nur träumen, ich bin viel weiter unten in der Wertschöpfungskette." Diese Gedanken sind nachzuvollziehen, aber bevor wir uns Ihrer Position in der Wertschöpfungskette widmen, sollten wir zunächst einen Merker auf die Optimierung von Geschäftsprozessen setzen. Darauf werden wir zurückkommen, denn dies ist ein wichtiger Punkt, um in der Globalisierung wettbewerbsfähig zu bleiben.

Es lässt sich beobachten, dass bisher im Wesentlichen Arbeitsschritte mit einem hohen Personalkostenanteil nach Osten verlagert wurden. So hat z. B.

die Leoni AG die Fertigung von Kabelbäumen für PKWs in die Ukraine ausgelagert. Dies ist eine Tätigkeit, die trotz vieler Automatisierungsversuche nach wie vor manuell durchgeführt wird und ungelernten Arbeitern, gleich wo auf der Welt, leicht zu vermitteln ist. Zur Entwicklung und Auslegung der Kabelbäume ist jedoch einiges Know-how notwendig, daher ist die Entwicklung von Leoni nach wie vor in Deutschland angesiedelt.

Mittlerweile gibt es auch in den Drittländern im Osten eine gute Basis an tüchtigen Ingenieuren, so dass einige Großunternehmen dazu übergehen, Teile ihrer Entwicklung dorthin auszulagern. Da dabei jedoch die Gefahr besteht, wertvolles Know-how potentiellen späteren Konkurrenten frei Haus zu liefern, wird sich dieser Trend wohl nicht in letzter Konsequenz durchsetzen, vielmehr ist auch hier eine arbeitsteilige Zusammenarbeit zu erwarten.

Gerade Innovationskraft und Flexibilität wurden lange Jahre als die Kennzeichen des deutschen Mittelstandes gepriesen. Bedeutet dies im Zeitalter der Globalisierung, dass der Mittelstand zwar noch erfinden und entwickeln darf, jedoch woanders (außerhalb Deutschlands) produziert wird?

Wo steht der Mittelstand heute?

Um mit dem zunehmenden Kostendruck zurechtzukommen, haben sich viele Betriebe in den letzten Jahren von zunächst breitem Angebot auf einige wenige Kernkompetenzen konzentriert. Damit wurden sie hochspezialisierte Anbieter auf einem eng begrenzten Gebiet. Durch die Spezialisierung entstanden aber oft ganz neue Abhängigkeiten. Häufig werden sie nun von ihren Kunden unter Druck gesetzt, kontinuierlich weiter zur rationalisieren und Kosten zu senken mit dem Effekt, dass die Margen laufend sinken.

„Sie bekommen den Auftrag, wenn Sie uns garantieren, dass sie in den nächsten drei Jahren die Preise um 3 % pro Jahr senken.“

Aussagen dieser Art klingen so manchem in den Ohren, der in der Automobilzulieferindustrie tätig ist. Die Spezialisierung und die daraus resultierende zunehmende Taylorisierung der Produktion haben dazu geführt, dass viele klein- und mittelständische Unternehmen nur noch Dienstleister für einige wenige Prozesse oder Produzenten von Vorprodukten sind. Damit partizipieren sie kaum an der Wertschöpfung des Produkts. Gleichzeitig bedrängt sie die neue Konkurrenz aus dem Osten. Wenn man so in der Ecke steht, hat man nur zwei Optionen:

- zu versuchen, durch Produktionsverlagerung in Billiglohnländer wettbewerbsfähig zu bleiben, oder

- zu versuchen, in der Wertschöpfungskette aufzusteigen und damit wieder auskömmliche Margen zu erzielen.

Die genannte Leoni AG hat offensichtlich die erste Option gewählt.

„Alles gut und schön", könnten Sie einwenden, „wir würden schon gerne im Land bleiben und auf der Wertschöpfungskette höher steigen, um höhere Margen zu erzielen. Dazu müssten wir im Stande sein, komplexere Produkte/ Dienstleistungen anzubieten, aber dafür sind wir einfach zu klein. Dazu fehlen uns die finanziellen und personellen Ressourcen."

Genau betrachtet sind in diesem Einwand zwei Aspekte verborgen. Der eine Aspekt ist die Art der Leistung, die das Unternehmen für seine Kunden erbringt. Wurden bisher die Umsätze mit einzelnen Prozessen und Vorprodukten erbracht, muss es nun etwas mehr sein. Der amerikanische Management-„Guru" Theodore Levitt sagte: „Die Kunden wollen keinen ¼-Zoll-Bohrer kaufen. Sie wollen ein ¼-Zoll-Loch."

Heute kann man dieses Bild noch weiter treiben. Die Kunden interessiert auch nicht mehr das Loch, sie wollen das Produkt, das ein Problem löst. Dies bedeutet für den Mittelständler, er muss vom Prozess-/Vorproduktanbieter zum Anbieter komplexerer Dienstleistungen, zum Systemanbieter, am besten zum Problemlöser des Kunden werden. Dies erfordert eine gravierende Änderung der Denkweise im Unternehmen.

Nun zum zweiten Aspekt der obigen Aussage: Natürlich fehlen den meisten Mittelständlern die Ressourcen, die Eigenkapitalquote deutscher Unternehmen ist mit durchschnittlich 18% beängstigend niedrig. Im Zeitalter von Basel II sind die Banken auch nicht mehr so ohne weiteres bereit, die Weiterentwicklung des Unternehmens zu finanzieren.

Wenn man also so etwas nicht alleine schafft, muss man sich eben Verbündete suchen. Das Ziel muss es sein, zusammen mit anderen mittelständischen Unternehmen sein Portfolio so abzurunden, dass man gemeinsam komplexere Systeme/Systemdienstleistungen anbieten kann. Damit kann man gemeinsam auf der Wertschöpfungskette höher steigen und schlussendlich gemeinsam höhere Margen erzielen. Damit sind wir bei den Netzwerken angekommen.

Laut Gesamtmetallpräsident Martin Kannegiesser sind Netzwerke die Chance für den Mittelstand, komplexe Abläufe zu bewältigen und die gravierenden Nachteile der Wertschöpfung in Deutschland aufzufangen.

In solchen Netzwerken, mit den von Herrn Wiedeking apostrophierten optimierten Geschäftsprozessen, hat der deutsche Mittelstand eine Chance, weiterhin seinem Image als leistungsfähiger, flexibler Innovator gerecht zu werden.

Nun gibt es in gerade auch im deutschen Sprachgebrauch eine Vielzahl von Vorstellungen darüber, was ein Netzwerk sein kann oder tun soll. Will man sich ernsthaft mit dem Aufbau eines solchen Verbunds beschäftigen, so lohnt es sich, neben den Fragen zu Sinn und Zweck des Vorhabens sich auch eine klare Vorstellung über den Begriff und seine Bedeutung zu verschaffen.

1.1 Kooperationsnetzwerke und virtuelle Unternehmen – praxisnahe Einordnung

Der Begriff des **virtuellen Unternehmens** wurde in den letzten Jahren auf vielfältige Weise definiert. Die Organisationsentwicklung proklamierte den Begriff für die Bereitstellung gemeinsamer Angebote im Bereich Fertigung oder für das Outsourcing bestimmter Unternehmensfunktionen. Die Informationstechnik entwickelte „Rundum-sorglos"-Softwarepakete. Organisationspsychologen betrachteten das Ganze primär als eine Frage der Teamentwicklung und des Vertrauensmanagements.

Das virtuelle Unternehmen wird auch heute noch in der Öffentlichkeit oft als die Lösung vieler wirtschaftlicher Probleme im Zeitalter der Globalisierung gepriesen. Dabei ist ein virtuelles Unternehmen in erster Linie eine temporäre Organisationsform mit dem Ziel, verschiedene, rechtlich selbständige Unternehmen zusammenzufassen, um gemeinsame eine klar umrissene Aufgabe zu lösen. Die Betonung liegt hier auf „temporär" und „klar umrissene Aufgabe", es handelt sich also im eigentlichen Sinne nicht um eine Kooperationsform für eine längerfristige Zusammenarbeit, um neue Märkte zu erschließen.

Ein **Kooperationsnetzwerk** im Sinne dieses Buches ist hingegen ein auf Langfristigkeit angelegtes komplexes Gebilde. Es basiert auf einer guten gemeinsamen Idee, organisationalen Aspekten, wie einer Aufbau- und Ablauforganisation, sowie dem Vertrauen und dem „guten" Willen der Partner untereinander. Nach der Maxime „form follows function" kann man in Abhängigkeit des geplanten Grads an Intensität der Zusammenarbeit dabei nicht von „funktionierenden" oder „nicht funktionierenden" Kooperationsformen sprechen. Die Kooperationsform orientiert sich eher an den unterschiedlichen Zielen der Zusammenarbeit und an der damit variierenden notwendigen Intensität. In der Innensicht ist ein Kooperationsnetzwerk eine intensive Form der Zusammenarbeit, das durchaus viele Elemente und Werkzeuge enthalten kann, auf die im Zusammenhang mit dem Begriff des virtuellen Unternehmens in der Literatur immer wieder eingegangen wird.

Dabei sind Kooperationsnetzwerke oder virtuelle Unternehmen an sich nichts Neues. Arbeitsgemeinschaften großer Unternehmen im Bauwesen zur Errichtung von Gebäuden oder Infrastrukturen sieht man nahezu auf dem Bauschild jeder größeren Baustelle. In der Fertigungsindustrie werden Joint Ventures, wie etwa zwischen Siemens und Fujitsu geschlossen, bei denen die PC-Sparten der beiden Firmen zusammengefasst werden, um Skaleneffekte zu realisieren und eine bessere Marktdurchdringung zu erreichen. Auch die Generalunternehmerschaft kann als eine Art temporäre Kooperation angesehen werden, auch wenn die Zusammenarbeit hier streng hierarchisch organisiert ist.

Die Herausforderung liegt jedoch in viel mehr. Es geht darum, gerade mittelständische Unternehmen zu motivieren, sich so zu organisieren, dass sie die größtmöglichen Synergien ihrer Zusammenarbeit voll ausnutzen können. Als Vorbild bezüglich der synergetischen Wirkung unterschiedlicher Disziplinen sind sicher in erster Näherung viele Großunternehmen zu sehen. Deren Erfolg beruht nicht zuletzt auf einem oft sehr hohen Organisationsgrad der Arbeitsteilung und der Zusammenarbeit.

Das sollten Sie sich merken:

Es gibt heute zumindest in der Theorie für fast jede gewünschte Form der Kooperation eine adäquate Organisationsform. Diese unterscheiden sich im Wesentlichen durch ihre zeitliche Ausrichtung (befristet/unbefristet), die Komplexität der Aufgabe (z. B. Systemdienstleistungen) und die Intensität der hierzu notwendigen Kooperation (z. B. Höhe des Entwicklungsanteils). Spannend wird es, wenn es an die Umsetzung geht. Spätestens hier trennt sich dann die „Spreu vom Weizen“. Während einfachere Formen der Zusammenarbeit wie z. B. Produktionsnetze zumeist problemlos organisiert werden können, wird man kaum auf erfolgreiche Kooperationen gleichberechtigter Partner stoßen, bei denen unternehmensübergreifende Aspekte von entscheidender Bedeutung sind.

Virtuelle Unternehmen sind in ihrem eigentlichen Sinn eine auf die Abwicklung eines Auftrags beschränkte Sonderform von Kooperationsnetzwerken und nicht – wie oft irrtümlich behauptet – die zukünftige Form der längerfristigen strategischen Zusammenarbeit für mittelständische Unternehmen.

Wie wir in diesem Buch in den folgenden Kapiteln vorstellen werden, können sich KMU in Netzwerken vergleichbar gut organisieren, sofern der Wille zur echten Zusammenarbeit wirklich gegeben ist. Hinsichtlich der Flexibilität sind sie den Großunternehmen sogar deutlich überlegen!

1.2 Worum es sich beim Aufbau von Kooperationsnetzwerken dreht

Aufgrund von sich ändernden Wettbewerbsbedingungen, wie z. B. zunehmender Prozessoptimierung über das eigene Unternehmen hinaus, und dem Zwang, flexibel auf Kundenwünsche zu reagieren, gewinnen Kooperationen immer mehr an Bedeutung.

In der ENSR(European Network for Social and Economic Research)-Studie der Europäischen Kommission wurden europaweit klein- und mittelständische Unternehmen zum Thema Kooperationen befragt. Die am häufigsten genannten Gründe für Kooperationsnetzwerke waren:

- Zugang zu neuen und größeren Märkten,
- breitere Beschaffungsmöglichkeiten für Produkte,
- Zugang zu Know-how und Technologien,
- zusätzliche Produktionskapazität,
- geringere Kosten.

Neue Qualität der Zusammenarbeit für den Mittelstand

Innerhalb eines Kooperationsnetzwerks bringen die einzelnen Firmen ihre Kernkompetenzen zur Leistungserstellung ein, treten jedoch gegenüber Dritten als ein Unternehmen auf.

Zur Koordination der an einem zeitlich befristeten Arbeitsauftrag beteiligten Unternehmen existiert eine firmenübergreifende Projektorganisation, die entweder zentral oder dezentral umgesetzt werden kann. Die zentrale Projektorganisation stellt dabei ein wesentliches Unterscheidungsmerkmal von Kooperationsnetzwerken zu loseren Formen der Zusammenarbeit dar. Diese koordiniert unterschiedlichste Aktivitäten von mehreren Parteien bzw. Partnerunternehmen zielbewusst, so dass unter Einsatz verschiedener Ressourcen und Kompetenzen eine Wertschöpfungskette entsteht.

Während virtuelle Unternehmen in der Regel zeitlich befristet und auf die Abwicklung eines Auftrags hin ausgerichtet sind, löst sich im Gegensatz dazu die Struktur des Kooperationsnetzwerks nicht auf. Das Ziel des Netzwerks muss analog zu einem richtigen Unternehmen sein, möglichst lange und erfolgreich am Markt zu agieren. Die notwendige Abstimmung zwischen den Partnern erfolgt über moderne Informations- und Kommunikationsmittel auf der Basis einer unternehmensübergreifenden Aufbau- und Ablauforganisation.

Eine ausgeprägte Vertrauensbeziehung zwischen den eigenständigen Firmen und den beteiligten Personen ersetzt umfangreiche Vertragswerke. Die wesentlichen Regeln der Zusammenarbeit werden in einem Rahmenvertragswerk geregelt.

Dem Kooperationsnetzwerk stehen keine eigenen Produktions- und Entwicklungskapazitäten zur Verfügung, diese sind nur bei den einzelnen Partnern vorhanden.

Nicht nur die Zusammenarbeit innerhalb des Netzwerks, auch das geschlossene Auftreten nach außen hin muss ein Merkmal des gemeinsamen Unternehmens sein, um die Kunden nicht zu verunsichern, sondern ihr Vertrauen zu gewinnen.

Die Flexibilität, andere Unternehmen für neue Projekte heranzuziehen, muss aufgrund des Bestrebens, gemeinsam Erfolg zu haben, dabei auch ein Zurücktreten des einzelnen Partners zulassen. Hierdurch entsteht eine dynamische Unternehmensstruktur, die nur funktioniert, wenn jeder Partner alleine für sich dennoch genug Profit aus der Kooperation zieht.

Das sollten Sie sich merken:

Die Nutzenbilanz eines jeden Partners muss insgesamt stimmen. Ein permanentes Hinterfragen des Eigennutzens bei jedem Projekt führt über kurz oder lang zu einem Auseinanderbrechen der Kooperation.

Die Merkmale des Kooperationsnetzwerks finden Sie in Tabelle 1.1. Es entsteht eine besondere interorganisationale Organisationsform, die die einzelnen Firmen verbindet und die Risiken, Kosten und gegebenenfalls Investitionen umlegt.

Nutzen eines Kooperationsnetzwerks

Die Nutzeffekte, die sich aus dem Netzwerk ergeben, resultieren in einer besseren Kapazitätsauslastung der einzelnen Firmen. Zusätzliche Aufträge, die vom Kooperationsnetzwerk akquiriert werden, führen nicht nur zu einer höheren Auslastung der Ressourcen, sondern möglicherweise auch zum Wachstum eines einzelnen Unternehmens. Es können Skaleneffekte auftreten durch größere Produktionsmengen in dem Geschäftsbereich, in dem die eingebrachten Kompetenzen liegen. Durch die Kooperation mit Firmen anderer Kompetenzbereiche können neue Produkte entwickelt und produziert bzw. umfassende Dienstleistungen angeboten werden. Die Breite des Auftragsspektrums wird somit zusätzlich erweitert. Außerdem können Kapital, vor-

Tabelle 1.1: Merkmale und deren Ausprägungen in Kooperationsnetzwerken [SCHOL94]

Merkmal	Ausprägung
Konstituierende Charakteristika	Wirtschaftliches Ziel (Gewinn erzielen)
	Zielbewusste Koordination mehrerer Parteien
	Einsatz verschiedenster Ressourcen und Kompetenzen entlang der Wertschöpfungskette
	Bestimmte Aufbau- und Ablaufstrukturen
Fehlende physikalische Attribute	Keine herkömmliche Organisationsstruktur
	Kein eigenes Unternehmensgebäude
	Keine eigenen Personal-/Maschinenkapazitäten
	Keine ausgeprägte Unternehmenskultur
Spezielle Zusatzspezifikationen	Dezentralisierung
	Dynamische Unternehmensstruktur
	Interorganisationale Organisationsform
	Räumliche und zeitliche Entkopplung arbeitsteiliger Prozesse
	Ausgeprägte technische Infrastruktur
	Extensiver Einsatz von Informations- und Kommunikationstechnik
	Besondere, fest definierte Schnittstellen
	Ausgeprägte Vertrauensbeziehungen
	Verteilung von Risiken, Kosten und gegebenenfalls Investitionen
	Geschlossenes Auftreten nach außen hin
Nutzeffekte	Bessere Kapazitätsauslastung
	Skaleneffekte
	Vergrößerungspotential erhöht
	Umfassenderes Angebots- und Auftragsspektrum
	Gemeinsame Nutzung von Kapital, Markennamen, Marktkontakten

handene Markennamen und Marktkontakte zum gemeinsamen Vorteil genutzt werden.

Fehlen wichtige Zusatzspezifikationen in einem Kooperationsnetzwerk, so kann es zu ineffizienter Arbeit, Nutzeffektverlusten und letztendlich zum Verlust der Konkurrenzfähigkeit kommen. Ist beispielsweise das gegenseitige Vertrauen untereinander nicht vorhanden oder werden festgelegte Schnittstellen umgangen, so kann die Weitergabe wichtiger Informationen unterbrochen sein. Folge können Probleme bei der Warenübergabe, Liege- und Wartezeiten halbfertiger Waren oder fertiger Erzeugnisse und herabgesetzte Termintreue sein.

Aufgrund von sich ändernden Wettbewerbsbedingungen, wie z. B. zunehmender Prozessoptimierung über das eigene Unternehmen hinaus, und dem Zwang, flexibel auf Kundenwünsche zu reagieren, gewinnen Kooperationen immer mehr an Bedeutung.

Synergien aus Kooperationen

Durch den Zusammenschluss zu Unternehmensverbünden ergeben sich neue Möglichkeiten, komplexe Kundenprobleme arbeitsteilig und unternehmensübergreifend zu lösen. In solch einem Wertschöpfungsnetzwerk wird ein gemeinsamer Nutzen aus den erweiterten Ressourcen, insbesondere des Know-hows (Technologie- und Marktinformation), gezogen.

Die Chancen eines Kooperationsnetzwerks sind vielschichtig und bringen Vorteile für die unterschiedlichsten Unternehmensbereiche.

Neben der Verteilung des unternehmerischen Risikos, der Senkung des Kapitalbedarfs und der Produktionskosten entstehen auch Synergien durch interorganisationales Lernen und den Austausch speziellen Wissens [NEUEN05].

Aus betriebswirtschaftlicher Sicht können sich gerade bei Netzwerken von Unternehmen mit kleinerer Mitarbeiterzahl in manchen Fällen beispielsweise Vorteile durch einen gemeinsamen Einkauf ergeben. Die einzelnen Partner handeln durch eine gemeinsame Einkaufspolitik günstigere Konditionen bei gemeinsamen Lieferanten aus und – vorausgesetzt, die Vertrauensbasis untereinander ist vorhanden – vergleichen ihre unterschiedlichen Konditionen bei verschiedenen Lieferanten. Durch dieses Benchmarking der Lieferantenportfolios wird zusätzlicher (Preis-)Druck auf die Lieferanten ausgeübt werden.

Der gemeinsame Einkauf gleicher Produkte durch eine Vereinheitlichung der Einkaufsartikel im Bereich Fertigungshilfsmittel oder Büromaterial kann zudem zu einer gewissen Standardisierung unter den Partnern führen. Dies erleichtert gerade bei einem größer werdenden Volumen von gemeinsamen Projekten zusätzlich die Zusammenarbeit, auch wenn sie keine Grundvoraussetzung für deren Erfolg darstellt. So kann durch den gemeinsamen Einkauf von Betriebsdatenerfassungsgeräten eine firmenübergreifende Produktionsplanung und -steuerung vereinfacht werden. Zusätzlich kann ein Partner bei Problemen mit seinem Gerät auf das Infrastruktur-Know-how der anderen Partner zurückgreifen.

Ein weiterer Nutzen liegt z. B. im Wissensaustausch im Bereich Qualitätsmanagement. Die Einhaltung von DIN-ISO-Richtlinien erfordert gerade für kleine Unternehmen zusätzliche Kapazitäten für einen Bereich mit häufig geringer Wertschöpfung. Es müssen Qualitätsrichtlinien, Prüfprotokolle, Handbücher etc. erstellt werden, die sich formal in den einzelnen Unternehmen der gleichen Branche sehr ähneln. Hier kann durch die gemeinsame Erstellung von Vorlagen (bzw. durch die Verwendung bereits bestehender Vorlagen eines Partners) „Doppel-Arbeit“ gespart werden.

Die überbetriebliche Ausnutzung von Synergieeffekten lässt sich auch auf den IT-Bereich übertragen. Hierbei gibt es eine Vielzahl von immer komplexeren und umfangreicheren Softwarewerkzeugen, die jeweils eine entsprechende Einarbeitungszeit für Administratoren und Anwender erfordert. Durch den Einsatz eines gemeinsamen Softwareportfolios können Einsparungen, z. B. Großabnehmerkonditionen durch netzwerkweite Beschaffung von Softwarelizenzen, realisiert werden. Die Liste der Möglichkeiten in diesem Bereich ist lang: Sie reicht von der Verwendung gemeinsamer Formatvorlagen, eigenentwickelter Makros bis hin zur gemeinsamen Lösung von Softwarefehlern. Ein bedeutender Nebeneffekt ist dabei auch, dass auch die informationstechnischen Schnittstellen zwischen den einzelnen Unternehmen bei Verwendung gleicher Software wesentlich einfacher und kostengünstiger realisiert werden können.

Tabelle 1.2 zeigt die wesentlichen Vorteile von Kooperationsnetzwerken im Überblick.

Die verschiedenen Netzwerke lassen sich nach ihrer Zielsetzung grob in Dienstleistungs- und Produktionsnetzwerke untergliedern.

Tabelle 1.2: Vorteile von Kooperationsnetzwerken

Merkmal	Ausprägung
Organisationale Vorteile	Wirtschaftliches Ziel (Gewinn erzielen durch gemeinsamen Mehrwert)
	Erweiterung des eigenen Technologiehorizonts
	Bündelung verschiedenster Ressourcen und Kompetenzen entlang der Wertschöpfungskette
	Geschlossenes Auftreten nach außen
	Dynamische Unternehmensstruktur, dadurch schnellere Anpassung an neue Anforderungen
	Geringer Verwaltungsmehraufwand gegenüber der Aufstockung der firmeninternen Administration
Monetäre Vorteile	Kein Aufbau zusätzlicher eigener Kapazitäten z. B. in Entwicklung und Fertigung
	Bessere Kapazitätsauslastung
	Kostensenkung durch gemeinsame Beschaffung
	Verteilung von Risiken, Kosten und gegebenenfalls Investitionen
Nutzen am Markt	Umfassenderes Angebots- und Auftragsspektrum
	Gemeinsame Erschließung neuer Märkte gegebenenfalls in neuen Branchen

Netzwerke

Der Netzwerk-Begriff ist äußerst vielschichtig belegt. In erster Näherung kann man zwischen Dienstleistungsnetzwerken und Produktionsnetzwerken unterscheiden:

Dienstleistungsnetzwerke

Dienstleistungsnetzwerke bilden sich, um firmenübergreifend Beratungs- oder Entwicklungsdienstleistungen zu erbringen. Beispiele hierfür sind Ingenieurnetzwerke oder Beratungsnetzwerke. Ihr Schwerpunkt besteht oft darin, Einzelkompetenzen zu bündeln und in einen Gesamtkontext eingebettet am Markt anzubieten.

Fallbeispiel: Beratungsnetzwerk PeCon GmbH

Die PeCon GmbH ist ein Beratungsunternehmen mit Sitz in Schriesheim bei Heidelberg. Sie operiert mit einer Netzwerkstruktur – wie viele der kleineren Beratungsunternehmen auch.

Genauer gesagt ist das Netzwerk als eine strategische Allianz zu bezeichnen, da dadurch Engpässe (z. B. Kapazität) mit Stärken anderer (z. B. Arbeitskraft und Know-how) kompensiert werden. Das heißt, es gibt einen Kern der Firma, dargestellt durch die Gesellschafter und die Geschäftsführerin.

Darüber hinaus gibt es einen kleinen, aber feinen Mitarbeiterstamm für die „Vitalfunktionen“ eines Unternehmens, Koordination, Administration und konzeptionelle Unterstützung.

Als weiterer Kreis steht der PeCon ein Stamm von ca. 50 Personen zur Seite, die je nach Thema, Kunde oder Region einsetzbar sind. Gleichzeitig gibt es nationale und internationale „verbundene“ Trainings- und Beratungsunternehmen, mit denen gemeinsam Projekte beworben, akquiriert und bearbeitet werden.

Produktionsnetzwerke

In Produktionsnetzwerken werden Entwicklungs- und Fertigungs-Know-how gebündelt und Produktionsdienstleistungen angeboten.

Eines der bekanntesten Beispiele ist das Airbus-Konsortium, das sich von einem zunächst losen Netzwerk im Lauf der Jahre zu einem multinationalen Konzern entwickelt hat.

Der Druck, sich zu Netzwerken zusammenzuschließen, besteht insbesondere auf dem Gebiet der Systemtechniken im Bereich der Hochtechnologien wie Flugzeugbau, Biotechnologie, Mikrosystemtechnik und Nanotechnologie. Zum einen sind die technologischen Zusammenhänge sehr komplex und zum anderen sind ihre Abhängigkeiten noch nicht im vollen Umstand verstanden.

In den folgenden Kapiteln werden wir uns vor allem den Produktionsnetzwerken zuwenden.

Woran erkennt man erfolgreiche Netzwerke?

Es gibt vier einfache Leitfragen, mit denen sich bei der Beurteilung von Kooperationsnetzwerken grob die Spreu vom Weizen trennen lässt:

- *Bewährt es sich?* So einfach das klingt, so ist es doch ein zentrales Element von Netzwerken. Es muss Erfolge geben, die für einen Partner alleine nicht zu erreichen wären. Nur dann entsteht die ausreichende Bindung.

- *Gibt es Teile des Netzwerks, die die Zusammenarbeit vorantreiben?* Viele Netzwerke verbleiben auf der Ebene der Aussagen und werden als gute Idee zu Grabe getragen. Häufig fehlt es an einem oder mehreren Treibern.
- *Wird schnell gemeinsam gearbeitet?* Erfolgreiche Netzwerke arbeiten intern schnell gemeinsam und folgen nicht erst einem langen konzeptionellen Teil. Geschwindigkeit in der Umsetzung nach innen und nach außen ist ein wichtiges Kriterium beim Erfolg, die bestimmende Größe ist hier allerdings gerade beim Anbieten von Systemdienstleistungen der Marktzugang zu neuen Märkten.
- *Vertrauen sich die Mitglieder untereinander?* Netzwerke brauchen *Vertrauen.* Das ist das wichtigste der Kriterien. Vertrauen ist der eigentliche Motor eines Netzwerks mit einer dynamischen Struktur.

1.3 Das Ganze ist mehr als die Summe seiner Teile

„Das Ganze ist mehr als die Summe seiner Teile“ hat im Kontext von Kooperationsnetzwerken zwei Qualitäten:

Die erste, externe Qualität ist die naheliegendere: Wenn man am Markt komplexe Systeme oder Systemdienstleistungen anbietet, generiert man dadurch auch quantifizierbaren Mehrwert. Die zweite, interne Qualität liegt eher im Verborgenen. Jeder Partner profitiert ganz nebenbei auch von den Erfahrungen der anderen Unternehmenskulturen, von der Weiterentwicklung seines Kerngeschäfts und von der Verbreiterung seines persönlichen Marktverständnisses. Art und Grad dieser internen und externen Synergien sind Resultate der Vision, Mission, Strategie und Umsetzung des Kooperationsnetzwerks.

Vision

Am Beginn der Entstehung eines Kooperationsnetzwerks steht immer ein Unternehmen oder eine Einzelperson mit einer Vision, die größer ist als die eines einzelnen KMU.

Der auslösende Faktor ist vordergründig oft ein einzelnes Projekt, das die Zusammenarbeit mit anderen erfordert. Anstatt für dieses Projekt die Partner immer wieder neu zusammenzusuchen, hat der Initiator nun das Ziel, Unternehmen für eine längerfristige Partnerschaft zur Realisierung einer größeren Vision zu finden. Die Größe der Vision impliziert eine Zusammenarbeit mit anderen für ihre Umsetzung.

Oft beinhaltet die Vision ein neues unternehmerisches Ziel, das sich das Einzelunternehmen allein so nicht auf die Fahne schreiben könnte und würde. So könnte beispielsweise ein Netzwerk von Fertigungsdienstleistern folgende Vision formulieren: „Wir sind für unsere Kunden der Problemlöser für alle Fragen der Miniaturisierung und Höherintegration von Systemen im Bereich Life Sciences."

Diese Vision beinhaltet einen Anspruch, der deutlich über einzelne Fertigungsdienstleistungen hinausgeht. So findet man darin den Systemaspekt, der eine Komplexität jenseits einzelner Bearbeitungsprozesse umfasst. Weiterhin fällt der Begriff „Problemlöser"; er impliziert ein besonderes Serviceverständnis, eigene Kreativität und Lösungskompetenz, mehr also als nur überspitzt ausgedrückt den Ansatz, Teile nach Zeichnung zu fertigen.

Das sollten Sie sich merken:

Zum Aufbau eines Netzwerks ist immer ein Initiator (eine Person oder eine Gruppe von Personen) notwendig. Er sieht den Handlungsbedarf und entwirft eine Vision, die größer ist, als sie ein einzelnes Unternehmen allein umsetzen kann.

Die Vision eines Kooperationsnetzwerks umfasst oft ein Rollenverständnis, das deutlich über das Rollenverständnis der Einzelmitglieder hinausgeht. Damit wird das „Ganze mehr als die Summe seiner Teile".

Mission

Aus der Vision leitet sich die Mission des Netzwerks ab. Unter Mission versteht man den übergeordneten Auftrag des Netzwerks. Hier werden die Aufgaben, Randbedingungen (Marktrandbedingungen, interne Randbedingungen) und Mechanismen (Art der Zusammenarbeit, Kommunikation) beschrieben.

Zur Ausarbeitung der Mission helfen folgende Schlüsselfragen:

- Spezifität: Wie hoch ist der Standardisierungsgrad oder umgekehrt die Einzigartigkeit der zu bearbeitenden Aufgaben?
- Veränderungsrate: Wie hoch ist der technische Fortschritt in Ihrer Branche?
- Marktzugang: Welche Netzwerkmitglieder haben Kundenkontakt?
- Zusammenarbeit: Welcher Grad an Zusammenarbeit ist zwischen den Netzwerkmitgliedern zur Erfüllung der Aufgaben notwendig?
- Rollenverteilung: Welche Rollen (z. B. Koordinator, Technologiepartner, Service-Provider) gibt es im Netzwerk und wie werden sie festgelegt?

Die Ansatzpunkte zur Klassifizierung der ersten beiden Kriterien lassen sich gut in einem Diagramm visualisieren, in dem sich verschiedene Netzwerktypen einordnen lassen (Bild 1.1).

Die Typen repräsentieren dabei unterschiedliche Klassen von Missionen, die sich bestimmten Netzwerktypen zuordnen lassen:

Missionstyp 1: Angebot von Standardprodukten/-dienstleistungen mit geringem Veränderungsgrad

Der Zweck des Netzwerks besteht darin, standardisierte Produkte und Dienstleistungen, die einem geringen technologischen Veränderungsgrad unterliegen, am Markt anzubieten. Von Einzelfällen abgesehen, sind die Zusammenarbeit zwischen den Einzelunternehmen und damit der Abstimmungs- und Koordinationsaufwand gering. Außer eventuell einer Koordination für Messeauftritte, Webpräsenz etc. existiert keine feste Aufgabenverteilung; alle Firmen haben Kundenkontakt. Aufgrund dieser geringen Beziehung der Mitglieder untereinander können an diesem Netzwerktyp auch konkurrierende Unternehmen teilnehmen. Es werden jedoch auch keine echten Synergien durch die Zusammenarbeit erschlossen.

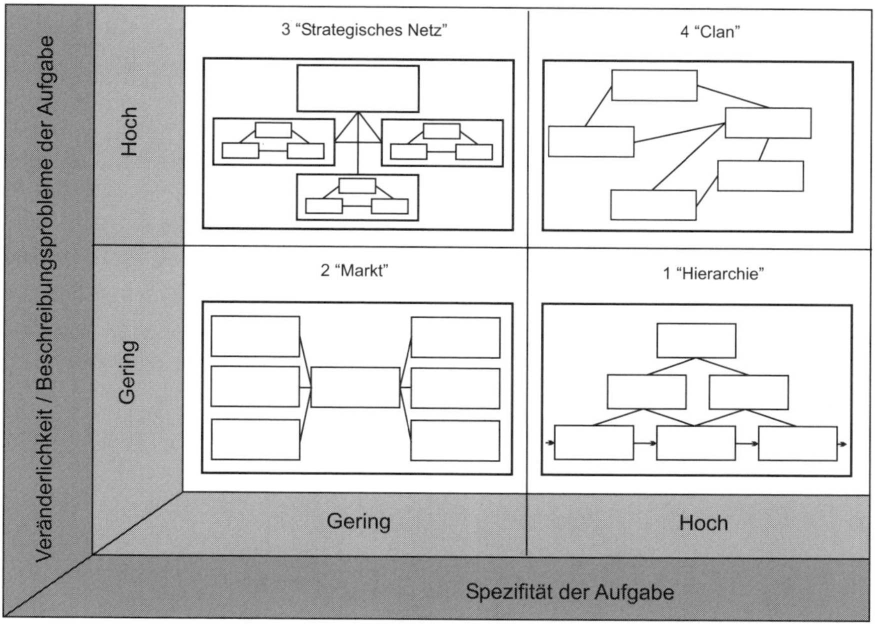

Bild 1.1: Organisationsformen [PICOT96]

➡ Der geeignete Kooperationstyp für eine solche Mission ist der Markt.
Ein Beispiel für einen Markt ist IVAM e. V., ein Zusammenschluss von Firmen auf dem Gebiet der Mikro- und Nanotechnologie.

Fallbeispiel: IVAM

IVAM – Fachverband für Mikrosystemtechnik ist eine internationale Interessengemeinschaft von Unternehmen und Instituten aus der Mikrosystemtechnik und angrenzenden Gebieten. Anfang 2006 sind 168 Unternehmen und Institute aus zwölf Ländern in Europa, Asien und den USA Mitglied bei IVAM. IVAM versteht sich als kommunikative Brücke zwischen Anbietern und Anwendern von Hightech en miniature. Daraus leiten sich die Schwerpunktaktivitäten ab:

- Technologiemarketing,
- internationale Netzwerkarbeit,
- Lobbyarbeit.

Missionstyp 2: Angebot unterschiedlicher Produkte/Dienstleistungen mit geringem Veränderungsgrad

Der Zweck eines solchen Netzwerktyps ist es, zusätzliche Kompetenzen um ein Kernunternehmen zu gruppieren. Ziel ist es, in einer wenig veränderlichen Technologie hochspezifizierte Aufgabenstellungen zu lösen. In einem solchen Fall lässt sich das Netzwerk ähnlich wie die Abteilungen eines Einzelunternehmens hierarchisch organisieren. Es gibt einen festen Koordinator. Die anderen Partner sind Unterauftragnehmer. Damit sind die Rollen zwischen den Partnern eindeutig festgelegt und die Beziehungen weitgehend hierarchisch organisiert, d. h. ein Queraustausch von Know-how und Kompetenzen ist nicht notwendig.

➡ Der geeignete Kooperationstyp für eine solche Mission ist das **hierarchische Netz**.
Beispiele hierfür sind die Generalunternehmer-Subunternehmer-Beziehungen in der Automobilzulieferindustrie.

Missionstyp 3: Angebot einer festgelegten Produkt-/Dienstleistungsklasse mit hohem Veränderungsgrad

Das Ziel von Netzwerken des dritten Typs ist es, eine Klasse von Produkten oder Dienstleistungen am Markt anzubieten. Dieses Angebot kann sich in vielen Fällen, bedingt durch die technologische Weisterentwicklung, innerhalb gewisser Grenzen ändern. Dazu sind weiter gehende Absprachen zwischen den Firmen notwendig. Ziel dieser Kooperationen ist es, Systeme oder Systemdienstleistungen an den Markt zu bringen. Das Know-how der Einzelunternehmen gewinnt daher an Bedeutung und muss zwischen den Firmen ausgetauscht werden. Es werden Rahmenverträge abgeschlossen, die Rollen und Beziehungen zwischen den Partnerunternehmen festlegen. Es gibt keine Hierarchie, sondern einen Systemführer, der das Gesamtprojekt koordiniert. Dabei existieren auch vielfältige Beziehungen zwischen den anderen Partnern. Über eine Dachorganisation hält das Netzwerk den Kundenkontakt und ist als Ganzes für die Erbringung der Leistung verantwortlich. Alle Netzwerkpartner sind für den Kunden nach außen sichtbar und demonstrieren ihre Kompetenz. Es ist offensichtlich bzw. wird bewusst kommuniziert, dass das Produkt/die Dienstleistung ein Gemeinschaftsergebnis ist.

➡ Der geeignete Kooperationstyp für eine solche Mission ist das **strategische Netz.**

Ein prominentes Beispiel für ein strategisches Netz ist das Airbus-Konsortium.

Missionstyp 4: Angebot unterschiedlicher Systeme/Systemdienstleistungen mit hohem Veränderungsgrad

Ziel dieses Netzwerks ist es, hochspezifizierte Produkte und Dienstleistungen bei sich stark ändernder Technologie am Markt anzubieten. Eine enge Zusammenarbeit und der Austausch von Wissen zwischen den Partnerunternehmen sind zur Lösung der Aufgabenstellungen notwendig. Hinzu kommt jedoch noch, dass auch die Rolle des Systemführers nicht mehr festgelegt ist. Theoretisch können alle Netzwerkmitglieder je nach Projekt, Kompetenz und Ressourcen diese Rolle annehmen. Auch hier werden die Kompetenzen der Netzwerkpartner offen nach außen kommuniziert, eine Dachorganisation koordiniert den Auftritt am Markt und übernimmt gegebenenfalls das Projektmanagement und die unternehmensübergreifenden vertrieblichen Aktivitäten.

➡ Der geeignete Kooperationstyp für eine solche Mission ist der **Clan,** auf den wir in diesem Buch näher eingehen werden.

Fallbeispiel: MikroWebFab

Die Mikrosystemtechnik zeichnet sich durch eine große Interdisziplinarität und eine hohe Anzahl komplexer Fertigungsprozesse aus. Diese Komplexität wird im Allgemeinen sowohl technologisch als auch logistisch nur von einigen Großkonzernen beherrscht. Diese haben einerseits alle Prozesse zur Herstellung von Mikrosystemen im Haus und verfügen auch über die internen Strukturen zur Vernetzung ihrer Unternehmensbereiche. Mittelständische Firmen hingegen sind spezialisiert auf einige wenige Prozesse der Mikrotechnik, wie z. B. Mikrospritzguss, Beschichtungstechnik, Aufbau- und Verbindungstechnik oder Mikroelektronik. Einer mittelständischen Firma allein ist es deshalb technologisch und organisatorisch nicht möglich, komplexe Mikrosysteme herzustellen. In der MikroWebFab haben sich fünf mittelständische Technologiespezialisten zusammengeschlossen, um gemeinsam Entwicklungs- und Fertigungsdienstleistungen für Mikrosysteme am Markt anzubieten. Teil der Startphase war ein BMBF-Verbundprojekt, in dem die methodischen Grundlagen erarbeitet wurden und die Zusammenarbeit im Netzwerk „geübt" wurde.

Die Technologiepartner brachten folgende Kompetenzen ein:

- Ernst Reiner GmbH & Co. KG: Mikrospritzguss,
- HE-System Electronic GmbH: Aufbau- und Verbindungstechnik,
- HL-Planartechnik GmbH: Dünnschichttechnik,
- I-Sys Automationstechnik GmbH: Mikrozerspanung,
- Microcoat Biotechnologie GmbH: Biobeschichtungstechnologie.

Als FuE-Partner wurde das Forschungszentrum Karlsruhe mit dem Institut für Angewandte Informatik als Koordination und dem Forschungszentrum Industrieforum Mikrofertigungstechnik (FIF) als technische Koordination eingebunden.

Die Erarbeitung der methodischen Grundlagen wurde unterstützt durch das sogenannte Serviceteam:

- ACR GmbH (inzwischen Schmid Technology System GmbH): Materialfluss- und Logistiklösungen,
- Infor AG: Enterprise Resource Planning,
- Informationsmanagement GmbH: Customer Relationship Management,
- PeCon GmbH: Organisationsentwicklung.

Die Zusammenarbeit im Netzwerk wurde anhand von zwei Referenzprodukten praktiziert, die von zwei Firmen definiert wurden:

- Sick AG: magnetoresistiver Zylinderschalter,
- Stratec: Biomedical AG: Disposable BioDisk.

Parallel zum Projekt formierte sich die MicroWebFab-Kooperation, die seit 2003 als Kooperationsnetzwerk am Markt agiert.

In der Realität zeigt sich, dass sich Kooperationsnetzwerke angesichts zunehmend dynamischer und globalisierter Märkte ähnlich wie Organismen an Einflüsse von innerhalb (Strategieänderungen) und außerhalb (Markt) anpassen müssen. Daher kommt man schnell zu dem Punkt, an dem man ihnen eine evolutionäre Entwicklung zugestehen wird. Diese evolutionäre Entwicklung kann sich sowohl durch Anpassung der Kooperationsintensität (Netzwerktyp) als auch der Kooperationsform (Rechtsform) entlang des Netzwerklebenszyklus ausdrücken. Beispielsweise lässt sich beobachten, dass sich in einigen Fällen die hierarchischen Supply Chains der Automobilindustrie in strategische Netzwerke verwandeln, da sich die zunächst reine Teilefertigung zunehmend in eine (Sub-)Systementwicklung verwandelt.

Dies ist ein wichtiger Aspekt, auf den wir noch verschiedentlich zurückkommen werden.

Voraussetzungen für das Kooperationsnetzwerk der Zukunft

Markt, hierarchisches Netz und strategisches Netz sind etablierte und gut bekannte Kooperationsformen. Für langfristige, strategische Zusammenarbeit in dynamischen Märkten insbesondere des Hochtechnologiebereichs bietet der Netzwerktyp Clan neue und besondere Chancen für KMU, so dass wir uns diesem Kooperationsnetzwerk der Zukunft verstärkt widmen.

Was ist nun notwendig, was sind die Voraussetzungen für diese Form der engen Zusammenarbeit, die es erlaubt, die großen Synergien zu erzielen? Worin besteht nun der Unterschied zu einer losen Gruppierung von Zulieferern oder Partnerunternehmen?

Fachliche Kompetenz

Die fachliche Kompetenz ist eine Voraussetzung für die Mitarbeit im Konsortium. Vorzugsweise greift der Initiator auf Unternehmen zurück, die er kennt, von denen er weiß, dass sie fachlich kompetent sind, und mit denen er erfolgreich zusammenarbeiten kann.

Langfristiges strategisches Denken

Für die Ausarbeitung und Umsetzung einer firmenübergreifenden Vision und Mission ist ein unternehmensübergreifendes langfristiges und strategisches Denken Voraussetzung. Die Bereitschaft hierzu ist häufig bei Unternehmen zu finden, bei denen ein ähnlicher oder derselbe Leidensdruck bzw. Grad an Unzufriedenheit mit der bisherigen Unternehmenssituation herrscht (was nicht bedeuten muss, dass diese Firmen in ihrem bisherigen Marktsegment nicht sehr gut aufgestellt sind).

Das sollten Sie sich merken:

Eine Grundvoraussetzung für die Mitgliedschaft in einem Clan ist der Wille, langfristig und strategisch zu denken, um die Marktposition des eigenen Unternehmens durch enge Zusammenarbeit mit anderen Unternehmen zu verbessern.

Offenheit und Vertrauen

Oft finden die Gespräche, die zur Bildung eines Kooperationsnetzwerks führen, in informellem Rahmen – beim berühmten Bier am Abend – statt. Dass diese Gespräche über Themen wie die Unternehmenssituation, Marktprobleme und strategische Ausrichtung nicht mit dem Wettbewerber am Tisch geführt werden, ist offensichtlich.

Das sollten Sie sich merken:

Vertrauen ist ein wichtiger Faktor für die enge Zusammenarbeit in einem Clan. Es kann sich nur aufbauen, wenn die Partner offen miteinander umgehen. Stehen die Unternehmen in direkter Konkurrenz zueinander, lässt sich die notwendige Offenheit kaum umsetzen.

Ganz im Gegenteil, es ist ein ausgeprägtes Vertrauensverhältnis erforderlich, um sich zwischen Unternehmen offen über diese Dinge zu unterhalten und Lösungsstrategien zu diskutieren. Daraus resultiert für eine solche intensive Form der Zusammenarbeit nahezu automatisch eine Art Wettbewerbsverbot zwischen den beteiligten Partnern.

Anmerkung: Das „Wettbewerbsverbot" für Clan-Mitglieder ist ein umstrittener Punkt. Einerseits ist es für den Aufbau der engen, vertrauensvollen Zusammenarbeit notwendig. Andererseits besteht auch die Gefahr, dass der Clan mangels Wettbewerb im eigenen Saft schmort, indem „Freundschaftspreise" gemacht werden und damit keine konkurrenzfähigen Angebote mehr möglich sind. Dies ist tatsächlich ein Risiko, das sich aber mit Hilfe geeigneter Mechanismen beherrschen lässt.

Entscheidungskompetenz

Gespräche über langfristige Visionen, Missionen und Strategien können sinnvoll nur zwischen Entscheidungsträgern geführt werden. Beim Eintritt in ein Netzwerk vom Typ Markt sind nur wenige strategische Entscheidungen notwendig. Es handelt sich mehr oder weniger um den Eintritt in einen „Club", für den in erster Linie über den „Club-Beitrag" entschieden werden muss. Beim Eintritt in ein strategisches Netz oder in einen Clan hingegen müssen die Entscheidungsträger an den Tisch. Nur sie haben das Wissen über die Unternehmenssituation, die Zusammenhänge am Markt und die Kompetenz, über die strategische Ausrichtung zu entscheiden.

Das sollten Sie sich merken:

Beim Aufbau und beim Betrieb von Netzwerken vom Typ strategisches Netz oder Clan ist es wichtig, dass alle Mitwirkenden Entscheidungskompetenz besitzen. Wenn Sie für die Gespräche über den Aufbau des Netzwerks anstatt eines Vertreters der Geschäftsleitung nur die „zweite Garnitur" an den Tisch bekommen, werden Sie nicht vom Fleck kommen. Mangelnde Entscheidungskompetenz der Mitwirkenden weist auch darauf hin, dass das Thema nicht die notwendige Priorität im Unternehmen hat oder die Kommunikation nicht funktioniert.

Altruismus

Vertrauen und Entscheidungskompetenz sind wichtige Grundlagen für die Ausarbeitung und Umsetzung einer gemeinsamen Vision für ein Kooperationsnetzwerk. Um eine enge Kooperation zu ermöglichen, gehört jedoch noch eine weitere Eigenschaft dazu: Altruismus.

„Auch noch Altruismus", denken Sie vielleicht, „das ist doch völlig unmöglich. Ich muss für die Interessen meines Unternehmens arbeiten. Uneigennützigkeit, Selbstlosigkeit kann ich mir nicht leisten." Hier haben Sie natürlich Recht. Was wir jedoch meinen, ist Altruismus in der Form, dass Sie auf Zeit die Interessen Ihres Unternehmens im Interesse des gesamten Netzwerks zurückstellen. Dies soll mit dem Ziel erfolgen, dass das Netzwerk profitiert und damit schlussendlich auch wieder Ihr Unternehmen.

Diese Art von Altruismus ist in der Wirtschaft nicht ungewöhnlich. So ist es üblich, dass schwächere Geschäftsbereiche einige Zeit von profitableren gestützt werden. Dies kann natürlich nur ein temporärer Zustand sein. Das Ziel ist es immer, dass der schwache Geschäftsbereich bald wieder auf eigenen Beinen steht. Denn niemand will und kann längerfristig andere mit seiner harten Arbeit durchfüttern. Das ist in einem Netzwerk genauso. Altruismus im Sinne von Verzicht auf (kurzfristigen) Vorteil/Profit ist notwendig, aber mittelfristig muss die Nutzenbilanz stimmen.

Das sollten Sie sich merken:

Eine Art Altruismus ist wichtig für den Aufbau und Betrieb eines Clans. Ein Einzelunternehmen muss bereit sein, zugunsten des Netzwerks kurzfristig auf einen Vorteil zu verzichten. Mittel- und langfristig muss jedoch die Nutzenbilanz für alle stimmen.

Ausdauer

Eine Eigenschaft fehlt uns noch, und zwar „Ausdauer". Ausdauer beim Aufbau eines Netzwerks heißt, längere Zeit an der Konzeption, am Aufbau und an der Marktpositionierung zu arbeiten und geduldig auf die Ergebnisse zu warten. Ohne diese Ausdauer ist alles nichts. Das Vertrauen, der strategische Weitblick und der Altruismus mögen noch so groß sein: Alle Grundlagen zu erarbeiten, das Netzwerk aufzubauen und am Markt zu positionieren braucht Zeit. Diese Prozesse dauern Jahre; das müssen alle Beteiligten durchhalten.

Das sollten Sie sich merken:

Der Aufbau eines Netzwerks, insbesondere ein so eng geknüpftes wie ein Clan, geht nicht von heute auf morgen. Die Etablierung am Markt dauert mehrere Jahre. Dazu müssen alle Beteiligten die Geduld und die (finanzielle) Ausdauer aufbringen.

Der „Clan“ der Technologen

Wenn Sie nun angesichts von Vertrauen, Altruismus und Geduld denken: „Das ist ja fast wie in einer Familie“, liegen Sie gar nicht so schlecht. Nicht umsonst nennt man diese sehr enge und effiziente Form von Kooperationsnetzwerk den „Clan“. Im Clan oder in der Familie der italienischen Mafia gibt es einige Mechanismen, von denen man für Kooperationsnetzwerke lernen kann.

Sie sollten nicht glauben, dass wir mafiöse Methoden als neue Form der „familiären“ Geschäftsbeziehung favorisieren würden. Dennoch ist gerade die Organisation der Mafia seit einigen Jahren Gegenstand immer wieder wissenschaftlicher Untersuchungen. Ziel ist es, herauszufinden, ob die Strukturen, die dort zum Einsatz kommen, sich auch im normalen (legalen!) Wirtschaftsleben einsetzen lassen.

Einige Ergebnisse dieser Forschungen lassen sich auf die Strukturen von Kooperationsnetzwerken, insbesondere auf den Clan, übertragen. Daher wollen wir nun tatsächlich einen kurzen Exkurs zur Struktur der Mafia machen.

Exkurs: Die Struktur der Mafia [BELLAN04]

Die Grundelemente traditioneller mafioser Strukturen sind die „cosca“ (Familie) und das „partito“-Geflecht zu politisch einflussreichen Personen. Entscheidend dabei ist die strategisch optimale Position des „mafioso“ als Mittler von Leistungen, Gütern und Informationen zwischen Mitgliedern der cosca und den Personen des partito.

Der innere Kern der **cosca** besteht in erster Linie aus der biologischen Verwandtschaft. Durch Heiraten und Patenschaften wird darüber hinaus eine weitere Verflechtung der Gefolgschaft angestrebt, denn diese Bindungen besitzen die stärkste bindende Kraft für die Gruppe. Bindungen, die darüber hinausgehen, wie z. B. gemeinsame geschäftliche Interessen oder das allgemeine Zugehörigkeitsgefühl zur Cosa Nostra sind nur sekundär und damit zwangsläufig labil.

Die cosca in ihrem Kern ist nicht sehr groß und umfasste traditionellerweise zehn bis 20 Personen. Auf der zweiten Ebene gibt es die zahlreichen Verwandten und Freunde der Cosca-Mitglieder, die bei Bedarf für spezielle Aktionen rekrutiert werden können. Mitglied der Mafia im engeren Sinne sind aber nur die Cosca-Mitglieder, d. h. Blutsverwandte und einige verdiente Mitglieder aus dem Umfeld, die nach einer eingehenden Prüfung offiziell aufgenommen werden.

Das zweite Standbein der Mafia ist das **partito**. Ein Beispiel für das Funktionieren des partito schilderte der „pentito" (Kronzeuge) Calderone dem Soziologen und Mafiaexperten Arlacchi: Die mafiose Calderone-Familie sicherte die reiche Bauunternehmerfamilie Costanzo, die nicht zur Mafia gehörte, vor Entführungen und Erpressungen und schützte die Großbaustellen der Firma. Daneben beschaffte sie den Costanzos über mafiose Kontakte öffentliche Aufträge in ganz Sizilien, verhandelte mit anderen Mafiafamilien, wenn deren Territorium von den Baustellen betroffen war, und schüchterte die Konkurrenz sowie die Arbeiter ein. Dafür erhielt sie neben einer großzügigen Entlohnung und Beteiligung eine juristische Protektion von den Costanzos, die über weitreichende politische Kontakte verfügten.

Beide Seiten profitieren in diesem Falle von der Zusammenarbeit.

Was bedeutet dies nun für Kooperationsnetzwerke vom Typ Clan?

Es gibt tatsächlich direkte Entsprechungen. Wie in der „richtigen Mafia" ist es für das reibungslose Funktionieren eines Kooperationsnetzwerks vom Typ Clan wichtig, eine zentrale Koordinationsstelle einzurichten. Sie hat die Aufgabe als Mittler von Leistungen, Gütern und Informationen innerhalb des Netzwerks und mit der Umgebung, dem Markt zu dienen.

Das Kernteam des Netzwerks entspricht der „cosca", der Familie. Es ist ein recht überschaubarer Kreis, mit dem im Wesentlichen die Strategie gemacht und umgesetzt wird. Bei Bedarf werden für einzelne Projekte weitere Firmen rekrutiert, die man gut kennt, die jedoch nicht Mitglied des Kernteams des Netzwerks sind und somit die Strategie nicht mitbestimmen. Diese „Corona" von Firmen, auf die das Netzwerk bei Bedarf zurückgreift, entspricht der oben genannten Verwandtschaft der Mafiamitglieder.

Man sollte also beim Aufbau der Kooperationsnetzwerke zunächst auf enge, vertrauensvolle Bindungen zwischen einigen wenigen Unternehmen setzen. Mit diesen werden die Vision und Mission der Kooperation und die Strategie zu ihrer Umsetzung ausgearbeitet.

Ziel ist es, am Anfang beim Aufbau des Netzwerks das Entscheidungsgremium überschaubar zu halten. Diese „Familie" ist umso schlagkräftiger, je schneller sie sich auf die Vision und die abgeleiteten strategischen Kernziele einigen kann. Zur Umsetzung greift man bei Bedarf auf die „fernere Verwandtschaft", sprich langjährige, gut bekannte Unternehmen, zur Abrundung insbesondere des Technologieportfolios zurück.

Auf die Sanktionierungsmethoden der Mafia gehen wir nicht näher ein. Sie sind für Kooperationsnetzwerke nicht wirklich geeignet.

Nun haben wir die Kernelemente betrachtet, die aus einem Kooperationsnetzwerk mehr als die Summe seiner Teile machen. Auch langfristig angelegte Kooperationsnetzwerke können sich ändern. Daher werden wir uns im nächsten Kapitel ihrem evolutionären Aspekt zuwenden.

2 Alles fließt – Dynamik im Netzwerk

„Alles fließt."
Heraklit

Das berühmte Zitat von Heraklit lässt sich auch auf Kooperationsnetzwerke übertragen. Die Motivation aller Teilnehmer besteht darin, sich zusammenzuschließen, um die Wettbewerbssituation in zunehmend dynamischen und globalisierten Märkten zu verbessern. Um dieses Ziel nachhaltig zu erreichen, kann das Netzwerk, wenn es die Aufbauphase hinter sich hat, nicht an einem Punkt stehen bleiben, sondern muss sich kontinuierlich weiterentwickeln.

Ähnlich einem Organismus muss es sich dabei an Einflüsse von innerhalb (Strategieänderungen) und außerhalb (Markt) anpassen. Man kann diesen Prozess auch bei Netzwerken als „natürlich" und als eine Art evolutionärer Entwicklung betrachten. Diese evolutionäre Entwicklung kann sich sowohl durch Anpassungen in der Zusammensetzung der Kooperation, der Kooperationsintensität (Netzwerktyp) als auch der Kooperationsform (Rechtsform) entlang des Netzwerklebenszyklus ausdrücken.

Die Zielsetzungen der Kooperation unterliegen marktgetrieben einem Veränderungs- und Anpassungsprozess. Dies führt zur Anpassung der Strategie und des Portfolios. Folgende Fragen werden uns in diesem Zusammenhang in diesem Kapitel beschäftigen:

- Was bedeutet dieser Anpassungsprozess für die Ziele der Kooperation?
- Was bedeutet dieser Anpassungsprozess für die Art der Zusammenarbeit?
- Was bedeutet diese Anpassung für die Partnerstruktur?
  - Im Falle einer Erweiterung und Änderung des Angebotsspektrums?
  - Im Falle sich ändernder Ziele bei einem der Partnerunternehmen?

Oft besteht, initiiert durch die notwendige Veränderung der Zielsetzung, Anpassungsbedarf bei der Organisation. Die Kooperation muss ihre Aufbau- und Ablauforganisation an die veränderten Verhältnisse anpassen.

Eine besondere Rolle nimmt die Änderung der Partnerstruktur ein. Ein- und Austritt von Partnern kann durch die Änderung der Kooperationsziele initiiert werden. Die Änderung der Ziele eines Partners kann auch Rückwirkung auf die Kooperationsziele haben. Sind die Ziele einzelner Partner mit den

Kooperationszielen nicht mehr zur Deckung zu bringen, muss über Konsequenzen hinsichtlich der Zusammensetzung des Konsortiums nachgedacht werden. Ein Austritt geschieht insbesondere dann, wenn ein Partner aus unternehmensinternen Gründen die Veränderungsprozesse im Netzwerk nicht mitvollziehen kann oder sich seine strategischen Ziele aufgrund von Veränderungen in seinem Kernmarktsegment verschieben. Eintritte können durch eine Erweiterung des Portfolios des Konsortiums sinnvoll und notwendig werden.

In all diesen Fällen sollte man im Konsortium darauf achten, dass diese Veränderungsprozesse nicht zu einer Beschädigung des Gesamtkonsortiums führen. Die Gründe, warum welcher Schritt erfolgt ist, müssen allen Beteiligten transparent sein. Die Trennung von einem geschätzten Partner beispielsweise kann schwierig handhabbare Emotionen mit sich bringen, die allerdings durch einen offenen Umgang in den Griff zu bekommen sind. Im Folgenden soll nun auf die Erfahrungen aus solchen Prozessen näher eingegangen werden.

2.1 Anpassung der Strategie und des Portfolios – Netzwerkziele im Wandel

Wir gehen zunächst davon aus, dass die Vision und Mission des Netzwerks tatsächlich tragfähig sind. Sollten Umstände eintreten, die dies in Frage stellen, ist der Bestand des Netzwerks grundsätzlich gefährdet. Ist dies der Fall, dann müssen die grundsätzlichen Fragen (siehe Kapitel 1) der Startphase neu gestellt werden.

Anpassungen der Strategie und des Portfolios werden durch externe Einflüsse wie Markt oder auch Politik notwendig. Veränderte Marktbedingungen sind z. B. verändertes Kundenverhalten oder neue Wettbewerber.

Ein Beispiel hierfür ist der Umbruch auf dem Telekommunikationsmarkt. Einerseits hat der zunehmende Trend zur Mobiltelefonie dazu geführt, dass kaum noch jemand von öffentlichen Telefonzellen telefoniert und auch der heimische Festanschluss deutlich weniger genützt wird. Dies hat der Deutschen Telekom deutliche Einbrüche im Festnetzbereich beschert, was dazu führte, dass sie ihren Mobiltelefoniebereich ausgebaut hat. Die vom Gesetzgeber gesteuerte Deregulierung des Telefonmarktes hat andererseits neuen kleineren Unternehmen die Chance gegeben, sich zu positionieren und der Telekom in beiden Bereichen Marktanteile abzujagen. Solche Chancen bzw.

Risiken müssen von einem Kooperationsnetzwerk erkannt werden und unter Umständen ist daher eine Änderung oder Anpassung der Strategie und/oder des Portfolios notwendig.

Ein anderes Beispiel für die Auswirkung gesetzlicher Änderungen besonders auf KMU ist das Inkrafttreten der RoHS-Richtlinie (RoHS = Restriction of Hazardous Substances). Diese Richtlinie zwingt u.a. Betriebe der Elektronikfertigung, auf bleifreie Prozesse umzustellen. Unternehmen, die diese Umstellung verschleppen oder nicht mitmachen, sind nicht mehr wettbewerbsfähig. Solche Änderungen betreffen vorwiegend einzelne Netzwerkpartner und fordern von diesen eine Weiterentwicklung ihrer fachlichen Kompetenz oder ihrer technischen Ausstattung. Wenn der Netzwerkpartner solche Weiterentwicklungen nicht mitmachen kann oder will, hat das Folgen für das Netzwerk. Das Konsortium muss in diesem Fall entscheiden, wie es damit umgeht, z.B. indem der Partner durch einen anderen ersetzt wird, der diese Kompetenzen bereits hat oder imstande ist, sie sich zu erarbeiten.

2.2 Anpassung des Netzwerktyps und Entwicklung der Intensität der Kooperation

Auch der Netzwerktyp kann sich im Lauf der Zeit ändern. Wie die vorgenannten Veränderungsprozesse ist dies durch interne oder externe Veränderungen bestimmt. So kann sich ein Clan so weit auf eine Branche oder einen Typ von Projekten fokussieren, dass die Partner immer dieselben Rollen übernehmen. Hiermit entwickelt er sich de facto zum strategischen Netz.

Es gilt bei Veränderungen des Netzwerktyps immer die Prämisse „form follows function", d.h. die Anpassung des Netzwerktyps dient dazu, das Netz besser für die Anforderungen des Marktes zu optimieren. So lässt sich beispielsweise beobachten, dass sich in einigen Fällen die hierarchischen Supply Chains der Automobilindustrie in strategische Netzwerke verwandeln, da die zunächst reine Teilefertigung zunehmend in eine (Sub-)Systementwicklung übergeht.

Gleich ob man als Zielmodell den Markplatz oder den Clan wählt, es ist in der Regel bei langfristig angelegten Kooperationen nicht möglich, den antizipierten „Idealzustand" auf einen Schlag zu erreichen. Insbesondere bei den komplexeren Kooperationsmodellen wie dem strategischen Netzwerk oder dem Clan müssen sich das reibungslose Zusammenspiel der Partner und das Vertrauen erst mit der Zeit entwickeln.

Das Erreichen des gemeinsamen Ziels gelingt dabei am besten, indem man sich im Konsortium auf eine Umsetzungsstrategie einigt und diese mit Meilensteinen und einem Terminplan versehen schriftlich zum Beispiel in einem Geschäftsplan niederlegt (vgl. Kapitel 3). Je offensiver man die eigene Entwicklung plant, umso eher kann man vermeiden, dass das Konsortium auf dem Weg zum Ziel auseinander bricht, weil die Erwartungen des einzelnen Partners sowohl an das Ziel als auch an die Zeitdauer zu unterschiedlich sind.

Wir müssen also in Erweiterung unserer im Kapitel 1.3 diskutierten Matrix der Kooperationsformen noch eine weitere Dimension, die Zeit, einführen. Damit wird aus unserer zweidimensionalen Kooperationstyp-Matrix aus Spezifität und Komplexität der Aufgabe eine Art dreidimensionaler „Kooperationsraum“, der die Entwicklung von Kooperationen entlang einer zeitlichen und qualitativen Entwicklung darstellen hilft (Bild 2.1). Der Weg der Kooperation muss dabei nicht geradlinig in diesem Raum verlaufen, er entspricht vielmehr einem „evolutionären“ Prozess, der einer Unternehmensgründungs- und Aufbauphase sehr ähnlich ist. Dieses Gedankenmodell ist zugegebenermaßen zunächst etwas theoretisch, es hilft uns aber im weiteren Verlauf dieses Buches immer wieder, eine Standortbestimmung im Prozess der Umsetzung unserer Kooperation vorzunehmen.

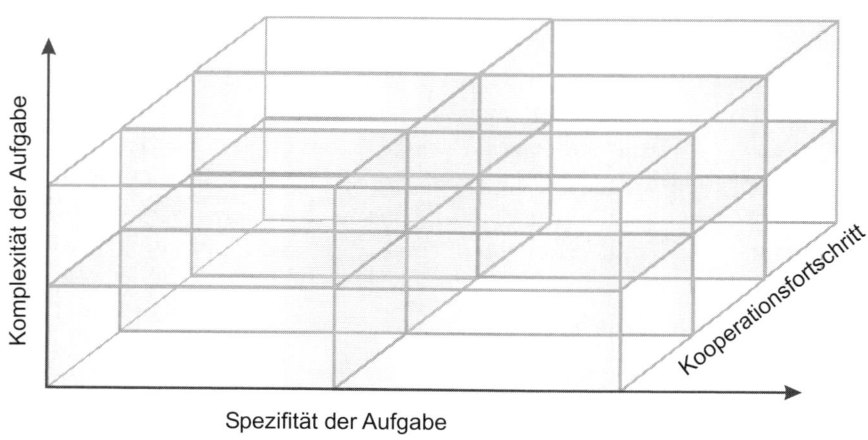

Bild 2.1: Darstellung der Dimensionen für Kooperationsformen

Betrachten wir aber nach dem initialen Gründungsbeschluss zunächst die drei Phasen der Kooperation etwas näher:

Die Startphase

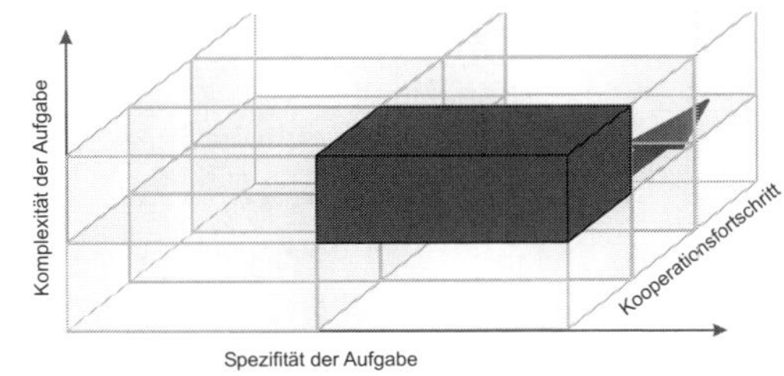

In der Startphase geht es darum, das eigene Verständnis über die Chancen und Potentiale d es gemeinsamen Angebots zu überprüfen und am Markt zu testen. Bei den eng kooperierenden Netzwerken strategisches Netz und Clan kommt der Koordination der Kooperation eher die Aufgabe des Akquisiteurs und des Netzwerkmoderators zu. Die Verantwortung zur Durchführung von Kundenprojekten übernimmt hier aus Kapitalisierungs- und Haftungsgründen oft noch ein kooperationserfahrener Partner aus dem Konsortium, der die Koordinationsstelle im Sinne des Prinzips „ein Ansprechpartner für den Kunden" in das Projektmanagement einbindet.

Finanziell ist diese Phase noch nicht allzu rosig für die Kooperation. Oft liegt das Geldverdienen, gerade in den Hochtechnologiebranchen Mikro-, Nano- und Biotechnologie, noch in ferner Zukunft. Die Startphase erstreckt sich im Allgemeinen über mehrere Jahre.

Die Aufbau- und Konsolidierungsphase

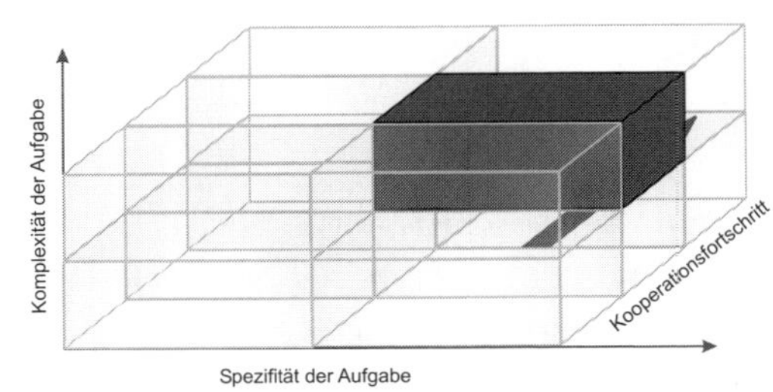

In der Aufbau- und Konsolidierungsphase baut die Kooperation auf den Erfahrungen aus der Startphase auf. Die eigene Positionierung am Markt ist bereits weit gediehen, wenn auch noch nicht abgeschlossen.

Bei den eng kooperierenden Netzwerken strategisches Netz und Clan steigt mit zunehmender Anzahl der Projekte einerseits die Erfahrung der Koordination in der Durchführung der interdisziplinären Projekte. Andererseits nimmt auch die Auslastung bei den beteiligten Partnern insbesondere in Bezug auf die Abwicklung von Entwicklungsprojekten zu. Diese Entwicklungsaufwendungen machen gerade im Hochtechnologie- und Systemtechnikbereich einen erheblichen Anteil der Gesamtprojektkosten aus.

Damit steht im Konsortium die Abwägung an, ob nun in jedem einzelnen Unternehmen die Kapazitäten erhöht werden oder ob man die Kapazitäten zur organisatorischen Abwicklung von gemeinsamen Aufträgen nicht gleich in Richtung des gemeinsamen Projektmanagements, also der Koordination, auslagert.

Spätestens jetzt bietet sich die Gründung einer gemeinsamen Gesellschaft an, deren Primärziel die Abwicklung der koordinations- und entwicklungsintensiveren Kundenprojekte ist. Die Konsortialführung für Fertigungsaufträge bleibt aus Gründen der Haftung und Kapitalisierung bei einem möglicherweise von Projekt zu Projekt wechselnden Partner aus dem Konsortium. Auch die Aufbau- und Konsolidierungsphase erstreckt sich oft über mehrere Jahre.

Ein zunehmender Deckungsbeitrag wird aus Provisionszahlungen aus abgearbeiteten Projekten erwirtschaftet. Die zunehmende Zahl eigener Entwicklungsprojekte mit eigenen Gewinnmargen für die Koordination trägt ebenfalls zur Kostendeckung bei. Dennoch ist die Koordination in dieser Phase häufig noch auf eine Zufinanzierung der Partner angewiesen.

Die Betriebsphase

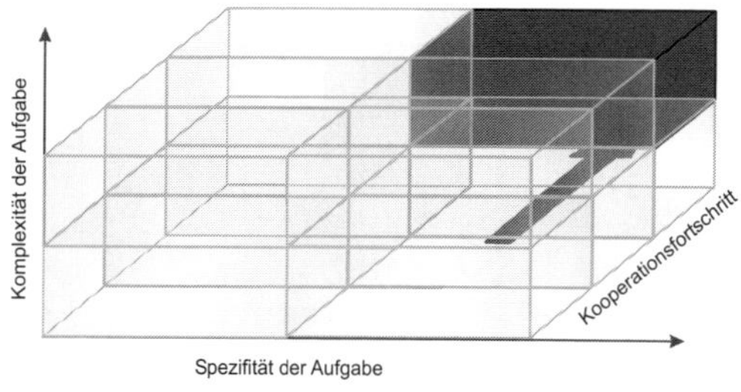

Die Betriebsphase ist dadurch gekennzeichnet, dass die Positionierung am Markt erfolgt ist. Die internen Rollen und Prozesse des Netzwerks sind etabliert.

In den eng kooperierenden Netzwerken strategisches Netz und Clan wurde in den vorigen Phasen die Verantwortung für die Leistungserbringung durch eine wechselnde Konsortialführung – in der Regel eine Generalunternehmerschaft – übernommen. In der Betriebsphase wird, bedingt durch Art und Umfänge der Aufträge, die vollständig eigenständige Durchführung von Kundenaufträgen durch die Koordination zur organisatorisch günstigsten Möglichkeit.

Damit werden nun aber auch Fragen zur Überführung der Koordination in ein gemeinsames, für die Übernahme der Gesamtverantwortung hinreichend kapitalisiertes Unternehmen immer deutlicher.

Anmerkung: Auf den ersten Blick hat der Clan in der Betriebsphase Ähnlichkeit mit einem strategischen Netz. Von außen gesehen, aus organisatorischer

Sicht, tritt ein vergleichbarer Zustand ein: Bei einer hohen Veränderlichkeit der Aufgabenbeschreibung hat sich nach außen die Systemführerschaft eines Akteurs, nämlich der Koordination, durchgesetzt.

Intern ist die Qualität der Zusammenarbeit durch die gemeinsame Unternehmenskultur und die wesentlich stärker auf Gleichberechtigung basierende interne Abstimmung zwischen den Partnern ausgerichtet. Diese interne Qualität erlaubt damit auch die *gemeinsame* Erarbeitung komplexer Lösungsansätze, ohne expliziten Aufbau redundanten Know-hows in einer übergeordneten Instanz.

Auf die Konsequenzen dieser Aufbaudynamik für das Geschäftsmodell, die Aufbau- und Ablauforganisation der Kooperation werden wir in den folgenden Kapiteln näher eingehen. Je nach Phase werden wir das entsprechende Geschäftsmodell als Startmodell, Aufbau- und Konsolidierungsmodell oder Betriebsmodell bezeichnen. Auch werden wir die Rollenverteilung und die Aufgaben, Kompetenzen und Verantwortlichkeiten der einzelnen Akteursgruppen im jeweiligen Kontext ausführlich beleuchten.

Fallbeispiel: IVAM

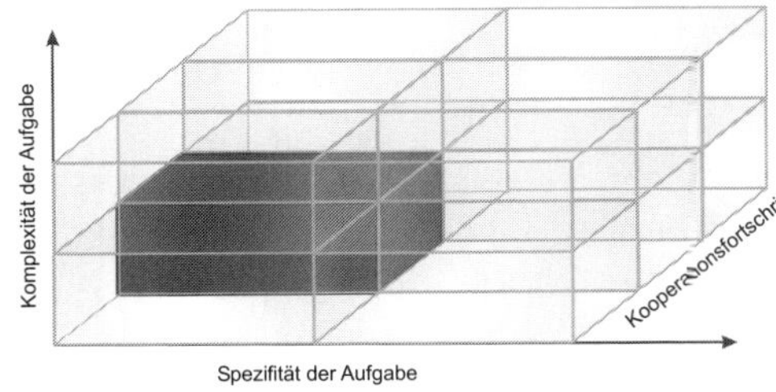

IVAM wurde als Marktplatz zur gemeinsamen Vermarktung von Produkten und Dienstleistungen mikrosystemtechnischer Unternehmen gegründet. Mit zunehmender Mitgliederzahl erweiterten sich auch die Ziele des Marktplatzes hin zu einer Interesenvertretung, die das komplexe Technologiefeld der Mikrosystemtechnik nach außen vertritt. Die Instrumente der Startphase (Messe, Newsletter, Webseite) wurden ergänzt um zusätzliche Leistungen mit dem Ziel, die Mitgliedsfirmen bei ihrer Geschäftstätigkeit zu unterstützen. Dazu zählen

- ein Büro in Brüssel zur Stärkung der internationalen Wahrnehmung,
- Weiterbildungs- und Trainingsveranstaltungen,
- Reisen für Mitgliedsfirmen zur Kontaktaufnahme mit Kunden,
- Unterstützung bei der Beantragung und Abwicklung von öffentlichen Projekten.

Diese „Evolution" des Geschäftsmodells drückt sich in einer Erhöhung des Personals von vier Mitarbeitern bei der Gründung im Jahr 1995 auf zehn Mitarbeiter im Jahr 2006 und in einer Änderung der organisatorischen und rechtlichen Rahmenbedingungen aus (vgl. auch Kapitel 4).

Fallbeispiel: MikroWebFab

> Das Konsortium der MikroWebFab hat sich analog zur vorgestellten Methodik für eine dreistufige Vorgehensweise (Startmodell, Aufbaumodell und Betriebsmodell) zum Aufbau eines Clan-Netzwerks entschieden. Zum Zeitpunkt des Erscheinens dieses Buches befindet sich die MicroWebFab-Kooperation in der Aufbau- und Konsolidierungsphase.

Wesentliches Kriterium für die Ausarbeitung der Kooperationsstrategie ist die frühzeitige Einigung auf eine gemeinsame Vision und eine realistische Planung von Zwischenschritten und Entwicklungszeiten für das gemeinsame Vorhaben. Die Partner sollten sich dabei intensiv und offen über die gemeinsamen Ziele verständigen. Im ersten Ansatz können zunächst auch andere Ziele als der höchstmögliche Grad an Integration sinnvoll sein.

Eine definierte Vorgehensweise bietet zudem die Möglichkeit, das Vorhaben des gemeinsamen Aufbaus auch zeitlich mit Meilensteinen und Kontrollfragen bezüglich des Erreichungsgrades zu versehen.

Der Netzwerktyp hängt wesentlich von den gemeinsamen Zielen, die man erreichen will, und der dazu notwendigen Intensität der Kooperation ab.

Zur Erreichung dieses Ziels ist es wichtig, Entwicklungsstufen der Kooperation klar zu definieren und die qualitative Weiterentwicklung der Kooperation mit der Erreichung von Teilzielen zu verknüpfen.

Das Nichterreichen des Endzieles muss dabei nicht zwingend das Scheitern der Kooperation bedeuten, sondern kann auch zeigen, dass die Kooperationsziele/die Vision der Kooperation entweder zeitlich oder inhaltlich angepasst werden müssen.

2.3 Veränderung der Partnerstruktur

Eine Änderung in der Zusammensetzung des Netzwerks (Mitglieder verlassen das Netzwerk bzw. neue kommen hinzu) ist ein weiterer wichtiger evolutionärer Aspekt von Netzwerken.

Je nach Netzwerktyp sind Veränderungen der Partnerstruktur von unterschiedlicher Bedeutung:

- Der Eintritt oder Austritt aus einem Netzwerk von Typ Markt ist für die anderen Netzwerkmitglieder relativ folgenlos, da die Zusammenarbeit und die Vertrauensbindungen relativ gering sind.

- In einem hierarchischen Netz mit festgelegten Rollen und streng zentralisiertem Informationsfluss sind die anderen Netzwerkmitglieder durch den geringen Austausch zwischen den Mitgliedern ebenfalls relativ unberührt. Der Koordinator hat das Problem die Systemfähigkeit des Netzwerks wieder herzustellen.
- Gravierend ist ein Mitgliederwechsel in einem strategischen Netz oder Clan-Netzwerk. Durch die besonders enge Kooperation sind alle betroffen. Tritt ein Mitglied aus, so muss sichergestellt werden, dass die Interessen beider Seiten, d. h. des Netzwerks und die des austretenden Partners, gewährleistet sind. Die Aufnahme neuer Mitglieder ist ebenfalls eine komplizierte Prozedur, auf die wir im Folgenden eingehen werden. Daher wollen wir uns diesem Thema für produzierende Netze dieser beiden Typen näher zuwenden.

Sayonara – wie schade, dass wir uns trennen müssen

Was macht nun Partnerwechsel in eng kooperierenden Netzwerken so kompliziert?

Die Antwort auf diese Frage liegt in der gemeinsamen Strategie und dem, zu ihrer Umsetzung notwendigen, speziellen Vertrauensverhältnis begründet.

Es gibt verschiedene Gründe für einen Austritt eines Partners aus dem Netzwerk z. B.:

- Seine firmeninterne Strategie ist nicht mehr mit der Netzwerkstrategie kompatibel.
- Das Aufwand-Nutzen-Verhältnis wird nicht mehr als angemessen betrachtet.
- Eine Mehrheit der Netzwerkpartner will einen Partner ausschließen, da das Vertrauensverhältnis gestört ist oder er gar gegen die im Kooperationsvertrag festgelegten Ziele verstoßen hat.

Das Ziel der Netzwerkkoordination und der anderen Mitglieder muss es sein, das Netzwerk stabil zu halten. Als generelle Regel kann man festhalten, dass diese Situation so sachlich wie möglich behandelt werden sollte. Um ein asiatisches Bild zu verwenden: „Beide Parteien sollten bei der Trennung ihr Gesicht wahren."

Aus der Sicht des Netzwerks geht es darum, Imageschäden nach außen abzuwenden und seine volle Funktion weiterhin sicherzustellen. Einerseits ist dabei zu beachten, dass für zukünftige Aktivitäten die Lücke im Portfolio, die durch den Weggang des Partners entsteht, geschlossen wird. Andererseits müssen klare Vereinbarungen getroffen werden, wie mit diesem Partner noch laufende Projekte bzw. Kundenkontakte abgewickelt werden.

Willkommen im Team – Prozedur zur Aufnahme neuer Netzwerkmitglieder

In einem strategischen Netz oder einem Clan-Netzwerk gibt es zwei Hauptgründe, ein neues Mitglied aufzunehmen:

- die Abrundung des Portfolios entweder bei der Bildung des Netzwerks oder im laufenden Betrieb durch eine Weiterentwicklung der Strategie,
- das Schließen einer Lücke, die durch das Ausscheiden eines Partners entstanden ist.

Zur Sicherstellung der gemeinsamen Strategie empfiehlt es sich, eine systematische Aufnahmeprozedur in mehreren Phasen durchzuführen:

- Phase 1: Abgleich der Unternehmen und Klärung der formalen Aspekte
- Phase 2: Ist-Analyse
- Phase 3: Umsetzung
- Phase 4: Betrieb

Am Ende jeder Phase steht eine Entscheidung über das weitere Vorgehen an. Die Verbindlichkeit nimmt dabei von Phase zu Phase zu. Eine Checkliste zu dieser Aufnahmeprozedur finden Sie im Anhang 1; diese Checkliste finden Sie auch zum Download unter hanser.de.

Phase 1: Abgleich der Unternehmen und Klärung der formalen Aspekte

In der ersten Phase muss geklärt werden, ob der neue Partner und das Netzwerk zueinander passen und ob das Unternehmen sich der Kooperation anschließt. Diese Phase ist wahrscheinlich die schwierigste Phase der Aufnahme, in der prinzipiell jederzeit die Gespräche abgebrochen werden können. Um Irritationen zu vermeiden, empfehlen wir folgende Vorgehensweise:

Erste Annäherung

Hier sollten neben der Kernkompetenz die grundsätzliche Haltung des potentiellen Partners zu Kooperationen und seine bisherigen Kooperationserfahrungen – generell seine Kooperationskultur – abgefragt werden. Ferner muss in dieser Phase der erwartete Kooperationsnutzen auf beiden Seiten identifiziert werden. Es empfiehlt sich die genaue Festlegung des erwarteten Nutzens in den im Kapitel 1 genannten Kategorien (z. B. Marktzugang, Zugang zu Know-how und Technologien).

Weiterhin ist in dieser Phase zu prüfen, ob die Strategie des Netzwerks nicht nur mit dem potentiellen neuen Partner, sondern, soweit vorhanden, auch mit seiner Mutterfirma oder seinen Investoren verträglich ist. Nicht selten kommt aus dieser Ecke dann doch noch ein Veto!

Wird bei diesem ersten Abgleich keine Übereinstimmung erzielt, erübrigt sich jede weitere Fortführung der Aufnahmeprozedur.

Das sollten Sie sich merken:

Gleich zu Beginn der Aufnahmeverhandlungen sollte die Bereitschaft des Beitrittskandidaten, sich in eine Unternehmenskooperation einzubringen, geklärt werden. Ist diese nicht vorhanden, sollten die Aufnahmeverhandlungen abgebrochen werden.

Denken Sie auch daran, in dieser Phase eventuelle Mutterfirmen oder Investoren des Beitrittskandidaten in die Klärung der strategischen Passung einzubeziehen.

Technologischer Abgleich

Haben sich die zukünftigen Partner soweit „beschnuppert", folgt der Abgleich des Know-how- und Technologieportfolios mit dem des Netzwerks. Die Analyse sollte gewissenhaft im Sinne einer vollständigen Erfassung des Technologieportfolios durchgeführt werden. Oft bekommt die Kooperation im Werben um den neuen Partner eine Art Tunnelblick, durch den dem Netzwerk nicht oder zu spät bewusst wird, dass der Partner Technologien im Haus hat und auch offensiv am Markt vertritt, die im Wettbewerb zum vorhandenen Portfolio im Netzwerk stehen. Wenn dies nicht rechtzeitig erkannt wird, schlummert hier ein erhebliches Konfliktpotential. Daher empfiehlt es sich, dies in dieser frühen Phase zu identifizieren und offen zu diskutieren, wie damit im Falle einer Mitgliedschaft im Netzwerk umzugehen ist.

Ziel muss es sein, eine klare Abgrenzung der Kompetenzen und Zuständigkeiten zu schaffen.

Fallbeispiel: MikroWebFab

Die Firma Reiner bringt neben ihrer Kernkompetenz „Mikrospritzguss" u.a. auch die Kompetenz „spanende Bearbeitung" ein, eine Kompetenz, die bereits Kernkompetenz von Partner I-Sys Automationstechnik war. Eine genauere Betrachtung ergab, dass die Kompetenzprofile ähnlich, aber nicht identisch waren. So ist die Firma I-Sys Automationstechnik auf die Bearbeitung kleinster Teile mit höchster Präzision spezialisiert, während die Kompetenz der Firma Reiner eher auf etwas größeren Teilen mit weniger hohen Genauigkeitsanforderungen liegt. Diese Unterscheidung bildete die Grundlage für eine einvernehmliche Lösung: Partner I-Sys Automationstechnik kommt grundsätzlich zum Zug, wenn die hochpräzise Bearbeitung kleiner

Teile gefragt ist, während die Firma Reiner für die zerspanende Herstellung größerer Teile mit geringeren Genauigkeitsanforderungen zuständig ist. Zusätzlich eröffnet diese Konstellation die Möglichkeit, sich gegenseitig als Second Source bzw. zum Ausgleich von Spitzenlasten zu unterstützen.

Abgleich der Unternehmenskultur

Ein weiterer wichtiger Aspekt ist die Bereitschaft des neuen Partners, sich in die Kommunikations- und Kooperationskultur des Netzwerks einzubringen. Der Handlungsbedarf hängt von zwei Faktoren ab:

1. Dem vom Netzwerk vorgegebenen Soll, d.h. dem Grad an Kommunikation und Kooperation, der sich im Netzwerk etabliert hat. Dieser ist von Netzwerktyp zu Netzwerktyp verschieden und entwickelt sich auch über die Lebensdauer des Netzwerks.
2. Dem Ist-Stand des neuen Partners. Hier ist noch einmal zu differenzieren zwischen der internen Organisation, die mehr oder weniger hierarchisch und damit mehr oder weniger kooperationsorientiert sein kann, und der bisherigen Erfahrung in Kooperationen. Generell lässt sich festhalten, dass Unternehmen mit flacher Hierarchie und ausgeprägterer Prozessorientierung, die schon früher in firmenübergreifenden Projekten zusammengearbeitet haben, in dieser Hinsicht Idealkandidaten für neue Mitglieder sind.

Hat man ausgehend von dem vom Netzwerk vorgegebenen Soll und dem über die Organisation und Erfahrung des neuen Partners vorgegebenen Ist den Bedarf identifiziert, so ist zu klären, ob und wie sich diese Lücke schließen lässt. Oft besteht diese Lücke in der Klärung folgender Punkte:

- Offenheit bei der Abstimmung der firmeninternen und der Netzwerkstrategie,
- Offenheit im Umgang mit firmenspezifischem Know-how,
- Offenheit bei der gemeinsamen Erstellung von Angeboten (Kalkulationsgrundlagen),
- Rechte an Schutzrechten, die sich in der Zusammenarbeit im Netzwerk ergeben.

Zum Schließen einer solchen Lücke eignet sich am besten ein Workshop, in dem die kritischen Punkte von Vertretern des Netzwerks und des neuen Partners offen diskutiert und Lösungen gemeinsam erarbeitet werden.

Wird keine Einigung erzielt, ist es sinnvoll, die Verhandlungen abzubrechen. Bei der Entscheidung, die Aufnahmeverhandlungen fortzuführen, sind die

Aspekte, Strategie, Kernkompetenz und Kooperationskultur gleichwertig zu betrachten. Die größte Kompetenz eines Partners hilft nichts, wenn seine strategische Ausrichtung oder seine Kooperationskultur nicht mit der des Netzwerks kompatibel ist.

In diesem Fall bleibt immer noch die Möglichkeit, dieses Unternehmen nicht als Netzwerkpartner einzubinden, sondern mit ihm projektspezifisch als Unterauftragnehmer zusammenzuarbeiten.

Finanzierung

Sind alle diese Randbedingungen positiv geklärt, geht es an die Abstimmung des Finanzierungsmodells mit dem neuen Partner. Im Rahmen der vorigen Verhandlungen sollte im Netzwerk das Gefühl gewachsen sein, ob der neue Partner ernsthaftes Interesse und die finanziellen Möglichkeiten mitbringt, diese Aufwendungen mit zu übernehmen. Die Aufwendungen für den Betrieb des Netzwerks und der Beitrag des einzelnen Partners über Beitragszahlungen oder Provisionsmodelle hängen vom Typ und der strategischen Ausrichtung des Netzwerks ab. Treten hier Unstimmigkeiten oder Schwierigkeiten auf, etwa weil der neue Partner das Aufwand-Nutzen-Verhältnis als nicht angemessen betrachtet, müssen diese offen ausgesprochen und ausgeräumt werden. Gelingt dies nicht, scheitert die Aufnahme an diesem Punkt.

Das sollten Sie sich merken:

„Beim Geld hört der Spaß auf." Lässt sich keine Einigung über den (finanziellen) Beitrag des Partners zum Betrieb der Kooperation erzielen, ist die Aufnahme gescheitert. „Sonderkonditionen" sollten einem Beitrittskandidaten, wenn überhaupt, nur in Absprache im Netzwerk eingeräumt werden. Sie sollten nur als temporäre Lösung betrachtet werden, die baldmöglichst auf ein Normalmaß zurückgeführt werden muss.

Wenn auch diese Hürde genommen ist, folgt der Abschluss der netzwerkübergreifenden Vertraulichkeitsvereinbarung und des Kooperationsvertrags (zum Aufbau des Kooperationsvertrags siehe Kapitel 4).

Die Unterzeichnung des Kooperationsvertrags ist nicht das Ende der Aufnahme des neuen Partners, sondern der eigentliche Beginn. Die enge Zusammenarbeit in einem Kooperationsnetzwerk erfordert weit mehr als diesen Verwaltungsakt. Um die aus der Kooperation resultierenden Synergieeffekte zu nutzen und die Kooperationsziele zu erreichen, ist ein systematischer Prozess zu durchlaufen, an dessen Ende die „Betriebsbereitschaft" des neuen Partners hergestellt ist.

Phase 2: Ist-Analyse

Bei der Ist-Analyse werden alle netzwerkrelevanten Daten, Geschäftsprozesse und Kernkompetenzen des neuen Partners ermittelt. Generell liegt dabei der Schwerpunkt auf der Klärung der Schnittstellen zu den firmenübergreifenden Netzwerkprozessen.

Zunächst ist zu ermitteln, wie die Geschäftsprozesse Vertrieb, Entwicklung und Produktion ablaufen.

Wie werden Angebote erstellt, Entwicklungs- und Produktionsaufträge gestartet, Ressourcen (Personal/Maschinen) allokiert?

Der nächste Schritt ist die Erfassung des Know-how- und Technologieportfolios des Unternehmens. Dies ist der wesentliche Beitrag des neuen Partners zum Netzwerk. Hier ist genau zu erfassen, welche Entwicklungs- und Fertigungskapazitäten zur Verfügung stehen und in das Netzwerk eingebracht werden. Dabei muss zwischen technischem/methodischem Wissen und Fertigungsmitteln unterschieden werden. So werden z. B. als Kompetenzen und Erfahrungen Spritzgusswerkzeugentwicklung, Simulation von Formfüllvorgängen mit FEM (Finite-Elemente-Methode) und Werkzeugkonstruktion erfasst. Auf dem Gebiet der Fertigungsmittel werden entsprechend beispielsweise Fräsmaschinen, Erodiermaschinen und ihre technischen Daten erfasst.

Soweit vorhanden, werden firmeninterne Konstruktionsregeln erfasst. Implizit sind diese meist in den Köpfen der Mitarbeiter vorhanden, aber leider oft nicht explizit dokumentiert. In der Halbleiterindustrie und in der siliziumbasierten Mikrosystemtechnik sind sogenannte „Design Rules“ etabliert. Dies sind Konstruktionsregeln, die geräteunabhängig die Fertigungsmöglichkeiten beschreiben. Neben diesem abstrakten Wissen über Know-how und Geräte müssen auch die Know-how-Träger, also die Mitarbeiter erfasst werden. Sie sind die Kandidaten für die Aufnahme in den firmenübergreifenden Expertenpool, der projektspezifisch zur Lösung der Kundenaufgabe eingerichtet wird.

Schließlich werden noch Materialfluss-/Logistik- und Qualitätsschnittstellen untersucht. Wie können Produkte angeliefert, gelagert, ihre Daten erfasst, dokumentiert und nach Bearbeitung zu einem weiteren Netzwerkpartner weitertransportiert werden? Hier kommen spezielle Eigenschaften der Produkte und der Fertigungsprozesse, die auf sie angewandt werden, zum Tragen. Neben den üblichen Randbedingungen wie Größe und Gewicht müssen Anforderungen wie Zerbrechlichkeit, Schockempfindlichkeit und Reinheit berücksichtigt werden.

In der Planungs- und Entwicklungsphase eines Kundenprojektes ist ein erhebliches Maß an Kommunikation notwendig. Der Abgleich der dafür notwendigen und beim neuen Partner vorhandenen Hilfsmittel findet ebenfalls in der Ist-Analyse statt. Dies umfasst einerseits so scheinbar triviale Fragen wie z. B.; „Haben alle Mitarbeiter, die im Netzwerk mitarbeiten werden, einen Telefonanschluss mit Amtsberechtigung und einen E-Mail-Zugang?“ Andererseits wird jedoch auch abgeprüft, ob darüber hinaus für die Kommunikation im Netzwerk vorausgesetzte Hard- und Softwarewerkzeuge (z. B. Konvertierungsprogramme für CAD-Daten) im Unternehmen bereits vorhanden sind bzw. beschafft werden müssen.

Wenn nach den strategischen und organisatorischen auch die technischen Randbedingungen geklärt sind, kann nun in die Umsetzungsphase eingetreten werden.

Phase 3: Umsetzung

Die Umsetzungsphase unterteilt sich in die organisatorische, technische und kulturelle Umsetzung.

In der *organisatorischen Umsetzung* werden verantwortliche Personen für die einzelnen im Netzwerk wahrzunehmenden Funktionen benannt und im Netzwerk bekannt gegeben. Hier handelt es sich insbesondere um Verantwortliche und Entscheidungsträger für

- Strategie und Budget,
- die eingebrachten Technologiebereiche,
- Vertrieb/Angebotswesen (je Produkt-/Technologiebereich),
- Qualitätsmanagement.

In der *technischen Umsetzung* werden die Randbedingungen festgelegt, die für ein reibungsloses Funktionieren der firmenübergreifenden Entwicklung und Produktion notwendig sind.

Dazu gehört beispielsweise die Festlegung von verarbeitungsfähigen Materialien, damit sichergestellt ist, dass Bauteile, die von einem Partner an den neuen Netzwerkpartner geliefert werden, bei diesem auch in den Fertigungsanlagen weiterbearbeitet werden können.

Damit einher geht die Festlegung von Prozess- und Reinheitsanforderungen, die notwendig sind, um in der firmenübergreifenden Prozesskette die Qualitätsanforderungen zu erfüllen und eine angemessene Ausbeute zu erzielen. Diese variieren von Branche zu Branche. Basisanforderungen sind DIN ISO 9000 ff.; für die Medizintechnik sind beispielsweise GMP-Richtlinien (Good

Manufacturing Practice), für die Bioanalytik IVD-Richtlinien (In Vitro Diagnostics) einzuhalten. Da hier, wie so oft in diesem Kontext, die Regel gilt: „Eine Kette ist so stark wie ihr schwächstes Glied“, ist es wichtig, dass sich der neue Partner auch in dieser Hinsicht nahtlos in das Netzwerk einfügt. In diesen Kontext gehört auch die Sicherstellung des Materialflusses und der Logistik, mit der eindeutigen Kennzeichnung und Dokumentation der Produkte sowie einer entsprechend angepassten Umverpackung, um die oben genannten Anforderungen auch beim Transport zwischen den Netzwerkpartnern einzuhalten.

Ebenso werden in diesem Schritt auch noch fehlenden Kommunikationsschnittstellen, wie z. B. Dokumentformate, CAD-Datenaustauschformate, Verschlüsselungsverfahren sowie gegebenenfalls die Infrastruktur für synchrone Kommunikation wie Telefonkonferenz- oder Videokonferenzsysteme, eingeführt (siehe auch Kapitel 7).

Die kulturelle Umsetzung bezieht sich auf die Einstellung der im Netzwerk involvierten Personen. Nur mit engagierten Personen, die sich dem Netzwerk verbunden fühlen, kann das Netzwerk auf Dauer funktionieren. Basis hierfür sind eine offene Kommunikation und das gegenseitige Vertrauen. Daher sollte der neue Partner in Form einer Zeremonie oder einer ähnlichen Veranstaltung aufgenommen und mit allen wesentlichen Personen im Netzwerk bekannt gemacht werden. Ein gemeinsamer Event in ungezwungener Atmosphäre oder spezielle Teambildungsmaßnahmen sind gut investierte Zeit. Gegenseitiges Kennenlernen und eine Vertrauensbasis für die zukünftige gemeinsame Zusammenarbeit zu schaffen sind die Hauptziele dieser Veranstaltung.

Phase 4: Betrieb

Im Betrieb muss der neue Partner in die laufende strategische Planung des Netzwerks (Zielgruppendefinition, Festlegung von Marketingmaßnahmen etc.) eingebunden werden.

Auf operativer Ebene müssen sich die Entwicklungsmitarbeiter im Rahmen von laufenden Projekten im firmenübergreifenden Expertenpool einbringen und von Seiten des Vertriebs die Kalkulationsgrundlagen für das Angebotswesen offen legen.

Das sollten Sie sich merken:

Ein Netzwerk ist kein statisches Gebilde. Es ist vielfältigen Einflüssen von innen und außen ausgesetzt, die zu Anpassungen führen. Dies ist, ähnlich der Evolution in der Natur, ein normaler Vorgang. Wichtig ist, dass diese Veränderungen von allen Netzwerkpartnern getragen und planvoll angegangen werden.

Spätestens ab jetzt ist das neue Mitgliedsunternehmen voll in alle internen und externen Prozesse eingebunden. Wie diese Zusammenarbeit organisiert werden kann, werden wir in den nächsten Kapiteln nun vertieft betrachten.

3 Packen wir's an – die Strategie des Netzwerks

„Die Strategie ist eine Ökonomie der Kräfte."

Carl Philipp Gottfried von Clausewitz

Bis jetzt haben wir uns mit der Vision, Mission und den Zielen der Kooperation auseinander gesetzt. Über die Betrachtung der Ziele kamen wir zur Unterscheidung der Intensität einer solchen Zusammenarbeit, die im intensivsten Fall „clanartige" Verhältnisse annehmen kann. Wir haben aber auch festgestellt, dass nicht immer der höchstmögliche Grad an Zusammenarbeit für die eigenen Ziele und die Positionsbestimmung zunächst die richtige Lösung sein muss. Der Weg zum Ziel ist in seltenen Fällen kurz und geradlinig, so dass man sich einige Gedanken über eine strategische, evolutionäre Vorgehensweise machen sollte. Dies gilt für den Aufbau eines Marktplatzes genauso wie für den Aufbau eines Netzwerks vom Typ Clan.

Bislang haben wir diese Dinge eher abgehoben und zuweilen von der „Metaebene" herab betrachtet. Diese etwas abgehobene Diskussion im Vorfeld sollte auch unbedingt unter den Partnern so geführt werden. Schließlich ist eine Kooperation zunächst für jeden der Beteiligten nichts Reales, sondern ein „Etwas", an das neben konkreten (strategischen) Erwartungen auch Hoffnungen im Hinblick auf neue Märkte geknüpft sind.

Ist die Entscheidung dann zugunsten einer gemeinsamen Vision und Mission gefallen, geht es an die strategische Umsetzung, mit der wir uns in den folgenden Kapiteln beschäftigen werden. Nebenbei ist die Ausarbeitung eines tragfähigen Konzepts der Zusammenarbeit – das Geschäftsmodell und dessen Umsetzung im Geschäftsplan – auch der erste echte „Kraftakt" für die Kooperation. Sie stellt damit zugleich den ersten Prüfstein für die Güte der Zusammenarbeit dar.

Das Geschäftsmodell sollte die Antwort auf die drei Kernfragen geben:

- Was bringt meine Idee dem Kunden?
- Womit verdiene ich mein Geld?
- Wie organisiere ich mein Vorhaben?

Wir werden in diesem Kapitel die ersten beiden Fragen beantworten, indem wir zunächst den Geschäftsplan der Kooperation aufstellen und dann die

Frage behandeln, wie das Netzwerk an den Markt kommt. Die Beantwortung der dritten Kernfrage ist Gegenstand von Kapitel 4.

Anmerkung: Nur wenn das Konsortium es schafft, die Beantwortungen dieser drei Fragen miteinander in Einklang zu bringen, wird die Kooperation auf Dauer funktionieren. Kein Partner engagiert sich in einem zeit- und kostenaufwendigen Projekt, wenn er für sich und sein Unternehmen nicht einen handfesten Nutzen erkennen kann und er nicht ein plausibles Vorgehensmodell auf dem Weg zu diesem Ziel sieht!

3.1 Das Geschäftsmodell

Die gemeinsame Diskussion und Festlegung des Geschäftsmodells (auch eher unter dem englischen Begriff Business Model bekannt) ist Ausdruck der engen Verzahnung der Partner und sicher eines der Hauptunterscheidungsmerkmale des Clan-Ansatzes gegenüber einem hierarchischen Netz oder dem Marktplatz.

Die Partner verfügen in der Regel zu Beginn ihrer Zusammenarbeit über kein klar definiertes, gemeinsames Verständnis des Vorhabens. Dass sich dieses Verständnis – wie von den Koordinatoren mancher Kooperationen berichtet – einfach so einstellt, wird umso unwahrscheinlicher, je komplexer die Form der gemeinsamen Zusammenarbeit wird.

Jedes Geschäftsmodell, gleich ob es für eine Kooperation oder ein Einzelunternehmen gilt, beruht primär auf den drei Elementen *Nutzenversprechen*, *Architektur der Wertschöpfung* und *Ertragsmodell*:

- **Nutzenversprechen**
  Das Geschäftsmodell sollte eine Beschreibung darüber enthalten, welchen Nutzen Kunden oder andere Partner des Unternehmens aus der Verbindung mit dem Unternehmen ziehen können. Dieser Teil eines Geschäftsmodells wird Nutzenversprechen genannt. Es beantwortet die Frage: Welchen Nutzen stiftet das Unternehmen? In einer Kooperation ist dies sicherlich die zentrale Frage schlechthin.

- **Architektur der Wertschöpfung**
  Das Geschäftsmodell ist gleichzeitig eine Beschreibung der Strukturen der Aufbau- und Ablauforganisation, d.h. der Methodik, wie der Nutzen für die Kunden generiert wird. Es beantwortet die Frage: Wie wird die Leistung in welcher Konfiguration erstellt? Welche Leistungen werden auf welchen Märkten angeboten (Produkt/Markt-Strategien)?

- **Ertragsmodell**
  Neben dem Was und dem Wie beschreibt das Geschäftsmodell auch, welche Einnahmen das Unternehmen aus welchen Quellen generiert. Die zukünftigen Einnahmen entscheiden über den Wert des Geschäftsmodells und damit über seine Nachhaltigkeit. Es beantwortet die Frage: Wodurch wird Geld verdient?

Inhaltlich hängen diese drei Elemente eng miteinander zusammen. So lässt sich das Nutzenversprechen nicht ohne weiteres ohne das Ertragsmodell beschreiben und das ist gerade in der Startphase schon deutlich schwerer zu definieren! Umso mehr sollten sich der Koordinator und die Partner trotz der Anfangsbegeisterung über die gute Geschäftsidee die Zeit nehmen, innezuhalten, und sich Gedanken zu ihrer Umsetzung auf der Basis einer strukturierten Vorgehensweise machen. Als ein erstes Werkzeug dazu bietet sich der Geschäftsplan (engl.: Business Plan) an.

3.2 Der Geschäftsplan der Kooperation

Der Geschäftsplan sollte möglichst früh niedergeschrieben werden, um die gemeinsame Idee nach innen und außen verständlich zu machen und kommunizieren zu können.

Der Geschäftsplan nützt auch bei der Vermarktung des eigenen Geschäftsmodells. Dies gilt vor allem auch für Verhandlungen mit der Bank zur Finanzierung des Wachstums oder struktureller Veränderungen (siehe Kapitel 3).

Durch die Erstellung des Geschäftsplans wird das Konsortium überdies gezwungen, die eigene Vision den Realitäten des Alltags anzupassen bzw. zur Erreichung der ehrgeizigen Ziele geeignete Methoden und Vorgehensmodelle zu entwickeln.

Das sollten Sie sich merken:

Ein Geschäftsplan hilft beim Aufbau von Unternehmensnetzwerken dabei, Ursache und Wirkung klar voneinander zu trennen. „Form follows function“, so simpel und abgedroschen es klingt – in der Praxis läuft es aber dennoch oft umgekehrt:

Die Definition innovativer Begriffe wie „virtuelles Unternehmen“ für die Art und Weise, wie man sich organisiert, setzt dabei nämlich nicht die Gesetze der Marktwirtschaft außer Kraft!

Den Kunden interessiert vor allem, was er davon für die Lösung seines Problems hat.

Geschäftspläne sind trotz unterschiedlicher Formulierungen inhaltlich zumeist ähnlich aufgebaut. In der Regel wird in ihnen Folgendes geklärt:

1. Eigentumsverhältnisse
2. Management
3. Technologien
4. Produkte/Dienstleistungen
5. Marktanalyse
6. Produktion und Leistungserstellung
7. Finanzierung
8. Zeitplan
9. Absehbare Kosten

Im Folgenden werden wir die einzelnen Aspekte etwas genauer beleuchten:

Eigentumsverhältnisse

Bei einem Kooperationsnetzwerk produzierender Unternehmen haben wir es mit einer besonderen Konstellation zu tun. Es lässt sich nicht den reinen Dienstleistungsunternehmen zuordnen, bei denen sich aufgrund des geringen Kapitalbedarfs die Ideengeber in der Rolle des Eigentümers wiederfinden. Das Netzwerk lässt sich oft aufgrund der fehlenden eigenen Produktionskapazitäten aber auch nicht mit einem Fertigungsunternehmen mit hohem Kapitalbedarf vergleichen. Diese Frage wird uns beim Punkt Haftung im nächsten Kapitel noch näher beschäftigen.

Hinsichtlich der materiellen Werte der Kooperation ist mit der Aussage „alle zu gleichen Teilen" scheinbar schon bei der Gründung der Unternehmenskooperation die Eigentumsfrage geklärt. Schon bei etwas Nachdenken allerdings zeigt sich, dass diese „demokratische" Idee in der Praxis einige Schwächen aufweist: Nur etablierte, unabhängige Unternehmen sind in der Lage, völlig frei zu disponieren. Je nach Unternehmen müssen die Geschäftsführer mit den Investoren, der Konzernmutter oder ähnlichen Interessengruppen Rücksprache halten, ob und wie weit sie sich bezüglich des Aufbaus einer neuen Organisation aus dem Fenster lehnen dürfen (vgl. Kapitel 2).

Mit zunehmender Verbindlichkeit des Netzwerks gegenüber seinen Kunden nimmt auch der Kapitalisierungsbedarf zu, so dass sich die Eigentumsverhältnisse schnell ändern können. Dieser Punkt ist nicht zu unterschätzen, kann er doch gerade in der Start- und Aufbauphase der Kooperation massive Störungen in das noch labile System des gegenseitigen Vertrauens hineintragen.

Hier zeigt sich der Vorteil einer evolutionären Vorgehensweise:

Durch die Tatsache, dass die Kooperation in der Startphase noch keinen hohen Kapitalisierungsbedarf hat und sich damit die Frage unterschiedlicher Finanzierungsanteile noch nicht stellt, kann die Kooperation die vertrauensvolle Zusammenarbeit erst einmal „üben".

Management

Im Geschäftsplan ist an dieser Stelle die Managementstruktur aufzuzeigen. Für das Unternehmensnetzwerk bedeutet das: Welche Rollen gibt es in der Kooperation, von welchen Akteuren werden sie eingenommen? Wie ist z. B. die Koordinationsstelle aufgebaut, welche Befugnisse hat der Koordinator, gibt es eine Entlohnung etc.? Diese Fragen führen zur Aufbauorganisation des Netzwerks, auf die wir ebenfalls im nächsten Kapitel noch näher eingehen werden.

Technologien

Der Punkt Technologien ist für ein Konsortium produzierender Unternehmen auf den ersten Blick unkritisch: Welche einzelnen Technologien besitzt der Unternehmensverbund? Schwieriger wird schon die Beantwortung der weiteren Fragen in diesem Kontext: Kann damit eine Systemtechnologie komplett abgebildet werden? Welche Produkte in welchen Branchen können damit realisiert werden? Gibt es technologiebedingte Alleinstellungsmerkmale einzelner Partner oder stellt die Kombination verschiedener Technologien ein Alleinstellungsmerkmal dar?

Produkte/Dienstleistungen

Eine der Herausforderungen beim Aufbau jeder Kooperation ist die Definition des gemeinsamen Portfolios. Dies kann bei größeren oder sehr heterogenen Kooperationen durchaus mehrere unterschiedliche Produkt-/Dienstleistungscluster, sogenannte „strategische Geschäftseinheiten", beinhalten.

Hat die Kooperation eigene Produkte oder agiert sie am Markt primär als OEM-Dienstleister? Handelt es sich dabei um Hochtechnologieprodukte? Verfügt die Kooperation über Alleinstellungsmerkmale in ihrem Technologieportfolio? Verfügen die Partner der Kooperation über Lizenzen, die die Entwicklung eines Produkts zum Alleinstellungsmerkmal machen können?

An diesem Punkt soll erneut auf das immer wiederkehrende Problem in der Anfangsphase von Unternehmenskooperationen hingewiesen werden. Viele Kooperationen verwechseln gerade in diesem Punkt Ursache mit Wirkung:

Nicht die Organisationsform der Kooperation oder deren Technologien sind das Verkaufsargument gegenüber dem Kunden, sondern die durch die Kooperation erst mögliche Lösungskompetenz.

Das sollten Sie sich merken:

Eine Herausforderung für jede Kooperation ist die Definition des eigenen Portfolios. Dies können bei größeren Kooperationen durchaus mehrere unterschiedliche Produkt-/Dienstleistungscluster sein.

Mit dem Konsortium muss dabei abgeklärt werden, ob gegebenenfalls auch Komponenten/Dienstleistungen des einzelnen Partners mit angeboten werden. In diesem Falle ist eine genaue Abgrenzung bzw. Klärung mit dem eigenen Vertrieb des Partners unumgänglich. Bieten also Ihre Netzwerkpartner die Produkte/Dienstleistungen Ihres Unternehmens mit an, muss es dafür auch ein Provisionsmodell geben!

Marktanalyse

Ebenso, wie bei der Festlegung der Dienstleistungen, ist es nicht einfach, sich über die Potentiale, die Chancen und Risiken des gemeinsamen Angebots klar zu werden. Jeder Partner bringt dabei seine eigenen Überlegungen, Hoffnungen und Erwartungen ein. Oft divergieren diese Auffassungen deutlich voneinander und lassen sich nicht so einfach unter einen Hut bringen.

Manchmal denken gerade die Fachpartner zu sehr in ihren gewohnten Denkschemata als Spezialisten. Sie sind nicht ohne weiteres in der Lage, sich ein konkretes Bild darüber zu machen, was man gemeinsam leisten und anbieten kann. Die gemeinsame Übersetzung des Slogans „Das Ganze ist mehr als die Summe seiner Teile" bedeutet also echte Arbeit für das Konsortium. Zur Annäherung an ein gemeinsames Angebot ist eine Analyse und Bewertung der gemeinsamen Fähigkeiten unumgänglich.

Eine Marktanalyse ist hierbei sehr hilfreich. Auch darauf werden wir in diesem Kapitel noch zurückkommen. Hat die Kooperation diese Leistung erbracht, fällt es allen Beteiligten leichter, sich strategisch gemeinsam auf bestimmte Kerngeschäftsfelder auszurichten. Damit lassen sich die besonders am Anfang begrenzten Ressourcen (Messeauftritte, Mailingaktionen, ...) konzentrieren.

Produktion und Leistungserstellung

Es lohnt sich, die wesentlichen Aspekte der Produktion und Leistungserstellung bereits im Geschäftsplan formal niederzuschreiben. Sich über die wertschöpfenden, unternehmensübergreifenden Kerngeschäftsprozesse Entwicklung und Produktion Gedanken zu machen und durch die dabei entstehenden Synergien die Konkurrenzfähigkeit der Kooperation zu erhöhen, kann der Kooperation die entscheidenden Wettbewerbsvorteile verschaffen. Schon durch kleine Maßnahmen lässt sich eine deutliche Reduktion der Bearbeitungszeiten und der Transaktionskosten erreichen! Dies betrifft nicht nur die „ex ante“-Kosten Informationsbeschaffung, Anbahnung und Vereinbarungskosten, sondern auch die „ex post“-Kosten der Abwicklung, Kontrolle und Änderung/Anpassung.

Finanzierung

Zur Finanzierung des gemeinsamen Vorhabens kommen zumindest in der Theorie mehrere Möglichkeiten in Betracht. Grundsätzlich ist man dabei zwischen der Finanzierung der Anlaufphase, d. h. den Kosten für den Aufbau der Kooperation und den späteren Betriebskosten der Kooperation unterscheiden.

Anschubfinanzierung durch externe Geldgeber

Hier kommt bei Unternehmensgründungen schnell die Rede auf das Risikokapital. Die Risikokapitalfinanzierung scheitert heute aber (noch) oft an der Antwort auf die Frage der Investoren, was denn nun der eigentliche Unternehmenswert sei.

Sofern die Kooperation keine eigenen Produkte entwickelt, sondern als OEM-Partner am Markt tätig werden möchte, wird über die Nennung der geistigen Eigentumsrechte hinaus eine Antwort schwer fallen. Bei vielen Formen der Kooperation, in denen ein Generalunternehmer die Auftragsabwicklung übernimmt, ist selbst diese Ressource nicht explizit der Koordinationsstelle zugeordnet. Oft wartet der Investor im günstigsten Fall in Anbetracht solch ungeklärter Verhältnisse zunächst mal oder winkt gleich ab.

Anschubfinanzierung durch einen oder mehrere beteiligte Partner

In den meisten Fällen wird daher eine Anschubfinanzierung durch die Partner der Weg sein, den das Netzwerk zu Beginn einschlagen muss. Prinzipiell gibt es dabei zwei Möglichkeiten, die man auch in der Praxis antrifft: Entweder man bildet ein Konsortium aus gleichberechtigten Partnern, die jeweils den gleichen Betrag oder einer der Partner übernimmt die Führerschaft des Konsortiums und beteiligt sich überproportional an der Gesamtfinanzierung.

Der Vorteil beider Modelle für alle: Neben dem Konsortialführer sind auch die anderen Partner zum Markt hin sichtbar und demonstrieren ihre Kompetenz in neuen Märkten. Entsprechend teilen sie das Gesamtrisiko und damit auch das finanzielle Risiko.

Eine weitere Möglichkeit ist die ausschließliche Finanzierung durch einen Partner. Je nach Netzwerktyp birgt dieses „Alleineigentümer"-Modell aber das Risiko des Verlusts der gemeinsamen Vertrauensbasis.

Fallbeispiel: MikroWebFab

In der MikroWebFab-Kooperation definieren die Partner die Ziele der Kooperation und die Strategie der Umsetzung gemeinsam. Jeder Partner zahlt den gleichen Beitrag zur Finanzierung der Netzwerkaktivitäten. Für jedes Geschäftsjahr wird ein Finanzierungsplan verabschiedet, in dem die wichtigsten Aktivitäten des Folgejahres als Projekte aufgeschlüsselt werden und Zahlungstermine festgelegt werden.

Unternehmen, mit denen eine Zusammenarbeit strategisch wichtig erscheint, die sich jedoch aufgrund finanzieller oder organisatorischer Rahmenbedingungen nicht beteiligen können, werden als Unterauftragnehmer eingebunden und tragen über Provisionszahlungen zur Deckung der Aufwände bei.

Nach der Anlaufphase

Die Finanzierung nach der Anlaufphase hängt stark vom gewählten Kooperationstyp und der gewählten Rechtsform ab. Über die Vor- und Nachteile der verschiedenen in Frage kommenden Rechtsformen werden wir uns im Kapitel 4 noch ausführlicher unterhalten. Für die Finanzierung soll zunächst folgende Faustregel gelten:

Liegt der Fokus rein auf der Vermarktung des Angebots der Partner bzw. des gemeinsamen Angebots, so wird trotz der Zahlung von erfolgsabhängigen Provisionen die Kooperation ein Zuschussgeschäft bleiben. Der Gewinn aus der Abwicklung gemeinsamer Projekte fließt primär in die Kassen des mit der Durchführung beauftragten Kooperationspartners.

Entschließt sich die Kooperation allerdings, die Projektplanung, -steuerung und die Auftragssteuerung ebenfalls in die Hände der Koordination zu legen, bildet dies bei ausreichender Kapitalisierung den Grundstein für ein eigenständiges Systemhaus. Die Koordination der Kooperation unterscheidet sich von den großen Unternehmen dieser Branche wie M+W Zander oder Lurgi nur durch die Besitzerstruktur (Lieferanten = Eigentümer) und die Intensität des Austausches zwischen den Partnern.

Zeitplan

Auch wenn etablierte Unternehmen gemeinsam agieren, dauert es einige Zeit, bis sich das neue Verbundunternehmen am Markt etabliert hat. Denn der Kunde muss gerade in technisch und qualitativ anspruchsvollen Bereichen erst von der Systemfähigkeit und der Nachhaltigkeit des Konsortiums überzeugt werden. Beides lässt sich in der Regel nicht von heute auf morgen am Markt darstellen.

Das sollten Sie sich merken:

Der Prozess der Vertrauensbildung beim Kunden und die Wahrnehmung als kompetenter, verlässlicher Partner brauchen Zeit. Dies kann sich nach Aussage vieler Kooperationen je nach Branche über etliche Jahre hinziehen.

Dies ist ein Faktor, der von vielen Kooperationen unterschätzt wird, vor allem, wenn diese, durch öffentliche Förderprogramme unterstützt, gestartet sind und die Förderung dann nach wenigen Jahren endet.

Einem ernsthaft an einer nachhaltigen Zusammenarbeit interessierten Konsortium sollte dies bewusst sein, damit die Terminpläne und Meilensteine zur Erreichung der Kriterien für die Meilensteine der Kooperationsentwicklung realistisch gewählt werden können.

Absehbare Kosten

Die Finanzierung der Kooperation über die gesamte Start- und Aufbauphase hinweg wird oft unterschätzt. Es macht durchaus Sinn, sich bereits recht früh zu überlegen, wie und womit man am Markt auf sich aufmerksam machen möchte und welche Ressourcen dafür bereitzustellen sind. Als ein Werkzeug zur Strukturierung der mittel- und langfristigen Finanzplanung bietet sich dabei der Finanzierungsplan an.

Typische Elemente des Finanzierungsplans einer Kooperation sind dabei:

- Marketingkosten (Werbung in Printmedien, Messeauftritte, Werbematerialien),
- Kosten für den Aufbau und Betrieb der gemeinsamen Organisation (Infrastrukturkosten),
- Auftragsanbahnungskosten.

Art und Umfang der pro Jahr anfallenden Kosten hängen dabei von der vom Konsortium geplanten Geschwindigkeit der Markteinführung sowie den finanziellen Randbedingungen der beteiligten Partner ab. Ein Rezept oder gar Mindestsummen gibt es daher nicht.

Zu Beginn der Kooperation empfiehlt sich eine zwei- bis dreijährige Testphase zur Validierung des Geschäftsmodells, der dann allerdings bald eine Phase des starken Vorantreibens folgen muss. Potentiellen Kunden, die den Werdegang der Kooperation verfolgen, müssen die Ernsthaftigkeit und den Fortschritt der gemeinsamen Aktivitäten wahrnehmen!

Das sollten Sie sich merken:

Gerade für mittelständische Unternehmen ist es wichtig, bereits in der Frühphase der Kooperation die Kosten der geplanten gemeinsamen Unternehmung über persönliches Engagement hinaus offen zu diskutieren und sich über einen Mittelfrist-Finanzplan sowie Geschäftsjahrespläne zu verständigen.

Mit der Erstellung des Geschäftsplans verfügt das Konsortium nun über einen ersten Leitfaden zur Umsetzung seiner strategischen Ziele. Einer der wichtigsten Punkte dabei ist sicher die Beantwortung der beiden Fragen: „Was bringt meine Idee dem Kunden?" und „Womit verdiene ich mein Geld?" Dies sind klassische Aufgaben des Marketings. Daher widmen wir uns zunächst der Aufgabe, wie man darauf Antworten erhält, bevor die dritte Frage im nächsten Kapitel beantwortet wird.

3.3 Wie kommt das Netzwerk an den Markt?

Was unterscheidet Marketing für ein Netzwerk vom Marketing für ein Einzelunternehmen?

„Marketing ist die konsequente Ausrichtung des Netzwerks am Markt, also am Kunden und seinen Bedürfnissen."

Dies ist eine der klassischen Definitionen von Marketing, in der lediglich der Begriff „Netzwerk" an Stelle des Begriffs „Unternehmen" eingesetzt wurde. Es bedeutet jedoch nicht, dass Marketing für das Netzwerk schlicht die Summe der Marketingaktivitäten der Netzwerkpartner ist.

Die Erarbeitung der Vision und Mission des Netzwerks haben wir im Kapitel 1 eingeführt. Marketing ist Teil der Umsetzungsstrategie, entsprechend hängt die Herangehensweise vom Netzwerktyp ab.

Bei einem Netzwerk vom Typ Markt ist die Aufgabe des Marketings, die Summe der Angebote der Mitglieder am Markt anzubieten. Kommt der Kundenkontakt zu Stande, übernimmt im Allgemeinen die Einzelfirma. Eine Kundenpflege durch die Netzwerkkoordination findet selten statt. Daher ist die weitere Bearbeitung Marketing für einen Marktplatz im Wesentlichen die Präsentation der Einzelangebote unter einem „virtuellen Dach“.

Im hierarchischen Netz wird das Marketing vom Koordinator übernommen. Er bietet unter seinem Namen ein Komplettpaket an, das die Kompetenzen und Leistungen der anderen Netzwerkpartner mit beinhaltet. Diese treten jedoch nicht in Erscheinung. Daher gelten für das hierarchische Netz die gleichen Marketingregeln wie für ein Einzelunternehmen.

Anders ist die Situation beim strategischen Netz und beim Clan. Hier unterscheiden sich Angebot und Kundenbeziehung deutlich von den anderen Netzwerktypen.

Beim strategischen Netz wird eine homogene Produktklasse (mit Varianten) am Markt angeboten, beim Clan ist das Angebot heterogener. In beiden Fällen tritt das Konsortium gemeinsam am Markt auf. Es erhält seine Glaubwürdigkeit durch die Demonstration eines schlüssigen Gesamtkonzepts, aber auch durch die Demonstration der Kompetenzen der Einzelunternehmen. Ein Gesamtkonzept ist noch relativ leicht auszuarbeiten und zu präsentieren, da das Angebot des strategischen Netzes eng begrenzt ist. Die Rollen der einzelnen Partner liegen fest; der Konsortialführer ist der Generalunternehmer und damit Hauptansprechpartner des Kunden. Beim Clan wird es schon etwas komplizierter, da das Angebot heterogener ist und je nach Projekt die Rollen von unterschiedlichen Akteuren ausgefüllt werden.

Analyse der Ausgangssituation

Die Analyse der Ausgangssituation umfasst einerseits eine Bestandsaufnahme, andererseits eine Abschätzung zukünftiger Entwicklungen.

Diese Analyse untergliedert sich in drei Teilschritte:

Netzwerkanalyse

Die Kooperation muss gemeinsam herausarbeiten und diskutieren, wie sich das gemeinsame Angebot – aufbauend auf dem Geschäftsplan – zusammensetzt. Gehören dazu nur die gemeinsamen Systemdienstleistungen? Was für „neue“ Angebote in welchen Branchen und Märkten entstehen aus den Synergien? Gehören hierzu die Einzeldienstleistungen der Partner?

Ferner werden Stärken und Schwächen des Netzwerks ermittelt und bewertet. Dies umfasst sowohl Stärken und Schwächen einzelner Partner als auch die Ermittlung von Stärken und Schwächen im Zusammenspiel der Kompetenzen. Somit werden neben den Kompetenzen der Netzwerkpartner auch die Geschäftsprozesse des Netzwerks selbst bewertet. Nicht nur bei der Abwicklung eines Auftrags ist es für die Koordination und die Partner wichtig zu wissen, wo die Stärken, aber auch die Achillesfersen der Kooperation liegen. Auch bei der Erstellung des gemeinsamen Angebots sollte man sich bewusst sein, was man aktiv bewerben möchte und was man besser „nur so mitlaufen lässt".

Marktanalyse

Die Marktanalyse dient zur Abgrenzung des Marktes und zur Ermittlung der Marktattraktivität aus der speziellen Sicht des Netzwerks. Ein wichtiger Aspekt der Marktanalyse besteht darin, auch die Mitwettbewerber und potentielle zukünftige Mitwettbewerber zu betrachten. Dies ist in einem Netzwerk naturgemäß nicht einfach. Man darf dabei die Partnerunternehmen nicht nur nach ihrer individuellen technologischen Leistungsfähigkeit bewerten. Dies greift zu kurz. Das Ziel der Netzwerkbildung ist es ja, gemeinsam größere oder komplexere Produkte herzustellen bzw. Dienstleistungen zu erbringen. Also muss diese Gesamtleistung, die die Netzwerkpartner gemeinsam erbringen, mit den Leistungen entsprechender Wettbewerber am Markt verglichen werden. Dabei kommt es nicht so sehr darauf an, ob ein Netzwerkpartner besonders gut ist oder auf seinem eigenen Gebiet eher im Mittelfeld liegt. Entscheidend ist, wie sich die Gesamtleistung hinsichtlich Produkteigenschaften, Qualität, Preis und Service relativ zum Wettbewerb positioniert.

Hier noch einmal ein Wort der Warnung:
Es ist ein Trugschluss, anzunehmen, dass man aufgrund der „grenzenlosen Synergien" der Kooperation im Netzwerk konkurrenzlos sei. Wenn Ihr Angebot so umfassend ist, dass es scheinbar keine Konkurrenz gibt, dann haben Sie es sich bei der Portfolioanalyse zu einfach gemacht.

Ein Clan-Netzwerk, das auf mehreren unterschiedlichen Märkten tätig ist, muss sein Angebot nach Märkten segmentieren und diese Analyse für jeden Markt separat durchführen.

Die Wahrscheinlichkeit ist hoch, dass die Konkurrenzanalyse nach dieser Übung anders ausfällt.

Umfeldanalyse

Die Umfeldanalyse betrachtet größere Trends wie politische, gesellschaftliche oder ökologische Entwicklungen. Auch hier müssen diese Betrachtungen wieder aus der Sicht der unterschiedlichen Märkte durchgeführt werden, auf denen der Clan tätig ist. Es fallen Ihnen sicher genügend Faktoren ein, die hier zu berücksichtigen sind, z. B. die EU-Osterweiterung als politische oder die globale Erwärmung als ökologische Entwicklung.

Man sollte diesen Teil der Analyse nicht zu gering schätzen; Entwicklungen dieser Art haben schneller Auswirkungen auf das Netzwerk, als man denkt. So hat die globale Erwärmung die Kühlschrankhersteller dazu gezwungen, auf FCKW-freie Kältemittel umzusteigen; von selbst wären sie sicher nicht darauf gekommen.

Die Ergebnisse dieser Analysen lassen sich in die sogenannte SWOT-Matrix (Strengths, Weaknesses, Opportunities, Threats) eintragen (Tabelle 3.1). Hier wird die x-Achse durch die interne Analyse (das Netzwerk) und die y-Achse durch die externe Analyse (Markt bzw. Umfeld) gebildet. Aus den Quadranten lassen sich nun entsprechende Strategien entwickeln, um die Stärken des Netzwerks und die Chancen, die das Umfeld bietet, zu nutzen bzw. mit Schwächen und Risiken umzugehen.

Tabelle 3.1: SWOT-Matrix

SWOT-Analyse		Interne Analyse	
		Stärken (Strengths)	Schwächen (Weaknesses)
Externe Analyse	Chancen (Opportunities)	S-O-Strategien: Verfolgen von neuen Möglichkeiten, die gut zu den Stärken des Unternehmens passen.	W-O-Strategien: Schwächen eliminieren, um neue Möglichkeiten zu nutzen.
	Risiken (Threats)	S-T-Strategien: Stärken nutzen, um Bedrohungen abzuwenden.	W-T-Strategien: Verteidigungen entwickeln, um vorhandene Schwächen nicht zum Ziel von Bedrohungen werden zu lassen.

Definition von Marketingzielen

Sobald die Daten aus der Analyse des Netzwerks, des Marktes und des Umfelds vorliegen, ist die Basis gegeben für die Festlegung von Marketingzielen.

Im Allgemeinen werden die Marketingziele primär markterfolgsbezogen bzw. monetär definiert. Insbesondere für Netzwerke ist es jedoch in den ersten Jahren wichtig, bei der Definition nach der im Bild 3.1 gezeigten Kausalkette vorzugehen.

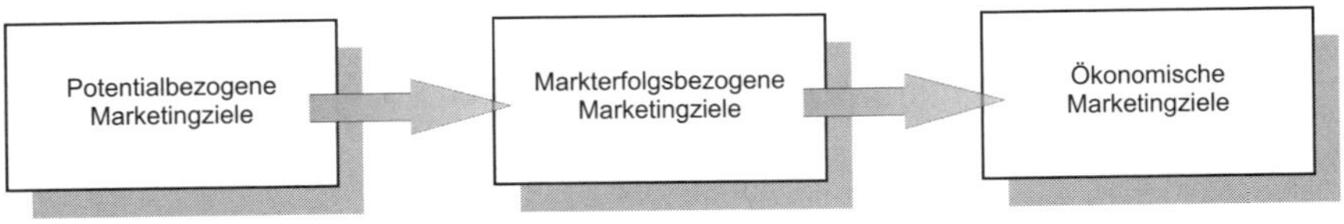

Bild 3.1: Kausalkette der Marketingziele

Hinter den potentialbezogenen Marketingzielen am Anfang der Kausalkette verbergen sich die für ein Einzelunternehmen üblichen Ziele wie Bekanntheitsgrad, Image, Einstellung des Kunden zum Unternehmen und zum Leistungsangebot.

Gerade der letzte Punkt birgt für Netzwerke einigen Sprengstoff. Vielen Kunden sind Netzwerke a priori suspekt. Sie verbinden damit Vorurteile wie:

- „eine Ansammlung von Einzelkämpfern",
- „wechselnde Zuständigkeiten",
- „zusätzliche Transaktionskosten".

Das oberste Ziel des Marketings muss es also sein, beim Kunden Vertrauen ins Netzwerk zu schaffen. Dabei geht es nie um die technologische Kompetenz, diese lässt sich leicht vermitteln. Es geht darum, Vertrauen in die Organisation und in die Zusammenarbeit zu schaffen. Dies ist insbesondere in der Start- und Aufbauphase, aber auch bei Veränderungen (z. B. Partneraustritt, siehe Kapitel 2) wichtig.

Aufbauend auf diesen potentialbezogenen Zielen lassen sich wie bei gewöhnlichen Unternehmen entsprechende markterfolgsbezogene und ökonomische Ziele definieren.

Festlegung der Marketingstrategie

Die Marketingstrategie ist die Umsetzung der Marketingziele und damit der Vision des Netzwerks. Man unterscheidet dabei verschiedene Strategieebenen:

- Marktparzellierungsstrategien: Differenzierung zwischen Massenmarkt und Marktsegmenten.

- Marktarealstrategien: geografische Eingrenzung des Marktes (lokal, regional, überregional, national, international).
- Marktstimulierungsstrategien: Qualitäts-/Preiswettbewerb.
- Marktsegmentstrategien: Dabei werden Produkte/Dienstleistungen des Netzwerks konkreten Zielgruppen zugeordnet.

Diese Strategieebenen kommen aus der Strategieplanung für Einzelunternehmen und sind für Netzwerke ebenso anwendbar. Für strategische Netze oder auch Clan-Netzwerke besonders interessant ist die Marktsegmentstrategie. Auf der Basis der in der Analysephase definierten Marktsegmente bietet sie eine Möglichkeit, mit der Breite des Angebots und wechselnden Rollen der Partner umzugehen. Eine wichtige Rolle spielen dabei strategische Geschäftseinheiten.

Planung virtueller strategischer Geschäftseinheiten

Strategische Geschäftseinheiten (SGE) sind ein Mittel, einen breiten Markt in einzelne Marktsegmente abzugrenzen und auszudifferenzieren. Ihr Ursprung findet sich bei den Großkonzernen, die ein Werkzeug zur Beherrschung der Vielfalt ihres Produktspektrums und damit ihrer Marketinganstrengungen benötigten SGEs sind Produkt-/Dienstleistungs-Marktsegmenten zugeordnet. Grundlage für ihre Definition sind Kunden-/Marktbedürfnisse.

Im Falle eines Netzwerks, das in verschiedenen Branchen tätig ist, bietet es sich an, die Gruppe von Netzwerkpartnern, die gemeinsam Leistungen für ein Marktfeld erbringt, als **virtuelle strategische Geschäftseinheit (vSGE)** zu betrachten. Dies bringt Struktur ins Netzwerk, die sich bei der Gestaltung der Geschäftsprozesse, insbesondere aber auch beim Marketing vorteilhaft nutzen lässt.

Netzwerkpartner können durchaus Mitglieder mehrerer vSGEs sein. Dies entspricht dem ursprünglichen Sinn des Netzwerks, möglichst viele Synergien zwischen den Partnern zu schaffen.

Die virtuelle strategische Geschäftseinheit

- ist für eine genau definierte Gruppe von Produkten oder Dienstleistungen zuständig,
- hat das Ziel, für diese Zielgruppe den Kundennutzen zu maximieren,
- steht im Wettbewerb mit bestimmten Konkurrenten und
- verfolgt in ihrem Marktfeld eine klar definierte Strategie.

Es ist wichtig, dass die Netzwerkkoordination in alle virtuellen vSGEs eingebunden ist. Sonst besteht die Gefahr, dass die Gesamtstrategie des Netzwerks aus den Augen verloren wird und das Netzwerk in Einzelnetzwerke zerfällt.

Auswahl der Marketinginstrumente

Die Marketinginstrumente werden häufig in Marketingebenen unterteilt. Die klassischen vier Ebenen wurden inzwischen auf die sieben „P" erweitert:

- Product (Was ist kundengerechte Produkt-/Dienstleistungsgestaltung?)
- Price (Wie teuer darf das Produkt, die Dienstleistung sein?)
- Promotion (Wie erreichen wir unsere Kunden?)
- Place (Wie bringen wir unser Angebot zu unseren Kunden?)
- Physical facilities (Welches ist die für den Kunden wichtige Ausstattung?)
- Personnel (Welches sind die Schlüsselpersonen für den Kunden?)
- Process (Welches sind die Schlüsselprozesse für die Abwicklung des Kundenprojektes?)

Während die ersten vier den ursprünglichen Instrumenten entsprechen, wurden die letzten drei speziell für Dienstleistungsmarketing hinzugefügt. Damit sind sie besonders für Kooperationsnetzwerke relevant, bei denen Dienstleistung einen wesentlichen Teil der Leistungserbringung darstellt, wenn nicht gar die Leistung selbst.

Zur Gestaltung dieser sieben Ebenen müssen nun gezielt die Marketinginstrumente ausgewählt werden. Für Netzwerke ist dabei wichtig, die Gesamtleistung (Systemkompetenz) in den Vordergrund zu stellen. Hier kommt der Präsentation der reibungslosen Verknüpfung der Kompetenzen (Technologien) durch geeignete Prozesse z. B. in Form von Fallstudien eine große Bedeutung zu. Dazu eignen sich grafische Präsentationen in Printmedien oder auf der Webseite oder Messeauftritte.

Da die Produkte eines Netzwerks aufgrund ihrer Beratungsintensität eher selten in Supermärkten vertrieben werden, sind die Schlüsselpersonen besonders wichtig. Schlussendlich hängt der Vertrieb an Menschen, so dass den Instrumenten Messen und Kundenbesuchen eine wichtige Funktion zukommt.

Implementierung und Realisierung

Die Implementierung und Realisierung ist die Umsetzung der Marketingstrategie durch Anwendung der ausgewählten Marketinginstrumente. Hier kommt es darauf an, diese konsistent anzuwenden. Vor allem für die dienstleistungsorientierten „P" der obigen Liste ist bei strategischen Netzen und beim Clan eine zentrale Koordination notwendig. Sie muss dafür sorgen, dass sich alle Partner unter Anwendung einer „Corporate Network Identity" einheitlich präsentieren. Dazu gehört die Anwendung des Netzwerk-Logos auf Briefpapier, Webseiten, Postern etc. Vor allem im persönlichen Kontakt z. B. bei Firmenbesuchen und auf Messen ist dies wichtig. Das Verteilen von firmenspezifischen Visitenkarten auf dem Stand ist ein Sündenfall und erweckt beim Kunden den bereits erwähnten „Loser Haufen-Eindruck".

„Ich habe kein Marketing gemacht. Ich habe immer nur meine Kunden geliebt."

Zino Davidoff

Die erste Hälfte dieses Zitats empfehlen wir natürlich nicht zur Nachahmung, die zweite aber durchaus. Das „A und O" des Marketings ist und bleibt ein zufriedener Kunde. Daher hat die Kundenpflege vor, während und nach der Auftragsabwicklung oberste Priorität. Eine gute persönliche Beziehung zum Kunden hilft, Vorbehalte in Bezug auf das Netzwerk bzw. seine Organisation zu überwinden. Es hilft aber auch, Lösungen für den Umgang bei Problemen in der Auftragsabwicklung zu finden. Ziel muss es sein, langfristige Kundenbeziehungen zu schaffen, denn wie für Einzelunternehmen gilt für Netzwerke die Regel:

„Der Aufwand, einen Neukunden zu akquirieren, ist zehnmal so hoch wie der Aufwand, um einen Bestandskunden zu halten."

Marketingkontrolle

Die Marketingkontrolle hat die Aufgabe, die Strukturen, Prozesse und Ergebnisse des Marketings zu überprüfen. Dabei wird die Erreichung der Marketingziele überprüft und werden daraus Rückschlüsse für die weitere Planung gezogen. In der Literatur finden Sie dazu verschiedene Kennzahlsysteme zur Überprüfung quantifizierbarer Größen wie Kundenkontakte, Marktanteil, Umsatz.

Für ein Kooperationsnetzwerk ist es jedoch besonders wichtig, nicht nur diese relativ einfach zu erfassenden markterfolgsbezogenen und ökonomischen Ziele zu bewerten, sondern auch die potentialbezogenen. Wenn die Wahrnehmung des Netzwerks beim Kunden nicht stimmt, werden sich auch die monetären Erfolge nicht einstellen. Daher ist es im Sinne einer klaren Profilierung notwendig, bei der Marketingkontrolle auch die Positionierung und Abgrenzung der vSGEs zu prüfen. Hier entscheidet sich, ob die Kooperation als „Bauchladen" oder mit klarem Profil beim Kunden ankommt.

Haben die Partner es bis zu diesem Punkt geschafft, sind die Zielsetzung und auch der Weg zum Ziel schon klar erkennbar. In den folgenden Kapiteln werden wir uns nun an die Ausgestaltung des Kooperationsnetzwerks machen.

4 Wie organisiert man sich richtig – Aufbauorganisation und Rechtsform

„Zweck und Ziel der Organisation ist es, die Stärken der Menschen produktiv zu machen und ihre Schwächen unwesentlich."

Peter F. Drucker

Im vorigen Kapitel haben wir bereits wichtige Schritte auf dem Weg zum Aufbau der Kooperation unternommen. Wir haben den Geschäftsplan aufgestellt und die Frage des Marktzugangs erörtert. Dabei blieb die Frage „Wie organisiere ich mein Vorhaben?" offen.

Organisationsentwicklung eines Netzwerks heißt, eine Organisation zu finden, die seine Stärken (breites Know-how-, Technologieportfolio, Flexibilität etc.) hervorhebt und seine Schwächen (wie z. B. mangelnden disziplinarischen Durchgriff) unwesentlich macht.

Damit haben wir folgende Fragen zu beantworten:

- Wie sieht die Aufbauorganisation der Kooperation aus?
- Welche Rollen und Akteure gibt es in der Kooperation?
- Wer übernimmt in welcher Phase der Kooperation welche Rollen?
- Welche Aufgaben, Kompetenzen und Verantwortlichkeiten haben die jeweiligen Akteure?
- Welche Rechtsformen kommen für Unternehmenskooperationen in Abhängigkeit des gewählten Kooperationsmodells in Frage?
- Wie beeinflusst die Evolution der Kooperation die Organisation und die Wahl der Rechtsform?

In der ersten Hälfte des folgenden Kapitels beleuchten wir die Aufgaben, Kompetenzen und Verantwortlichkeiten in der Kooperation. Unternehmen, die miteinander kooperieren, sind zwar wirtschaftlich und rechtlich unabhängig, es bestehen durch die neuen Verflechtungen aber auch Abhängigkeiten. Viele Entscheidungen mit interner oder externer Wirkung müssen kollektiv oder zumindest von einer Untermenge der Partner getroffen werden.

In der zweiten Hälfte betrachten wir dann die formalen Aspekte der Rechtsform und der Haftung. Diese dienen primär dazu, die Verteilung der Aufgaben, Kompetenzen und Verantwortlichkeiten nach innen (in der Kooperation) und nach außen (gegenüber den Kunden) in ein adäquates Rahmenwerk zu gießen.

Da der Ablauforganisation in der Kooperation eine besondere Bedeutung zukommt, werden wir hierauf in den folgenden Kapiteln nochmals gesondert eingehen.

Aufbauorganisation in der Kooperation

Bei der Aufbauorganisation der Kooperation geht es letzten Endes darum, die anfallende Arbeit auf möglichst sinnvolle Art und Weise zu verteilen. Diese Aufgabe nimmt dann an Bedeutung zu, wenn Umfang (Auftragslage) und Intensität (Grad der Zusammenarbeit) eine größere Arbeitsteiligkeit erfordern. Sinnvoll ist die Arbeitsteilung aber nur dann, wenn durch die entstehenden Schnittstellen möglichst geringe Nachteile erstens für die Arbeitsqualität und zweitens für deren Effizienz entstehen.

Welche Aufbauorganisation passt zu welcher Kooperation? Anders als im Einzelunternehmen ist der direkte disziplinarische Durchgriff bei der Bearbeitung von Aufträgen in Unternehmenskooperationen nicht möglich. Wesentliche organisatorische Funktionen sind bei den Partnern angesiedelt und damit nicht in direktem Zugriff der Koordination.

Damit spielen die Rahmenbedingungen der Kooperation eine wichtige Rolle vor allem hinsichtlich der Absicherung der vertrauensvollen Zusammenarbeit. Nur durch die Einhaltung von gemeinsam vereinbarten und vertraglich fixierten „Spielregeln“ kann der Koordinator sich darauf verlassen, dass Aufträge der Kooperation bei jedem Partner mit der notwendigen Priorität behandelt werden.

Natürlich hilft auch hier im Ernstfall zunächst ein Gespräch mehr als das Pochen auf Vertragsklauseln. So sollte man etwa im Falle von auftretenden Kapazitätsengpässen bei einem Partner offen darüber sprechen, um z. B. über das Einbeziehen von Ersatzquellen frühzeitig gegensteuern zu können.

In den vergangenen Kapiteln haben wir bereits über einige wichtige Randbedingungen gesprochen, die die Organisation unserer Kooperation beeinflussen:

Informelle Absprachen und gegenseitige Rücksichtnahme der Partner sind in der Anlaufphase einer Kooperation unumgänglich, will man in dieser kritischen Phase organisatorischen Aufwand vermeiden. In der Startphase, in der die Partner noch in den Aufbau des Netzwerks investieren, wird man daher einen pragmatischen Ansatz wählen, um die Kooperation nicht von vornherein durch ein Übermaß an Verwaltungsaufwand handlungsunfähig zu machen. Wie wir schon festgestellt haben, gehört vor allem zu Beginn eine gehörige Portion „Altruismus“ dazu. Ohne ihn ist es undenkbar, die Grundlagen für den Mehrwert der Kooperation zu schaffen.

Mit zunehmender Reife der Kooperation regeln die Finanzen die vertrieblichen Verbindlichkeiten im Netzwerk. Diese finanzielle Steuerung gewährleistet die effiziente Abwicklung der Abläufe im Netzwerk effektiver als der Versuch, organisatorisch eingreifen zu wollen. Hierbei nicht auch innerhalb der Kooperation die üblichen Prinzipien der Leistungserstellung und -verrechnung zu verwenden wäre ein großer Fehler. Schließlich muss das Ziel der Kooperation immer der wirtschaftliche Nutzen der Beteiligten sein. Fertigungsleistungen, aber auch Infrastrukturleistungen (Vertrieb, Verwaltung), die ein Partner für einen oder mehrere andere Partner erbringt, werden dabei ebenfalls intern verrechnet.

Allen Modellen liegt die bereits angesprochene Annahme zugrunde, dass die beteiligten Partner grundsätzlich in der Lage sind, selbständig über die Gründung und Ausgestaltung der gemeinsamen Unternehmensstruktur zu entscheiden.

Rollen und Akteure

In einem Unternehmensnetzwerk bezieht sich der von uns gewählte Begriff „Rolle“ zunächst auf die Kompetenzen und erforderlichen Fähigkeiten, die zur Durchführung einer Aufgabe bzw. dem Management einer Organisationseinheit notwendig sind. Dies kennen Sie aus der Tätigkeitsbeschreibung für Mitarbeiter in einem Unternehmen.

Erst im nächsten Schritt wird man sich dann Gedanken machen, welches Unternehmen innerhalb oder außerhalb des Konsortiums und welche konkrete Person die notwendigen Qualifikationen mitbringt. In Frage kommende Unternehmen und/oder Personen werden wir im weiteren Verlauf des Kapitels als Akteure bezeichnen.

Die Trennung zwischen Rollen und Akteuren hilft einerseits bei der Beschreibung der Kernaufgaben im Unternehmen und erleichtert die Entscheidung darüber, wer in der Kooperation über die notwendigen Kompetenzen zur Durchführung der Aufgabe verfügt.

Die Variabilität der Zuordnung der Rollen zu den Akteursgruppen im Netzwerk ist eine wichtige Voraussetzung für die „Virtualisierung“ der Aufgabenverteilung.

Im Einzelfall macht es im Hinblick auf eine Konzentration auf die eigenen Kernkompetenzen Sinn, über eine Auslagerung von Aufgaben an externe Dienstleistungspartner nachzudenken, ein Fall, der heute schon in vielen Betrieben den Normalzustand darstellt. Gerade bei der Bereitstellung der für die verteilte Zusammenarbeit notwendigen Infrastrukturdienstleistungen (Kapitel 7) werden wir im Kontext von serverbasierten Dienstleistungen nochmals auf dieses Thema zurückkommen.

Das sollten Sie sich merken:

Kernfunktionen und Rollen in der Aufbauorganisation einer Unternehmenskooperation unterscheiden sich nur wenig von der Organisation realer Unternehmen.

Die Aufbauorganisation der Unternehmenskooperation ändert sich auch über die Entwicklungsphasen der Kooperation hinweg nur unwesentlich. In der Regel kommen abhängig von der Entwicklungsphase neue Kernkompetenzen hinzu, die Aufgabenfelder bereits bestehender Organisationseinheiten erweitern sich.

Unterscheidungsmerkmale finden sich vor allem in der Ausprägung von Geschäftsprozessen und im Grad der „Virtualisierung“, wobei unter Virtualisierung hier die Zuordnung von Aufgaben zu personen- oder unternehmensunabhängigen Rollen verstanden werden soll. Diese Rollen können oft einfacher und weniger konfliktbehaftet den verschiedenen Akteuren im Netzwerk zugeordnet werden.

4.1 Funktionsverteilung in der Aufbauorganisation

Die zeitliche und qualitative Evolution der Kooperation hat uns schon an einigen Stellen dieses Buches beschäftigt. Sie hat Einfluss auf das Selbstverständnis des Konsortiums und auf seinen Auftritt am Markt.

Es macht wenig Sinn, für jeden Kooperationstyp und für jede Entwicklungsphase die komplette Aufbauorganisation neu zu erfinden. Denn die Kernfunktionen der Aufbauorganisation finden sich in jedem Kooperationstyp wieder und ändern sich über die Entwicklungsphasen nur wenig. Unterschiede finden sich vor allem in der Intensität und in der Ausgestaltung dieser Kernfunktionen.

Im Kapitel 2 haben wir die drei Phasen „Startphase“, „Aufbau- und Konsolidierungsphasephase“ und „Betriebsphase“ definiert. Bei einer planvollen Vorgehensweise lässt sich ein durchgängiges Schema der Kernaufgaben für die drei Phasen definieren (im Folgenden analog zur Bezeichnung der Phase Startmodell, Aufbaumodell, Betriebsmodell genannt, Bild 4.1). Die Bearbeitung jeder Kernaufgabe bzw. ihre organisatorische Abbildung in der Kooperation wird von uns im Folgenden als Geschäftsbereich bezeichnet.

Geschäftsbereiche und Organisationseinheiten

In einer Kooperation produzierender Unternehmen lassen sich vier Kerngeschäftsbereiche ausmachen:

- Marketing und Vertrieb
  Dies ist sicherlich der am meisten ausgeprägte Geschäftsbereich der Kooperation. Hier wird der Mehrwert der Kooperation nach außen getragen und werden neue Anwendungsfelder und Märkte erschlossen.
- Entwicklung
  Eine Unternehmenskooperation kann zwei Wege beschreiten. Entweder bietet sie am Markt eigene Produkte an, die zuvor gemeinsam entwickelt werden. Oder aber sie bietet als Lösungsanbieter Entwicklungsdienstleistungen im Vorfeld von Fertigungsdienstleistungen an. Die Intensität der geplanten Systemdienstleistungen kann dabei von Anpassungsentwicklungen bis hin zu völligen Neuentwicklungen und anschließender Produktion reichen (vgl. auch Kooperationsmodelle).
- Produktion
  Die Produktion von Produkten bzw. von Anlagen stellt zwar das eigentliche Kernziel dar, im Gegensatz zur Entwicklung und dem Vertrieb kann sie aber so arbeitsteilig gestaltet werden, dass jeder Partner eine klare Spezifikation seiner Aufgaben in einem Projekt erhält. Die Schwerpunkte der unternehmensübergreifenden Koordination liegen daher vor allem im Auftragsmanagement. Nicht zuletzt aus diesem Grund sind bis heute viele Unternehmensnetzwerke stark auf eine Bündelung der gemeinsamen Fertigungskapazitäten ausgerichtet.
- Teambildung/Teammanagement
  Was der Personalbereich im Einzelunternehmen ist, ist die Teambildung und -pflege im Netzwerk. Während es in der Startphase darauf ankommt, das Team überhaupt zu bilden, ist ein gut funktionierendes Team auch in der Betriebsphase kein Automatismus. Teambildung und Teammanagement sind also ein wichtiger Bestandteil aller Kooperationsmodelle in allen Phasen, der je nach gewählter Ausprägung mehr oder weniger aktiv von allen Partnern eingefordert werden muss.

Mit Hilfe dieser vier Kerngeschäftsbereiche lässt sich die Arbeit in einer Unternehmenskooperation schon recht gut organisieren, da die in Unternehmen sonst anzutreffenden Geschäftsbereiche, wie Einkauf oder Personalwesen, für die Kooperation selbst keine Rolle spielen.

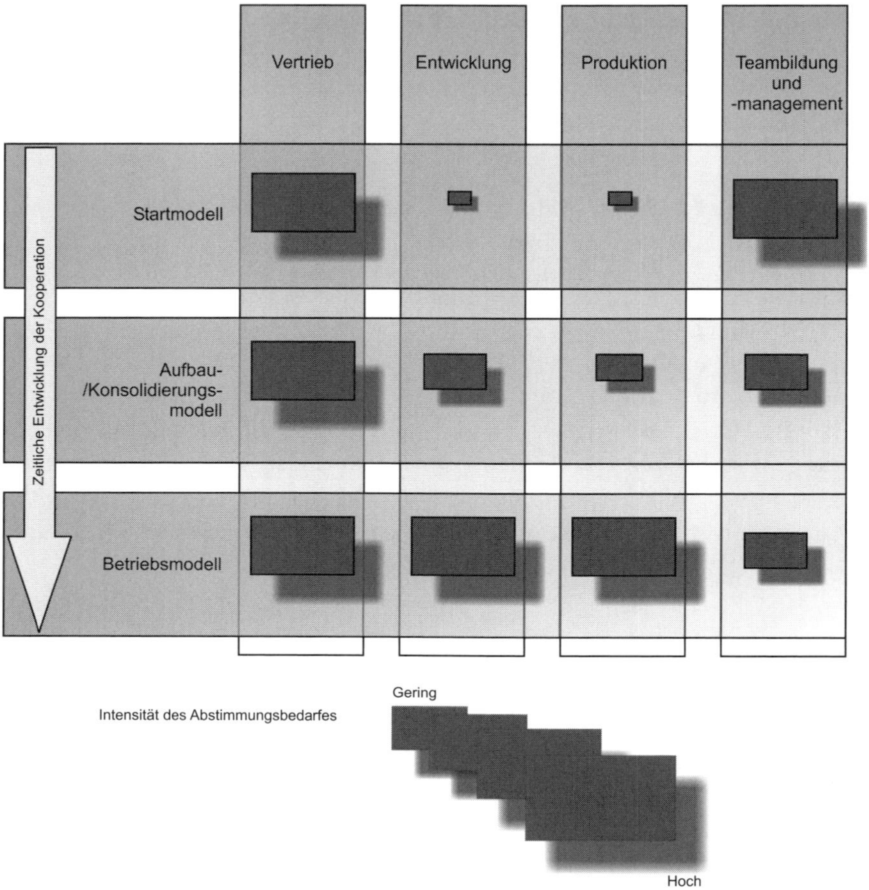

Bild 4.1: Zeitliche Entwicklung eines Clan-Netzwerks

Nachfolgend widmen wir uns zunächst den Auswirkungen der drei Entwicklungsphasen auf die Rollenverteilung, die Aufgaben, Kompetenzen und Verantwortlichkeiten (AKV) der einzelnen Akteursgruppen und die Aufbauorganisation.

„Zweck der Aufbauorganisation ist es, eine sinnvolle arbeitsteilige Gliederung und Ordnung der betrieblichen Handlungsprozesse durch die Bildung und Verteilung von Aufgaben (Stellen) zu erreichen" [KOSIO68].

Gerade in einer virtualisierten Organisation ist es für alle Beteiligten wichtig, sich über die Arbeitsteilung im gemeinsamen Vorhaben im Klaren zu sein, auch wenn im Sinne einer klassischen Organisation der hierarchische Befehlsweg nicht gegeben ist.

Anmerkung: Spätestens im Zusammenhang mit der Ausarbeitung der Kerngeschäftsprozesse der Kooperation sollte sich jedes Unternehmen über die Verteilung der AKV im eigenen Haus im Klaren sein.

Sie meinen, das sei doch selbstverständlich? Die Erfahrung zeigt, dass dies nicht immer der Fall ist. Intern funktioniert alles gut, weil jeder weiß, zu wem er gehen muss. Wenn neue Mitarbeiter hier Probleme haben, ist dies ein Symptom, dass vielleicht doch nicht alles so klar geregelt ist. Dies ist jedoch eine Voraussetzung für eine firmenübergreifende Zusammenarbeit in einem Netzwerk. In einem solchen Fall müssen die Zuständigkeiten schleunigst geklärt werden, sonst ist schnell Schluss mit der Akzeptanz für die neue Form der Zusammenarbeit. Die aktive Einbeziehung der Mitarbeiter in den Veränderungsprozess bzw. bei kleineren Unternehmen auch die erstmalige Ausarbeitung von Geschäftsprozessen wird beim Aufbau von Kooperationen oft übersehen.

Auch in etwas größeren Unternehmen mit einer bereits intern vorhandenen größeren Arbeitsteiligkeit stellt sich die Frage des Veränderungsprozesses. Hier scheitert das Vorhaben weniger am Verständnis für das Problem, sondern an der schieren Menge der zu informierenden Mitarbeiter, die in den Vertriebs-, Entwicklungs- und Produktionsprozess eingebunden sind.

An der Schnittstelle zur Unternehmensorganisation der Partner entsteht also das Risiko, dass die Kooperation aus Gründen im operativen Geschäft ins Leere läuft. Dies liegt aber weniger am mangelnden hierarchischen Durchgriff als an der mangelnden Information der Mitarbeiter!

Um dies zu verhindern, muss das Problem aktiv angegangen werden. Es handelt sich dabei um eine Aufgabe, die von der jeweiligen Geschäftsführung aktiv betrieben werden muss. Maßnahmen in den Unternehmen reichen hier von Informationsveranstaltungen bis hin zur aktiven Integration der Schnittstellenprozesse in das Qualitätsmanagement des Unternehmens im Rahmen eines Business Process Reengineering.

Das sollten Sie sich merken:

Jeder Partner sollte spätestens bei der Definition der Kernprozesse der Kooperation seine Rolle in der Kooperation, die der Koordination und die zugehörigen Aufgaben, Kompetenzen und Verantwortlichkeiten klar verstanden und akzeptiert haben.

Neben dem eigenen Verständnis gehört dazu auch die strukturelle Integration der Kooperation in die eigenen Geschäftsprozesse. Information und Schulung von Mitarbeitern, die später unmittelbar oder auch mittelbar mit der Kooperation zusammenarbeiten, sind hier die Schlüssel zum Erfolg.

Rollen innerhalb der Kooperation

Gerade weil Teile der Kooperationsaufgaben und Kompetenzen virtualisiert werden, ist es notwendig, sich sehr genau ein Bild von den Rollen und dem Anforderungsprofil an die Akteure zu machen. Die von uns gewählte Auswahl von Rollen ist sicherlich keine allgemein verbindliche Definition. Die ihnen zugrunde liegenden Muster finden sich aber in vielen Netzwerken wieder.

Im Folgenden werden wir die wesentlichen Rollen einer Kooperation von produzierenden Unternehmen kurz vorstellen:

Das sollten Sie sich merken:

Die Aufgaben, Kompetenzen und Verantwortlichkeiten sollten sich in einer Kooperation auf Rollen beziehen. Dies erleichtert die Neuzuordnung von Akteuren zu den Rollen entlang des zeitlichen und qualitativen Evolutionsprozesses der Kooperation maßgeblich.

- Fachpartner
  Die entwickelnde und produzierende Basis des Unternehmensnetzwerks. Hier befinden sich das spezielle Know-how und die Fertigungs- bzw. Dienstleistungskapazität des Netzwerks.
- Koordination
  Hier konzentrieren sich das gemeinsame, prozessschrittübergreifende Know-how und das Projektmanagement. Die Koordination als Träger des gemeinsamen Wissens übernimmt auch die Vermarktung und den Vertrieb des Netzwerks, da vor allem sie in der Lage ist, kompetent Kunden-Erstanfragen zu bearbeiten. Im Falle hochkomplexer technologischer Aufgabenstellungen kann es sinnvoll sein, innerhalb der Koordination nochmals zwischen der Rolle des Technologiemanagements und dem organisatorischen Management zu unterscheiden. Diese Unterscheidung macht Sinn, wenn zur technologischen Abwicklung eine Delegation von technologiebezogenen Aufgaben (z. B. Vergabe von Funktionsmuster-Aufträgen) an Akteure außerhalb des Netzwerks, z. B. ein technisches Designbüro, notwendig wird.
- Steuerungsgremium
  Das Steuerungsgremium setzt sich aus allen Anteilseignern der Kooperation zusammen. In einem Netzwerk produzierender Unternehmen werden das in der Regel die Fachpartner des Kernkonsortiums und die Koordination des Netzwerks sein. Je nach Entstehungsgeschichte und Ausrichtung

der Kooperation können weitere Partner z. B. aus der Forschung hinzukommen.

Fallbeispiel: MikroWebFab

In der MikroWebFab wurde ein Steuerungsgremium eingeführt, das sich aus Vertretern der Geschäftsführung der Partnerunternehmen und der MikroWebFab-Koordination zusammensetzt.

Hinzu kommt noch die weiter gehende „Virtualisierung" einiger Aufgaben durch Dienstleistungspartner. Diese übernahmen in der MikroWebFab z. B. die Rolle der Begleitung der Organisationsentwicklung sowie der Bereitstellung der Softwarewerkzeuge für Unternehmensplanung und -steuerung, Informationssysteme, Logistik und Materialflusskonzepte. Letztere Punkte können dabei durchaus auch nach Ende der Aufbauphase bei diesen Partnern als Dienstleistung verbleiben.

Die Ausgliederung der serviceorientierten Aktivitäten hat sich dabei als sehr sinnvoll erwiesen. Sie führt zu einer Konzentration des Kernkonsortiums auf das Wesentliche – die Entwicklung des eigenen Geschäftsmodells und die Konzentration auf die eigenen technischen Kernkompetenzen.

Aufgaben, Kompetenzen und Verantwortlichkeiten in der Kooperation

Die den Rollen zugehörigen Aufgaben, Kompetenzen und Verantwortlichkeiten (AKV) lassen sich unterscheiden in:

- AKV im Innenleben der Kooperation,
- AKV der Koordination im operativen Geschäft.

Auch hier sei nochmals darauf hingewiesen: Die vorgestellten AKV beziehen sich auf Rollen und nicht auf explizite Akteursgruppen. Um der besseren Übersicht willen werden wir die Aufgaben entlang der internen und operativen Aufgaben in tabellarischer Form darstellen. Die Tabellen dienen dabei als Anhaltspunkt, wie man die Arbeitsteilung in der Kooperation umsetzen kann. Sie können als Checkliste derjenigen Themen betrachtet werden, die man beim Betrieb der Kooperation berücksichtigen sollte.

Aufgaben im Innenleben der Kooperation

Innerhalb der Kooperation sind zwei Interessengruppen an der Umsetzung der Ziele und der Entwicklung der Kooperation beteiligt, deren Aufgaben sich folgendermaßen zusammenfassen lassen:

Aufgaben des Steuerungsgremiums innerhalb der Kooperation

Das Steuerungsgremium bestimmt die Marschroute der Kooperation. Es übernimmt die Kontrolle der Koordination und legt die finanziellen Randbedingungen der Kooperation fest (Tabelle 4.1). In der Regel werden sich dazu die Geschäftsführer der beteiligten Unternehmen über die Strategie und deren Umsetzung beraten.

Tabelle 4.1: AKV des Steuerungsgremiums im Innenverhältnis

Aufgaben des Steuerungsgremiums	Kompetenzen	Verantwortlichkeiten
• Definition der strategischen Ausrichtung • Kapitalbeschaffung • Budget- und Kapazitätsbereitstellung • Vertrauensmanagement	• Strategische Entscheidung (über technologische Ausrichtung orientiert an Markt, Kunden; strukturelle Entscheidungen über Fachpartnerportfolio) • Entscheidungen über Einlagenhöhe • Entscheidungen über Vergütungsmodell der Koordination • Entscheidungen über Aufnahme und Ausschluss von Partnern; Qualifizierungsmaßnahmen • Entscheidungen über Budget und Kapazitäten	• Liquiditätsverantwortung • Strategische Verantwortung für Erfolg am Markt

Aufgaben der Koordination innerhalb der Kooperation

Die Koordination ist das vom Steuerungsgremium beauftragte Organ, sozusagen die Geschäftsführung der Kooperation. Ihr obliegen in der Innensicht der Kooperation die strategische Planung, die Abstimmung der Strategie mit dem Steuerungsgremium und die Koordination der Umsetzung (Tabelle 4.2).

Aufgaben, Kompetenzen und Verantwortlichkeiten des operativen Geschäfts

Anders als die zumeist durch das Steuerungsgremium geprägten AKV der Partner im Innenleben der Kooperation sind die AKV des operativen Geschäfts auf die Abwicklung unternehmerischer Aufgaben ausgerichtet. Die

Tabelle 4.2: AKV der Koordination im Innenverhältnis

Aufgaben der Koordination	Kompetenzen	Verantwortlichkeiten
• Integration neuer Partner • Überwachung der Qualität der Kommunikations- und Kooperationsprozesse • Gesamtsteuerung (z. B. Überwachung der Vertraulichkeitsregelungen) • Rechtsvertretung • Koordination und Pflege Wissensmanagement Trustmanagement/ Partnerpflege	• Entscheidungen hinsichtlich Maßnahmen zur Optimierung der Kommunikation/Kooperation (Workshops/ Prozessoptimierung/ Qualifizierung) • Sanktionierung im Falle von Brüchen der Vertraulichkeitsregelungen • Einholung prozessübergreifenden Wissens; Sanktionierung von Brüchen der Wissensmanagementvereinbarungen • Entscheidungen zur Pflege der Partnerbeziehungen • Trustmanagement (gemeinsame Workshops und Ähnliches)	• Verantwortung für Budget der Kooperation • Ergebnisverantwortung Wissensmanagement (Aktualität, Adäquatheit und Nutzbarkeit der Datenbank) • Verantwortung für Sanktionierung im Falle von Brüchen der Vertraulichkeitsregelungen • Personalverantwortung für Koordinationsteam

Bündelung von Kompetenzen in einer zentralen Stelle entspricht damit der Vorgabe, die Synergieeffekte aus den gemeinsamen Aktivitäten voll nutzen zu können.

Da wir nicht für jede einzelne Aufgabe eine Fallunterscheidung nach Kooperationsmodell und Entwicklungsphase durchführen können, werden wir nur die Aufgaben eines **produzierenden Clan-Netzwerks** (Maximalaufgaben) behandeln. Alle dazwischen liegenden Modelle und Stufen lassen sich auf eine Untermenge dieses Modells zurückführen.

Aufgabenverteilung in Marketing und Vertrieb

Marketing und Vertrieb sind für eine Kooperation gleich welchen Kooperationsmodells sicherlich die wichtigsten Aufgaben. Hier sind eine reibungslose, schnelle und kundenorientierte Abwicklung der Anfragen und die vertrauensvolle Zusammenarbeit aller Beteiligten zu gewährleisten. Der Begriff

Tabelle 4.3: AKV der Koordination in Marketing und Vertrieb

Aufgaben der Koordination	Kompetenzen	Verantwortlichkeiten
• Akquise • Außendarstellung (Messen, Broschüren; Internet) • Kundenkontakt • Vertragsabschlüsse mit Kunden • Rechnungsstellung • Service • Wissensmanagement für das Kernkompetenzportfolio	• Auftragsannahme; Fähigkeit zur ersten Machbarkeitsprüfung auf Grundlage des Kernkompetenzportfolios und der strategischen Vorgaben • Vertragsgestaltung mit dem Kunden • Auftragserteilung an Einkauf/Finanzbereich/ Rechnungswesen • Auftragserteilung an Leitung/Produktion • Koordination der Entwicklungsaktivitäten • Entscheidungen über Außenauftritt (z. B. Design/Inhalte der Internetpräsenz), orientiert an strategischen Vorgaben des Steuerungsgremiums • Bearbeitung und Entscheidung hinsichtlich Reklamationen von Kundenseite • Einholung des relevanten Wissens für das Kernkompetenzportfolio	• Verantwortung für erste Machbarkeitsabschätzung • Verantwortung für rechtzeitige Weitergabe an Leitung/Produktion/Entwicklung für detaillierte Machbarkeitsanalyse • Verantwortung für Rechtssicherheit der Verträge • Verantwortung für rechtzeitige und inhaltlich stimmige Neuverhandlungen bei Änderungen im Entwicklungs- und/oder Produktionsprozess • Verantwortung für Miteinbeziehung des Kunden in Teamtreffen auf Ansage der Leitung Produktion/ Entwicklung • Verantwortung für Qualität und Passung des Außenauftritts mit strategischen Vorgaben des Teilhabergremiums • Verantwortung für rechtzeitige und inhaltlich vollständige Auftragserteilung • Verantwortung für rechtzeitiges und formell adäquates Reagieren auf Reklamationen • Ergebnisverantwortung für aktuelles und strategisch stimmiges Kernkompetenzportfolio

„Zusammenarbeit“ kann hierbei gar nicht kräftig genug unterstrichen werden.

Meistens übernimmt die Koordination die Akquise der Kundenaufträge. In der Regel ist aber bereits in einer frühen Phase des Kundenkontakts die enge Zuarbeit der Fachpartner, bei größeren Kundenprojekten zum Teil auch des Steuerungsgremiums, notwendig.

Diese Zuarbeit erstreckt sich von ersten technischen Prüfungen im Rahmen der internen Machbarkeitsabschätzung bis hin zu gemeinsamen Kundenbesuchen. Später kommt zudem noch die eigentliche Auftragsabwicklung im vertrieblichen Sinne hinzu. Dementsprechend betrachten wir für diesen Prozess sowohl die AKV der Koordination als auch die der Partner (Tabelle 4.3 und Tabelle 4.4).

Einkauf, Finanz- und Rechnungswesen

Die Einzelheiten der Kalkulation sowie der internen Leistungsabrechnung sind stark vom Modell und Entwicklungsstadium der Kooperation sowie vom Auftragstyp abhängig.

Netzwerke, bei denen die infrastrukturellen Beschaffungen der Partner gebündelt und gemeinsam durchgeführt werden, sind in der Praxis eher selten anzutreffen. Obwohl auch hier ein großes Synergiepotential schlummert, lässt sich ein gemeinsames Beschaffungswesen zumindest in der Startphase kaum umsetzen. Anfangs sind die meisten Partner durch ihre Geschäftstätigkeit bereits auf Materialien und Lieferanten festgelegt.

Der Nutzen gemeinsamer auftragsbezogener Beschaffungen ist stark von der Art der Beschaffung und vom gewählten Kooperationsmodell abhängig. Gemeinschaftliche Beschaffung von Lizenzen für Entwicklung und Produktion kann z. B. Sinn machen, wenn die Patentrechte die gesamte Prozesskette umfassen.

Hinsichtlich der Finanzierung und der Auftragsabwicklung sei erneut der Hinweis gestattet, dass wir die AKV für eine Koordination definieren, die Leistungen der Partner einkauft und gegenüber dem Kunden eigenständig anbietet. Ob es sich dabei um eine eigene Koordinationsstelle oder einen Partner aus dem Konsortium handelt, hängt wiederum vom momentanen Entwicklungsstadium der Kooperation ab (Tabelle 4.5).

Tabelle 4.4: AKV der Fachpartner in Marketing und Vertrieb

Aufgaben der Fachpartner in Marketing und Vertrieb	Kompetenzen	Verantwortlichkeiten
• Unterstützung der Koordination bei Kundenanfragen • Zuarbeit bei der Machbarkeitsabschätzung • Kooperation bei der Auftragsakquise • Angebotserstellung • Abstimmung der eigenen vertrieblichen Prozesse	• Technisches Know-how • Kalkulation des eigenen Prozessschrittes	• Verantwortung für die Einschätzung der eigenen Risiken • Verantwortung für die Einhaltung der Lieferfristen

Tabelle 4.5: AKV der Koordination in Einkauf, Finanzen und Rechnungswesen

Aufgaben der Koordination	Kompetenzen	Verantwortlichkeiten
• Patent- und Lizenzbeschaffung und -verwaltung • Kaufmännische Bearbeitung von Aufträgen • Einkauf der Leistungen der produzierenden Unternehmen und des Designbüros (Vertragsabschlüsse) in Zusammenarbeit mit Leitung Produktion und Entwicklung	• Lizenzvergabe • Entscheidungen über Leistungseinkauf bei den produzierenden Unternehmen, Designbüro und gegebenenfalls externen Lieferanten im Rahmen der allgemeinen Budget- und Kapazitätsvereinbarungen	• Ergebnisverantwortung für Lizenz- und Patentprozesse/-nutzbarkeit • Ergebnisverantwortung für kaufmännische Bearbeitung • Verantwortung für Rechtssicherheit der vertraglichen Vereinbarungen • Verantwortung für rechtzeitige und inhaltlich stimmige Neuverhandlungen und Vertragsabschlüsse im Falle von Änderungen im Produktions- und/oder Entwicklungsprozess

Entwicklung und Produktion

Die wesentlichen Steuerungsaufgaben in Entwicklung und Produktion liegen bei der Koordination (Tabelle 4.6). Sie stellen die Kernaktivitäten der Kooperation dar und sind zusammen mit dem Vertriebsprozess mehr als alle anderen Prozesse auf das enge Zusammenspiel der Akteure angewiesen. Im Folgenden erfolgt deshalb ebenfalls wieder die Unterscheidung zwischen Koordination und Fachpartnern.

Tabelle 4.6: AKV der Koordination in Entwicklung und Produktion

Aufgaben der Koordination im Entwicklungs- und Produktionsprozess	Kompetenzen	Verantwortlichkeiten
• Vorbereitung und Koordination der Machbarkeitsanalyse • Bildung projektspezifischer Prozessketten • Leitung Produktion-/ Entwicklungsprozess (Einberufung/Moderation der Teams; Miteinbeziehung externer Dienstleister und des Kunden) • Weiterleitung von Änderungen an Vertrieb, Einkauf und Partner • Überwachung des Qualitätsmanagements (Zeit, Budget, Qualität)	• Entscheidung über Machbarkeit • Entscheidung über Prozessketten • Entscheidung über Zeitpunkt und Themen der Teamtreffen • Sanktionierung bei Brüchen der Qualitätsvereinbarungen • Einholung prozessübergreifenden Wissens und relevanter Infos über Kernkompetenzen der Fachpartner	• Verantwortung für Richtigkeit der Machbarkeitsanalyse (gegebenenfalls lediglich Teilverantwortung) • Gesamtergebnisverantwortung für Produktions- bzw. Entwicklungsleistung • Verantwortung für Teamtreffen und Miteinbeziehung aller relevanten Partner Verantwortung für Weiterleitung der Einzelergebnisse • Verantwortung für Sanktionierungen

Die Aufgaben der Fachpartner sind gegenüber der Koordination im Entwicklungsprozess auf die Unterstützung bei der Entwicklung des Gesamtsystems ausgerichtet. Auch im Produktionsprozess unterstützen sie aktiv die Produktionsplanung, Kapazitäts- und Ressourcenterminierung (Tabelle 4.7). In jedem Kooperationsmodell verbleibt bei ihnen aber die Verantwortung für ihre Fertigungsprozesse.

Tabelle 4.7: AKV der Fachpartner in Entwicklung und Produktion

Aufgaben	Kompetenzen	Verantwortlichkeiten
• Bearbeitung der Produktions- und Entwicklungspakete • Anpassung der Betriebsmittel • Beauftragung externer Zulieferer • Zuarbeit zum Prozesswissensmanagement • Teilnahme an Teamtreffen	• Entscheidung über benötigte externe Zulieferer und Betriebsmittelanpassung im vorgegebenen Rahmen • Entscheidung über Art der Durchführung der Teilprozesse	• Verantwortlich für Einhaltung der Qualitäts-, Zeit- und Budgetvereinbarungen mit Einkauf und Leitung Produktion/Entwicklung • Verantwortlich für Passung der von ihnen angegebenen und tatsächlich eingebrachten Kernkompetenz • Verantwortlich für Wissensmanagement (Weitergabe relevanter Informationen zu neu erworbenen Technologien und Kernkompetenzen) • Verantwortlich für Know-how-Schutz und Vertraulichkeit hinsichtlich des Wissens der anderen produzierenden Unternehmen im Rahmen der vertraglichen Regelungen

Fallbeispiel: MikroWebFab

Anhand der MikroWebFab lässt sich gut nachvollziehen, wie sich die Verteilung der Akteure in Bezug auf die Rollen im Konsortium verändern kann. Die technische Koordination übernimmt in diesem Fallbeispiel: bedarfsorientiert das Forschungszentrum Karlsruhe Industrieforum (FIF), das als Designbüro für Mikrosystemtechnik in das Netzwerk eingebunden werden kann.

Startphase

In der Startphase der MikroWebFab-Kooperation übernahm die Koordination das Marketing und zum Teil auch den Vertrieb der Kooperation. Mit der technischen Koordination wurde das Forschungszentrum Industrieforum Mikrofertigungstechnologie beauftragt. Die eigentliche Abwicklung erfolgt aus Gründen der Kapitalisierung und Haftung über einen Partner aus dem Netzwerk (Bild 4.2 und Tabelle 4.8).

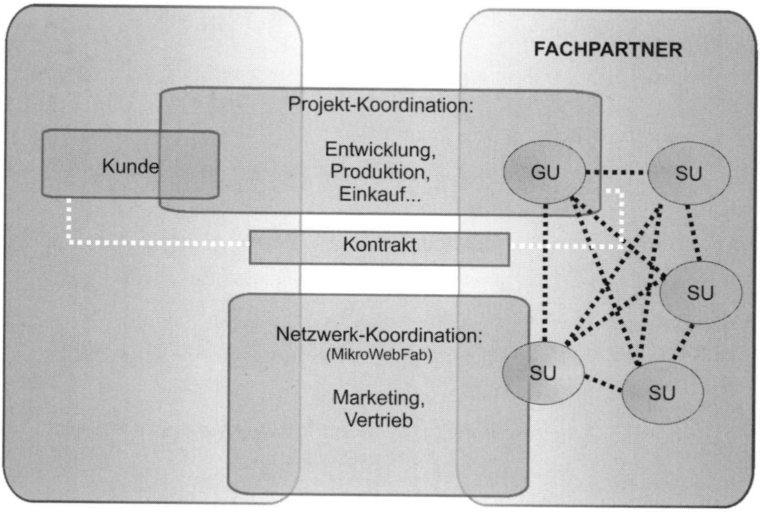

Bild 4.2: Beispiel: Verteilung der Zuständigkeiten in der Startphase der MikroWebFab

Tabelle 4.8: Beispiel: Rollen und Verantwortlichkeiten im Startmodell

Rolle	Verantwortlichkeiten
Organisatorische Koordination (MikroWebFab)	*Generell* Marketing & Vertrieb (Mit-)Auswahl des GU Begleitung Angebotserstellung Wissensmanagement (Know-how-Datenbank) Beschaffung und Überwachung prozessübergreifender Patente und Lizenzen *Entwicklung* Keine *Produktion* Keine
Technische Koordination/Designbüro (FIF)	*Generell* Klärung der Machbarkeit *Entwicklung* Koordination mit vertraglicher Verantwortung gegenüber MikroWebFab *Produktion* Lösung technischer Probleme

Tabelle 4.8: Beispiel: Rollen und Verantwortlichkeiten im Startmodell *(Fortsetzung)*

Rolle	Verantwortlichkeiten
GU (Konsortialführer, ein Fachpartner)	*Entwicklung* Vertragliche Verantwortung gegenüber dem Kunden *Produktion* Vertragliche Verantwortung gegenüber dem Kunden Technische Koordination Produktionsprozess
Unterauftragnehmer (übrige Fachpartner)s	*Generell* Teilnahme an projektspezifischem Expertenpool Teilangebotserstellung Einhaltung vorvertraglicher Vereinbarungen im Falle eines Vertragsabschlusses *Entwicklung* Vertragliche Verantwortung gegenüber GU *Produktion* Vertragliche Verantwortung gegenüber GU Einhaltung der Qualitätskriterien

Aufbau- und Konsolidierungsmodell

Analog der Vorgehensweise im Kapitel 4 übernimmt die MikroWebFab hier verstärkt Aufgaben des Projektmanagements (Bild 4.3 und Tabelle 4.9).

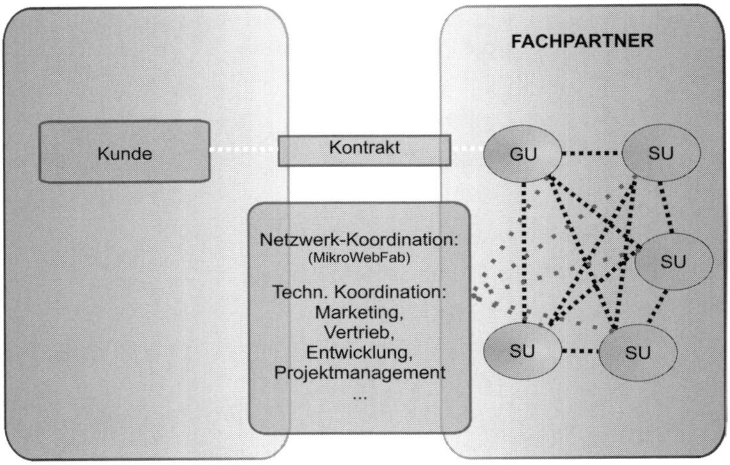

Bild 4.3: Beispiel: Aufbaumodell der MikroWebFab

Tabelle 4.9: Beispiel: Rollen und Verantwortlichkeiten im Aufbaumodell

Rollen (Akteure)	Verantwortlichkeiten
Koordination (MikroWebFab)	*Generell* Marketing & Vertrieb Begleitung Angebotserstellung Wissensmanagement (Know-how-Datenbank) Beschaffung und Überwachung prozessübergreifender Patente und Lizenzen *Produktion* Keine *Entwicklung* Vertragliche Verantwortung gegenüber Kunde
Technische Koordination (MikroWebFab)	*Generell* Machbarkeitserklärung *Entwicklung* Koordination mit vertraglicher Verantwortung gegenüber MikroWebFab *Produktion* Lösung technischer Probleme
Generalunternehmer (führender Partner aus dem Konsortium)	*Produktion* Vertragliche Verantwortung gegenüber dem Kunden Technische Koordination Produktionsprozess
Unterauftragnehmer (übrige Fachpartner)	*Generell* Teilnahme an Expertenpool Teilangebotserstellung Einhaltung vorvertraglicher Vereinbarungen im Falle eines Vertragsabschlusses *Entwicklung* Vertragliche Verantwortung gegenüber technischer Koordination *Produktion* Vertragliche Verantwortung gegenüber GU Einhaltung der Qualitätskriterien

Betriebsmodell

Im Betriebsmodell werden alle Aufgaben an die gemeinsame Organisation delegiert (Bild 4.4 und Tabelle 4.10).

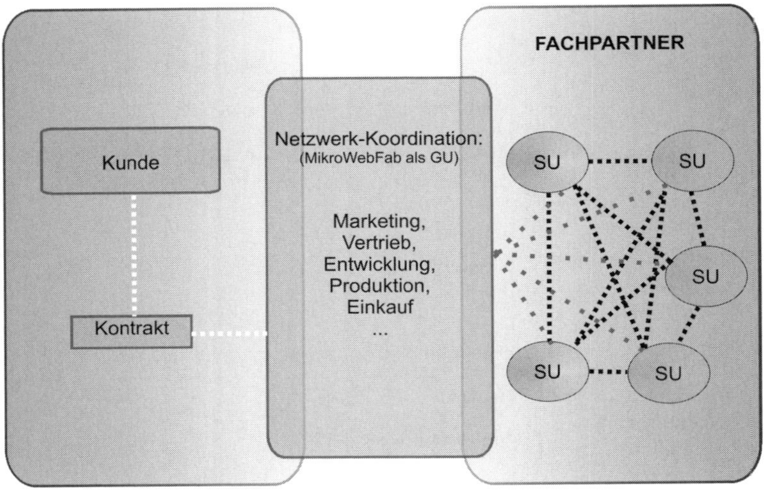

Bild 4.4: Beispiel: Betriebsmodell der MikroWebFab

Tabelle 4.10: Beispiel: Rollen und Verantwortlichkeiten im Betriebsmodell

Rollen(Akteure)	Verantwortung
Organisatorische und technische Koordination (MikroWebFab)	*Gesamtprozessverantwortung* Kapitalbeschaffung (Liquiditätsverantwortung) Wissensmanagement (Beschaffung, Verwaltung und Sicherung) Akquise, Service Vorgehensmodell Angebotskalkulation Verträge mit Kunden, Designbüro und TP Qualitätssicherung Controlling (intern/extern, Rechnungswesen) Vertrieb und Marketing Verantwortlich für technische Realisierbarkeit Stellt Experten zusammen und moderiert Technische Koordination Qualitätssicherung

Tabelle 4.10: Beispiel: Rollen und Verantwortlichkeiten im Betriebsmodell *(Fortsetzung)*

Rollen(Akteure)	Verantwortung
Fachpartner	Teilproduktionsverantwortung Teilprozessverantwortung (Termine, Qualität, Kosten) Mitarbeit im Expertenpool

Das sollten Sie sich merken:

Der Grad der Kooperationsintensität manifestiert sich bei näherer Betrachtung der Rollenverteilung unter den Akteursgruppen letztlich in der relativ einfachen Unterscheidung zwischen der Frage, wer die Verantwortung bezüglich Marketing/Vertrieb, Entwicklung und Produktion übernimmt.

Für den Aufbau des Kooperationsnetzwerks bedeutet dies vor allem, welcher Akteur in welcher Phase die Leitungsfunktion wahrnimmt.

Einschränkungen der Flexibilität bei der Zuordnung von Akteursgruppen zu Rollen

Kernaktivitäten der Kooperation wie das Projektmanagement, der Vertrieb oder das Marketing können nur schlecht an einen Partner übertragen werden. Dieser müsste zur Abwicklung der Projekte in der Regel genau das tun, was den Mehrwert der Kooperation für die Partner ausmachen soll: Er müsste eigene Kapazitäten für das prozessübergreifende System-Know-how aufbauen. Und dieser Aufwand sollte ja mit der gemeinsamen Koordinationsstelle vermieden bzw. arbeitsteilig mit den anderen Unternehmen optimiert werden.

Das sollten Sie sich merken:

Ziel der Aufbauorganisation ist es, die Koordinationsstelle möglichst schlank und damit kostengünstig zu halten. Kernkompetenzen wie Marketing, Vertrieb und Projektmanagement sind wegen des damit verbundenen Aufwands zum Aufbau prozessübergreifenden Know-hows nur schlecht delegierbar.

Die Definition von Rollen hilft dabei, die Aufgaben unabhängig von Entwicklungsstufe und konkreten Akteuren zu verteilen.

Im Sinne einer schlanken effizienten Organisation können vor allem die administrativen Aufgabenpakete dabei an einzelne Partner aus dem Konsortium oder auch an externe Dienstleister delegiert werden. In der Regel verfügt jedes Partnerunternehmen ja bereits über diese Strukturen und hat vielleicht noch Kapazitäten z. B. in der EDV oder der Buchhaltung frei.

Das Organigramm der Kooperation

Zur Abbildung der Unternehmensfunktionen mit den Aufgaben Kompetenzen und Verantwortlichkeiten ist ein Organigramm gut geeignet.

In der Kooperation beschränkt man sich zumeist auf die Verteilung ganzer Aufgabenpakete, wie wir sie im letzten Kapitel betrachtet haben. Für unsere Zwecke reicht daher ein einfaches Organigramm zur Beschreibung der organisatorischen Funktionen („Funktion“ bedeutet, dass die Einheiten oder Abteilungen nach **Aufgabenfeldern** und damit nach Kompetenzschwerpunkten untergliedert sind).

Fallbeispiel: Organigramm der MikroWebFab

Der Ansatz, Kernfunktionen in der Kooperation permanent vorzuhalten, virtuell bei Bedarf aus dem Konsortium zu schaffen und einzelne Dienstleistungen auszulagern, ist im Organigramm (Bild 4.5) der MikroWebFab realisiert.

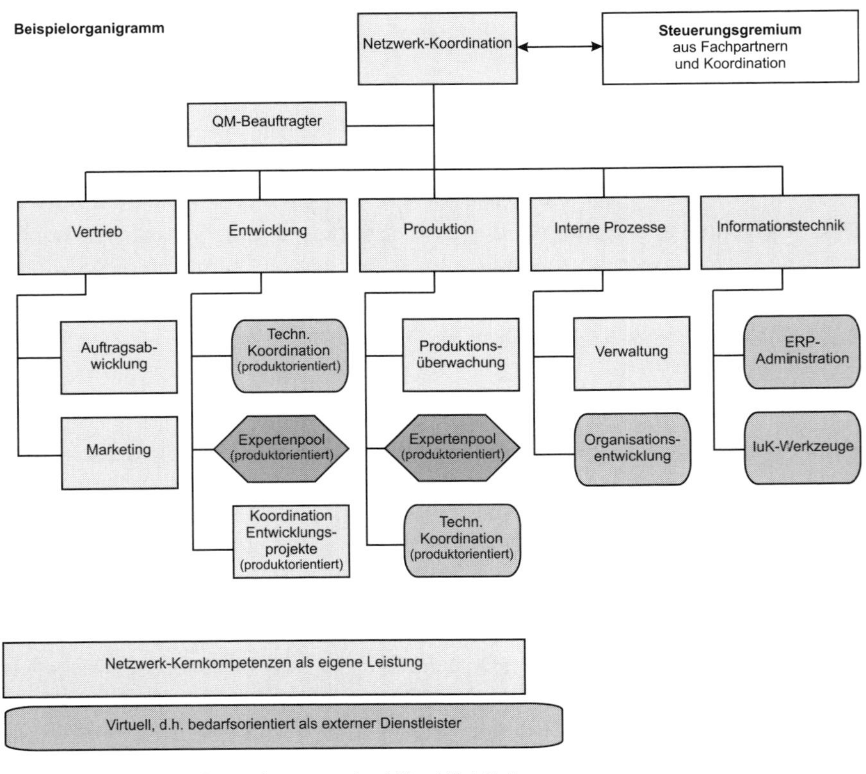

Bild 4.5: Beispiel: Organigramm der MikroWebFab

Die Beschreibung der Aufgaben Kompetenzen und Verantwortlichkeiten ist eine wichtige Basis zur Bestimmung der Kernaufgaben der Partner in der Kooperation. Das Vertrauen zwischen den Partnern spielt auch hier eine wichtige Rolle bei der Erfüllung der Aufgaben.

Gerade im Außenverhältnis kommt die Kooperation aber nicht daran vorbei, sich über die Form der Kooperation konkrete Gedanken zu machen. Auch im Innenverhältnis trägt ein Vertragswerk dazu bei, die Rahmenbedingungen für die Beziehung zwischen den Partnern abzusichern.

4.2 Vertragswerk und Rechtsform im Netzwerk

Bei den an der Unternehmenskooperation beteiligten Unternehmen handelt es sich um rechtlich eigenständige Unternehmen. Schließen sie sich zu einem Verbund zusammen, müssen sie gemeinsam entscheiden, ob eine Rechtsform für sie sinnvoll ist und wenn ja, welche Rechtsform für ihre Zwecke geeignet erscheint.

Auch hier gilt: „Form follows function." Die Rechtsform sollte die Ziele der Kooperation unterstützen. Sie ist im Gegensatz zur Ablauforganisation der Kooperation entlang der Evolution unseres Netzwerks durchaus flexibel anpassbar.

Dennoch ist die Wahl der Rechtsform eines Unternehmens eine weitreichende Entscheidung. Sie sollte in jedem Fall auf der Basis des Einzelfalls getroffen werden. Die Rechtsform bestimmt nicht nur, in welchem Rechtsverhältnis die Verbundunternehmen zueinander stehen, sondern hat auch steuerliche und haftungsrechtliche Auswirkungen.

Das sollten Sie sich merken:

Auf jeden Fall sollten Sie insbesondere vor der Entscheidung zugunsten einer Rechtsform Rat bei einer fachkundigen Stelle einholen, da die Wahl der Rechtsform durchgreifende Auswirkungen auf die Zusammenarbeit im Konsortium und auch auf die eigenen Verpflichtungen als Unternehmen hat.

Einflussfaktoren für die Auswahl

Auch für die Wahl der Rechtsform wurde bereits bis zu diesem Zeitpunkt vom Konsortium eine Menge Vorarbeit geleistet. Die internen und externen Ziele der Kooperation sind diskutiert, verabschiedet und dokumentiert. Wir haben gesehen, dass sich die aufbauorganisatorischen Rahmenbedingungen entlang der verschiedenen Entwicklungsphasen einer Kooperation nicht maßgeblich ändern. Hingegen nimmt die Verbindlichkeit der Koordination innerhalb der Kooperation und vor allem auch im Außenverhältnis gegenüber dem Kunden zu.

Die Rechtsform definiert dabei die gesetzlichen Rahmenbedingungen einer Gesellschaft, die wirtschaftlich tätig wird, und wird im Regelfall im Gesellschaftsvertrag festgelegt. Sie bestimmt, ob die Gesellschaft eine eigene Rechtspersönlichkeit besitzt (z. B. Aktiengesellschaft) oder ob ihre Gesellschafter als natürliche Personen handeln, sie definiert Anforderungen an Errichtung, Betrieb und Beendigung des Geschäftsbetriebs, regelt die Ausstattung mit Grundkapital, Veröffentlichungsvorschriften, Haftung und vieles mehr.

Dient das Netzwerk vor allem zur Verdeutlichung gemeinsamer Ziele nach außen und zur Definition der Spielregeln einer eher losen Zusammenarbeit der Partner, wird auch die Rechtsform unverbindlicher sein. Ist das Ziel der Kooperation die Aufnahme und Durchführung einer gemeinsamen unternehmerischen Tätigkeit, werden Faktoren wie die interne Verbindlichkeit, die Haftung und Kapitalisierung nach außen eine wesentliche Rolle spielen.

Der zweite Auswahlschritt erfolgt in Bezug auf den „Weg zum Ziel Modell“. Zum Erreichen der Teilziele bei der strategischen Umsetzung kann es durchaus Sinn machen, zur Reduktion des Aufwands für Verträge und auch aus Gründen der Verbindlichkeit nach außen die Rechtsform anzupassen.

Regeln für das Innenverhältnis der Kooperation – der Kooperationsvertrag

Im Hinblick auf eine sinnvolle, möglichst vollständige inhaltliche Ausgestaltung des Innenverhältnisses der Partner sollten einige Kernaspekte der Kooperation unabhängig von der Rechtsform definiert werden. Diese Punkte sollte man zweckmäßigerweise in einem Kooperationsvertrag festschreiben, der dann auch Teil des Gesellschaftervertrags oder einer anderen gesellschaftsrechtlichen Form sein sollte. Nachfolgend haben wir Ihnen stichpunktartig die wichtigsten Themen zusammengefasst, die die Kooperation vertraglich fixieren sollte:

- Ziel der Kooperation (Präambel)
  Die Präambel wird sich in der Regel aus Elementen der Vision, Mission und der Definition der Geschäftsziele zusammensetzen. Die Präambel sollte dabei eher kurz gehalten werden. Wie man die Teilelemente defi-

niert, haben wir ja bereits an mehreren Stellen des Buches aus verschiedenen Blickwinkeln heraus beleuchtet.

- Vertragsparteien und Vertragsgegenstand
  Vertragsparteien und Vertragsgegenstand sind in der Regel alle Netzwerkpartner sowie die Beschreibung der Art der Zusammenarbeit auf den gemeinsamen Tätigkeitsfeldern. Diese sollten unter diesem Punkt explizit aufgeführt werden.
- Marketing und Vertragsgebiet
  In diesem Punkt sind die Vereinbarungen bezüglich des gemeinsamen Marketings zu fixieren. Er umfasst die Zusammenarbeit beim gemeinsamen Marketing, den Ausschluss von Vertragsgebieten oder auch Technologiefeldern zur Abgrenzung gegenüber dem Einzelvertrieb der Partner, soweit diese Punkte nicht beim Vertragsgegenstand bereits geklärt wurden.
- Geheimhaltung
  Elemente der Geheimhaltung sind der Geltungsbereich, Benennung von Ausnahmen, Regelwerke zu Zugangsbeschränkungen für Mitarbeiter in den Unternehmen, Umgang mit Unterlagen, Dauer der Geheimhaltungsvereinbarung.
- Organisationsform
  Sofern die Kooperation keine eigene Organisationsform darstellt, sollten hier zumindest die am Anfang des Kapitels vorgestellten Rollen beschrieben und, falls bereits vereinbart, auch die Akteure benannt werden. Auf jeden Fall sollten auch die zugehörigen Aufgaben dargestellt werden.
- Finanzierung und Haushalt
  Hier sind die Regeln zur Finanzierung der Kooperation, zur Finanzierung der gemeinsamen Projekte und der gemeinsamen Auftragsabwicklung sowie Zahlungsmodalitäten und Berichtswesen darzulegen.
- Rechte und Pflichten
  Dieser Absatz regelt die Rechte und Pflichten der Kooperationspartner in der Durchführung der Kooperation. Er behandelt die Beschlussfähigkeit des Steuergremiums, die Vergabe von Aufträgen, die Finanzierung und die Wahrung der Interessen der Kooperation. In Abhängigkeit der gewählten Organisationsform sind hier auch die Kompetenzen und Verantwortlichkeiten der beteiligten Organisationen in Bezug auf die Aufgaben zu benennen.

- Haftung und Gewährleistung in Abhängigkeit der Gesellschaftsform (Innen- und Außenverhältnis)
  Hier muss jede Kooperation eine eigene Regelung finden. Auf jeden Fall muss dabei die Frage des gemeinsamen Risikos geklärt sein. Auch sollte hier jeder Partner verpflichtet werden, seine eigenen Haftungsrisiken ausreichend abzusichern. Auf das Thema Haftung in der Kooperation gehen wir gegen Ende des Kapitels nochmals genauer ein.

- Regelungen zum Eigentumserwerb
  Solange die Kooperation keine eigene Rechtsform besitzt, ist dies eine klare Sache. Sie besitzt kein Eigentum. Jedem Akteur gehören in der Regel die Dinge, die er für die Koordination beschafft hat. Da in diesem Fall die Partner nicht explizit an der Kooperation beteiligt sind, gehören alle Anschaffungen der mit der Durchführung der Koordinationsaufgabe beauftragten Organisation.

  Sofern größere Anschaffungen z. B. der Koordination im Interesse auch der anderen Partner sind, werden diese oft von den anderen Partnern mitgetragen bzw. über Beiträge finanziert. In diesem Fall sollte im Kooperationsvertrag eine Vereinbarung zur Übertragung des im Rahmen der Kooperation erworbenen Eigentums getroffen werden. Damit kann dies bei Bedarf an einen anderen Akteur aus dem Konsortium oder an eine gegebenenfalls neu zu gründende gemeinsame Rechtsform übertragen werden. Eine solche Regelung trägt erheblich zum Vertrauen im Konsortium bei.

- Marken-, Gebrauchsmuster- und Patentrechte
  Wem gehört welches geistige Eigentum? Diese Frage sollte in einem Kooperationsvertrag klar geklärt werden. Nimmt die Kooperation eine Rechtsform an, gelten zumeist die entsprechenden gesellschaftsrechtlichen Bestimmungen.

- Vertragsdauer
  Hier finden sich Regelungen zum Ausschluss von Partnern und zur Aufnahme neuer Partner. Wir hatten es ja im Kapitel 2 bereits angesprochen: Dieser Fall wird in einer Kooperation öfter auftreten, als man in der Anfangseuphorie denkt. Umso wichtiger ist es daher, in diesem Punkt die Regeln zum Ausschluss klar zu definieren (z. B. Verstoß des Kooperationsvertrags).

  Gleiches gilt für die Kriterien zur Aufnahme neuer Partner.

  Klare Formulierungen in diesem Absatz helfen, Ärger zu vermeiden, auch wenn ein Trennungsprozess wohl nie ohne gegenseitige Schuldzuweisungen ablaufen wird.

- Sonstige Bestimmungen und formale Vertragselemente
  - Sicherung der Gültigkeit eines Vertrags für den Fall, dass einzelne Bestandteile entweder bei Abschluss bereits ungültig waren oder wenn sie später, z. B. durch eine Gesetzesänderung, ungültig werden (salvatorische Klausel),
  - Zeitpunkt des Inkrafttretens,
  - Gerichtsstand,
  - Schieds- und Mediationsklausel zur außergerichtlichen Beilegung im Falle von Streitigkeiten.

Damit regelt der Kooperationsvertrag den Grad der Verbindlichkeit *innerhalb* des Netzwerks. Die Wahl der Rechtsform bestimmt dabei wesentlich das *Außenverhältnis* und die formale Art und Weise der Umsetzung der rechtlichen Rahmenbedingungen.

Ein Kooperationsvertrag wird sich juristisch nur mit hohem Aufwand so „wasserdicht" formulieren lassen, dass damit alle Eventualitäten abgedeckt werden können. Analog zu dem schon so oft beschworenen Vertrauensprinzip stellt er daher oft eher eine Art Sammlung von Spielregeln dar, zu deren Einhaltung sich die Partner verpflichten.

Typischerweise schließen Unternehmen Kooperationsverträge in der Anfangsphase eines Unternehmensnetzwerks ab, auch um damit den Aufwand und die Kosten einer etwaigen Gesellschaftsgründung zu minimieren. Um unliebsame Überraschungen bezüglich der gemeinsamen Haftung zu vermeiden, sollte ein Kooperationsvertrag daher auf jeden Fall juristisch geprüft werden. Denn es ist im Einzelfall mit einem Experten zu diskutieren, ob mit dem Abschluss des Kooperationsvertrags bzw. ab welcher darin vereinbarten Intensität der Zusammenarbeit die Unternehmen de facto im Begriff sind, eine GbR zu etablieren. Bei der Diskussion der Rechtsformen werden wir auf die Haftungsproblematik nochmals zurückkommen.

Der Kooperationsvertrag ist auf jeden Fall eine gute erste Übung, um sich über die Regeln der Zusammenarbeit klar zu werden.

Sofern die Kooperation noch nicht den Charakter der im BGB normierten Gesellschaftsrechtsformen hat, sind die Partner in Bezug auf die Ausgestaltung des Kooperationsvertrags aber nahezu frei.

Was ist für eine Kooperation die geeignete Rechtsform?

Spricht man mit Unternehmern über geeignete Rechtsformen für ein Netzwerk, so fallen einem im ersten Anlauf der Verein oder später die GmbH als geeignete Gesellschaftsformen ein. Beide sind durchaus handhabbare Rechtsformen für Kooperationen. Die Frage stellt sich, ob sie die richtige Wahl für den Beginn einer Kooperation sind. In einem Migrationskonzept sollte die Rechtsform dem jeweiligen Entwicklungsstand des Verbundunternehmens angepasst sein. Dies kann zunächst im Rahmen einer GbR oder OHG erfolgen, um den Gründungsaufwand überschaubar zu gestalten. Je nach Erfordernis ist die Gründung einer GmbH oder einer eingetragenen Genossenschaft möglich und je nach Wachstum kann die Gründung einer „kleinen", nicht börsennotierten AG mit den Verbundunternehmen als Aktionären oder einer börsennotierten AG erfolgen.

Auch hier erneut der Hinweis:

Die Wahl der Rechtsform sollte nicht der erste Schritt sein, an den das Netzwerkunternehmen angepasst wird. Vielmehr ist die Wahl der Rechtsform auf das Verbundunternehmen abzustimmen und bei Bedarf anzupassen. Es macht wenig Sinn, gleich zu Beginn sehr viel Geld in eine Rechtsform zu stecken, ohne zu wissen, ob die Kooperation überhaupt funktioniert. Eine Rechtsform beispielsweise im Sinne einer deutschen GbR oder eines Vereins tut es oft am Anfang auch, sofern man nicht die später noch näher beleuchteten Haftungsrisiken scheut. Je weniger juristisch, beispielsweise über die Rechtsform selbst, geregelt ist, desto wichtiger werden die Zusammenarbeit, die Kommunikation und das Vertrauen der Kooperationspartner untereinander. Im Übrigen sei hier angemerkt, dass juristische Regelungen eine gewisse Sicherheit vermitteln, keinesfalls aber dazu taugen, Vertrauen unter den Kooperationspartnern zu schaffen.

Sicherlich werden sich einige Leser fragen, wieso wir so umständlich sind. Es ist schließlich kein Problem, z. B. eine GmbH nach nationalem oder ein Äquivalent nach anderem Landesrecht zu gründen und die dafür notwendige Mindesteinlage zu entrichten.

Nicht zwingend ist die Definition einer eigenständigen Rechtsform der sinnvollere Weg. Eine Unternehmenskooperation muss, um vom Kunden als Partner akzeptiert zu werden, neben der Rechtsform selbst vor allem auch über eine hinreichende Kapitalisierung verfügen. Hinreichend bedeutet: Sie muss Haftungsrisiken und bei größeren Aufträgen Projektvorfinanzierungskosten übernehmen können. Schnell werden dabei Summen erreicht, die auch die gesetzlichen Mindesteinlagen um ein Vielfaches übersteigen.

In einem solchen Fall bleibt in der Regel nur eine Bürgschaft bzw. eine entsprechend hohe Einlage der Partner übrig, da die Kooperation selbst über wenig beleihbare Güter verfügt. Jeder Partner wird es sich in einem solchen Fall trotz allen gegenseitigen Vertrauens sehr gründlich überlegen, ob er mit seinem Unternehmen für das Gesamtrisiko der Kooperation zumindest mitbürgt.

Sie sehen, es gibt auf die Eingangsfrage wie so oft keine einfache Antwort. Daher wollen wir uns im Folgenden einige Rechtsformen im Hinblick auf unsere Kooperationsmodelle und die zeitlichen Entwicklungsstufen etwas näher anschauen. Die Auflistung der Rechtsformen beginnt dabei mit der unverbindlichsten Form der Kooperation und endet mit der aufwendigsten Form der Zusammenarbeit.

Um Ihnen die Zuordnung zu den im Kapitel 1 eingeführten Netzwerktypen und ihren jeweiligen Evolutionsstufen zu erleichtern, werden wir jede Rechtsform in einer Tabelle der Netzwerktypen mit einem Symbol versehen, das die Evolutionsstufe angibt, für die es geeignet ist. So bedeutet z. B.:

Strategisches Netz	Bedeutung
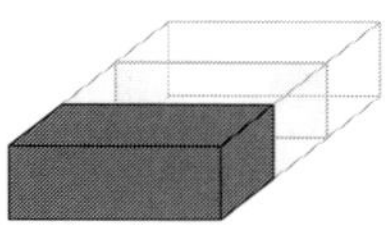	Diese Rechtsform ist für ein Netzwerk vom Typ strategisches Netz in der Startphase geeignet.
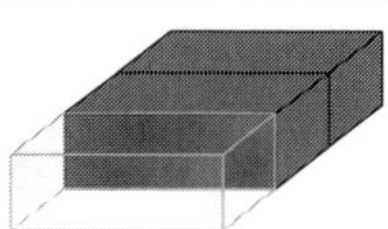	Diese Rechtsform ist für ein Netzwerk vom Typ strategisches Netz in der Aufbau- und in der Betriebsphase geeignet.

Kooperieren ohne eigene Rechtsform

Marktplatz	Hierarchisches Netz	Strategisches Netz	Clan
---	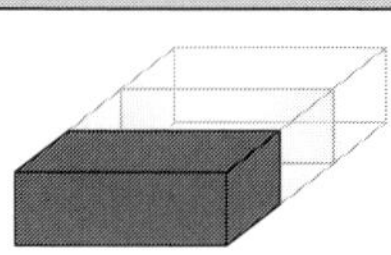	---	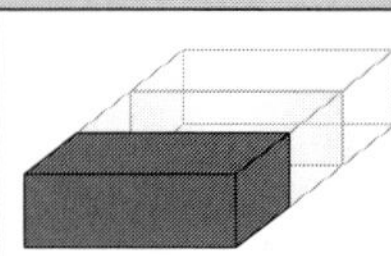

Grundsätzlich kann man eine Kooperation zunächst auch ohne gemeinsame rechtliche Form gründen. Vor allem in der Anfangsphase von Kooperationen wird dies sehr häufig der Fall sein. In diesem Fall delegieren die Partner ihre

Außenvertretung an einen mit der Durchführung beauftragten externen Dienstleister oder einen der Partner. Eine solche Konstellation kann z. B. dann Sinn machen, wenn für den einzelnen Partner das Haftungsrisiko aus Verpflichtungen der gemeinsamen Aktivitäten reduziert werden muss (auch wenn dieses Risiko zu diesem Zeitpunkt nicht sonderlich groß sein wird).

Zur klaren Definition der Rahmenbedingungen empfiehlt es sich aber auf jeden Fall dennoch, untereinander auf der Basis der voranstehend genannten Punkte einen Kooperationsvertrag abzuschließen.

Juristisch läuft ein solches Konstrukt allerdings immer Gefahr, als „Gesellschaft bürgerlichen Rechts" angesehen zu werden – mit einschneidenden Folgen z. B. für die Haftung.

Fallbeispiel: MikroWebFab

Man muss einer Kooperation nicht zwingend explizit eine rechtliche Form geben. Erfahrungen in der MikroWebFab und anderen befragten Unternehmenskooperationen haben gezeigt, dass eine Kooperation vom Kunden auch „ohne" eigene Rechtsform akzeptiert wird.

Vorteile

Vorteile einer Kooperation ohne gesellschaftsrechtliche Verbundenheit ist vor allem die „Wahrung" der eigenen Identität – auch im rechtlichen Sinne. Das heißt, die beteiligten Unternehmen treten weiterhin in eigenem Namen auf und haben damit einen größeren, unmittelbareren Einfluss auf das Handeln. Eine solche Kooperation ist relativ einfach begründet und aufgelöst, das Haftungsrisiko – bei entsprechender vertraglicher Gestaltung – überschaubar.

Nachteile

Über solchen Kooperationen schwebt immer das „Damoklesschwert", dass sie bewusst oder unbewusst die Schwelle zu einer GbR überschreiten und damit das Haftungsrisiko der Partner steigt. Sollte es zu Auseinandersetzungen mit dem Geschäftspartner kommen, ist somit die Frage der Haftung eine „offene Flanke". Darüber hinaus gestaltet sich die Vertragsgestaltung mit Dritten kompliziert und langwierig mit hohem Abstimmungsbedarf, da immer alle Partner einbezogen werden müssen.

Die Gesellschaft bürgerlichen Rechts (GbR) und die offene Handelsgesellschaft (OHG)

Marktplatz	Hierarchisches Netz	Strategisches Netz	Clan
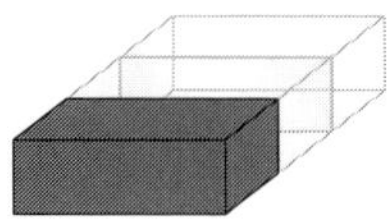	---	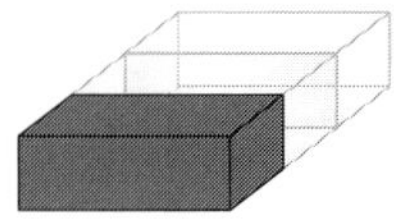	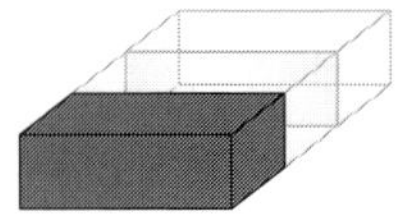

Wird bei einem Zusammenschluss mehrerer kleiner und/oder mittlerer Unternehmen keine spezifische Rechtsform vereinbart, so entsteht in der Bundesrepublik Deutschland unter den Voraussetzungen der §§ 705 ff. BGB eine GbR. Die GbR entsteht im Innenverhältnis (zwischen den Gesellschaftern) durch die Einigung über

- die Personen (juristische/natürliche) der Gesellschaft,
- den gemeinsamen Zweck der Gesellschaft und
- die jeweiligen Beiträge der Gesellschafter.

Im Außenverhältnis wird die GbR durch die Aufnahme außenwirksamer Tätigkeiten bzw. durch die Aufnahme von Geschäftsbeziehungen wirksam. Eine GbR kann grundsätzlich formfrei gegründet werden. Bei der Einbringung von Grundstücken bedarf der Gesellschaftervertrag der notariellen Form. Zwischen 1999 und 2001 hat der Bundesgerichtshof (BGH) einige grundsätzliche Entscheidungen zur GbR getroffen:

- Die GbR ist keine juristische Person, wohl aber ein eigenständiges Rechtssubjekt und kann als solches jede Rechtsposition einnehmen. Das heißt, die GbR kann Rechte erwerben und Verbindlichkeiten eingehen (§ 14 Abs. 2 BGB).
- Eine GbR ist insolvenzfähig (§ 11 Abs. 2 Nr. 1 InsO).
- Eine GbR kann vor Gericht klagen und verklagt werden.
- Die GbR haftet für die von den Gesellschaftern im Namen der Gesellschaft eingegangenen Verbindlichkeiten unmittelbar mit dem Gesamthandsvermögen. Außerdem haftet die GbR für Schäden, die ihre Gesellschafter deliktisch verursachen.

Durch das rechtsgeschäftliche Handeln eines Gesellschafters wird die Gesellschaft selbst verpflichtet. Für diese Verpflichtung der Gesellschaft haften die Gesellschafter den Gläubigern als Gesamtschuldner (§ 421 BGB) persönlich. Das Gleiche gilt für deliktische Handlungen der Gesellschafter. Eine Haftungsbeschränkung nach außen (im Sinne einer GbRmbH) ist mit dem Urteil des BGH vom 27. 9. 1999 nicht mehr möglich. Davon unberührt bleiben individualvertraglich vereinbarte Haftungsbeschränkungen.

Aus den bereits beim Kooperationsvertrag diskutierten Gründen werden die Netzwerkpartner einiges daransetzen, diese Konstellation entweder zu vermeiden oder vertraglich so zu gestalten, dass ihr Haftungsrisiko begrenzt wird. Wird die GbR kaufmännisch tätig (vgl. HGB), erhält sie die Rechtsform einer OHG. Sie wird im Handelsregister eingetragen.

Die Haftung der OHG ist der der GbR sehr ähnlich. Daneben gilt:

Jedem Gesellschafter steht die Geschäftsführung grundsätzlich allein zu. Diese Befugnis kann nicht einfach entzogen werden. Für den Abschluss ungewöhnlicher Geschäfte sieht das Gesetz Einstimmigkeit vor, jedoch besteht auch die Möglichkeit der vertraglichen Abdingbarkeit.

Die nach außen einheitlich agierende OHG führt einen selbständigen Firmennamen. Sie kann unter ihrer Firma Rechte erwerben und Verbindlichkeiten eingehen, Eigentum und dingliche Rechte an Grundstücken erwerben, vor Gericht klagen und verklagt werden.

Gesetzlich besteht Alleinvertretungsberechtigung der Gesellschafter. Vertragliche Änderungen, z. B. hinsichtlich der Rücksprache bei wichtigen Geschäften, sind möglich. Sie haben keine Außenwirkung, begründen aber im Innenverhältnis bei Verstoß gegebenenfalls einen Schadenersatzanspruch.

Nach außen haften sowohl die OHG mit ihrem Vermögen als auch die Gesellschafter mit ihrem Privatvermögen für Forderungen Dritter in voller Höhe. Ein Ausgleich erfolgt intern.

Das Gesetz sieht ein Wettbewerbsverbot für die Gesellschafter der OHG vor.

Die Haftung des ausgeschiedenen Gesellschafters für die bis zu seinem Ausscheiden entstandenen Verbindlichkeiten ist auf fünf Jahre beschränkt. Hinsichtlich des Ausscheidens sollte der Gesellschaftsvertrag genaue Regelungen treffen, so z. B. Kündigungsfristen, Abfindungssummen und Nachfolgeregelungen.

Vorteile

Vorteile einer GbR bzw. einer OHG sind die einfache, kostengünstige Gründung und Handhabung. Es reicht – wenn auch keinesfalls zu empfehlen – ein mündlicher Vertrag ohne notarielle Beurkundung aus. Die GbR und die OHG unterliegen nicht den strengen Publikations- und Buchhaltungspflichten wie z. B. eine GmbH. Die GbR ist – im Vergleich zu anderen Gesellschaftsformen – flexibel und anpassungsfähig. So ist z. B. die Aufnahme neuer Partner ohne größeren Aufwand möglich. Es gibt kaum zwingende, die private Gestaltungsfreiheit der Partner begrenzende gesetzliche Regelungen. Sie ist damit für eine Vielzahl unterschiedlicher Zwecke geeignet.

Nachteile

Ein großer Nachteil der GbR und der OHG ist die Haftung. Die Haftung der Gesellschafter erstreckt sich grundsätzlich auf das gesamte Geschäfts- und auch ihr Privatvermögen (sofern Einzelunternehmen beteiligt sind). Forderungen können gegen die GbR, die Gesellschafter und beide gleichzeitig geltend gemacht werden. Soll in das Vermögen der Gesellschafter vollstreckt werden, ist ein Urteil gegen den Gesellschafter notwendig, zur Vollstreckung in das Gesellschaftsvermögen reicht jedoch eine Klage gegen die Gesellschaft selbst. Es besteht unter Umständen die Möglichkeit der Haftungsbeschränkung. Allerdings ist aufgrund der dabei geltenden Einschränkungen eine juristische Beratung zu empfehlen. Ein formularmäßiger und einseitiger Haftungsausschluss durch die GbR, z. B. durch die Verwendung des Zusatzes GbRmbH entfaltet im Gegensatz zu einer individuellen Abrede keine Wirksamkeit.

Gerade für neue Partner gefährlich ist die Haftung für sogenannte Altverbindlichkeiten, die häufig nur schwer einzuschätzen sind.

Die Geschäftsführung ist, sofern nicht anderweitig geregelt, umständlicher als z. B. bei einer GmbH. Dabei ist die Geschäftsführung von der Vertretung zu unterscheiden: Geschäftsführung ist die Führung nach innen, z. B. Buchführung, Erledigung von Korrespondenz etc.; Vertretung ist das Handeln nach außen, also die Eingehung von Verpflichtungen. Gesetzlich steht die Geschäftsführungsbefugnis den Gesellschaftern der GbR zur Wahrung der Kontrolle gemeinschaftlich zu. Gleiches gilt für die Vertretungsbefugnis, die ihr nach dem Prinzip der Gesamtvertretung folgt. Der Gesellschaftsvertrag kann jedoch abweichende Regelungen treffen.

Das Ausscheiden einzelner Gesellschafter hat die Auflösung der GbR zur Folge. Da dies oft nicht gewollt ist, sollten entsprechende vertragliche Gestaltungen vereinbart werden.

Der Verein

Marktplatz	Hierarchisches Netz	Strategisches Netz	Clan
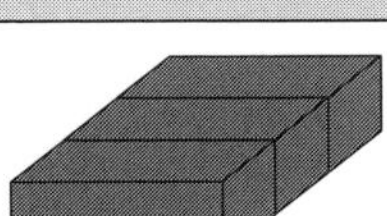	---	---	---

Plant man den Aufbau einer weniger formalen bzw. weniger intensiv zusammenarbeitenden Kooperation, kann ein eingetragener Verein die richtige Wahl sein, um die gemeinsamen Interessen nach außen zu vertreten.

Das Gesetz differenziert zunächst zwischen dem eingetragenen Verein und dem nicht eingetragenen Verein. Die Unterscheidung ist vor allem im Hinblick auf die Rechtsfähigkeit wichtig: Nur der eingetragene Verein ist eine juristische Person und damit rechtsfähig. Im Übrigen unterscheiden sich die beiden Vereinigungsformen kaum. Beide stellen eine auf Dauer begründete Personenvereinigung mit selbst gesetztem Zweck dar, die vom Mitgliederwechsel unabhängig ist. Es besteht eine weitgehende Gestaltungsfreiheit, § 40 BGB. Jedoch muss die Satzung einen Mindestinhalt haben, §§ 57, 58 BGB.

Neben eingetragenen und nicht eingetragenen Vereinen unterscheidet das Gesetz auch noch zwischen Idealvereinen und wirtschaftlichen Vereinen. Bei Idealvereinen ist deren Zweck nicht auf einen wirtschaftlichen Geschäftsbetrieb ausgerichtet, wie z. B. bei Vereinen wohltätiger, wissenschaftlicher oder kultureller Art.

Stellt der wirtschaftliche Geschäftsbetrieb den Hauptzweck des Vereins dar, kann dieser grundsätzlich nicht den Status des Idealvereins erlangen. Grund hierfür ist die geringe Haftung und der verminderte Gläubigerschutz des Idealvereins.

Ein wirtschaftlicher Geschäftsbetrieb liegt dann vor, wenn der Verein planmäßig und auf Dauer angelegt am Markt in unternehmerischer Funktion auftritt wie z. B. beim Anbieten von Wirtschaftsgütern im weitesten Sinne gegen Entgelt. Wann dies vorliegt, ist im Einzelfall genau zu prüfen.

Die Rechtsfähigkeit erlangt der wirtschaftliche Verein durch Verleihung durch das jeweilige Bundesland. Diese Verleihung ist in der Praxis jedoch selten. Häufig erfolgt der Verweis auf andere, zweckdienlichere Gesellschaftsrechtsformen wie z. B. die GmbH. Der wirtschaftliche Verein kommt somit nur hilfsweise in Frage. Beispiele für Wirtschaftsvereine sind freie Sparkassen, Konsumvereine, Buchclubs, Taxifunkzentralen.

Der eingetragene Verein ist rechtsfähig, d. h. mit eigener Rechtspersönlichkeit ausgestattet. Er nimmt am Rechtsverkehr teil und ist selbst Inhaber von Rechten und Pflichten. Die Organe des e. V. sind die Mitgliederversammlung und der Vorstand. Die Rechte und Pflichten der Organe ergeben sich aus der Satzung. Der Vorstand vertritt den Verein. Sein Handeln ist im Sinne der organschaftlichen Vertretung ein Handeln des Vereins selbst.

Der Idealverein als e.V. ist, wie bereits beschrieben, im Unterschied zum wirtschaftlichen Verein vom Zweck her nicht wirtschaftlich ausgerichtet und stellt eine eigene juristische Person dar. Durch das Nebenzweckprivileg lassen sich die Aktivitäten im Rahmen dieser Rechtsform jedoch noch in Richtung einer Durchführung gemeinsamer Vertriebsauftritte erweitern (vgl. Startmodell). Als Einschränkung insbesondere beim Aufbaumodell ist zu beachten, dass Einnahmen aus solchen Aktivitäten für den Verein die Einnahmen aus dem ideellen Bereich nicht übersteigen. Für das Betriebsmodell wird der Vereinsansatz wegen der Beschränkungen in der Haftung und den zu erwartenden überproportionalen Umsätzen aus der wirtschaftlichen Tätigkeit nicht in Frage kommen.

Vorteile

Vorteile des Vereins sind die weitgehende Gestaltungsfreiheit (z.B. der Satzung), die begrenzte Haftung sowie die vereinfachte Teilnahme am Rechtsverkehr durch den Vorstand als Geschäftsführungs- und Vertretungsorgan. Die Aufnahme und der Ausschluss neuer Mitglieder sind relativ einfach möglich und können in der Satzung weitgehend frei geregelt werden. Die Haftung ist auf das Vereinsvermögen begrenzt.

Nachteile

Je nach Ausgestaltung und Zielsetzung der Zusammenarbeit der Partner ist der Verein in seiner, wie oben beschriebenen, wirtschaftlichen Betätigung begrenzt. Er kann also als Hauptzweck nicht wie ein Unternehmen im engeren Sinne auftreten und am Geschäftsverkehr teilnehmen und Produkte oder Dienstleistungen vertreiben. Bei der Wahl des Vorstandes sollte eine sorgfältige Auswahl getroffen werden, da der Verein für dessen Handlungen haftet.

Die eingetragene Genossenschaft (eG)

Marktplatz	Hierarchisches Netz	Strategisches Netz	Clan
---	---	---	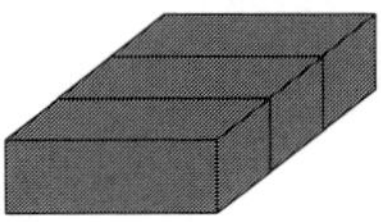

Die eingetragene Genossenschaft ist eine Gesellschaftsform zwischen der Personengesellschaft und der Kapitalgesellschaft. Sie ist als wirtschaftlicher Verein eine Sonderform des Vereins und als solcher ist sie eine juristische

Person. Eine eG darf nur zu dem Zweck der Förderung des Erwerbs oder der wirtschaftlichen Tätigkeit ihrer Mitglieder mittels gemeinschaftlichen Geschäftsbetriebes verwendet werden. Dies ist auch das maßgebliche Abgrenzungskriterium zu anderen Vereinigungsformen.

Eine eG ist eine juristische Person. Sie besteht aus mindestens sieben Mitgliedern, verfügt über eine beim zuständigen Register- oder Amtsgericht eingetragene Satzung und ist Mitglied in einem Prüfungsverband. Die Haftung der eG kann in der Satzung auf ihr Kapital beschränkt sein, die Satzung kann aber auch bestimmen, dass im Falle einer Insolvenz Nachschusspflichten der Mitglieder bestehen. Die Organe der eG sind mindestens der Vorstand, der Aufsichtsrat und die Generalversammlung. Die Rechtsgrundlage für Genossenschaften ist das Genossenschaftsgesetz (GenG).

In Bezug auf eine Unternehmenskooperation ist die Genossenschaft sehr interessant. Jedoch haften die Vorstände – wenn auch auf die Gesellschaft selbst beschränkt – persönlich.

Das Förderungsprinzip der Genossenschaft stimmt mit der Rolle des Netzwerks als Vermittler von Aufträgen überein. Durch die Mitgliederdemokratie ist eine Gleichberechtigung der teilnehmenden Unternehmen garantiert.

Vorteile

Haftungsbegrenzung, d. h., für die Verbindlichkeiten der Genossenschaft haften – von den Fällen der Nachschusspflicht abgesehen – nicht deren Mitglieder mit ihrem Vermögen. Die Genossenschaft kann als juristische Person am Rechtsleben teilnehmen. Sie handelt durch Organe wie den Vorstand und nicht durch die Gesamtheit ihrer Mitglieder, was den Abstimmungsbedarf verringert.

Nachteile

Der Gründungsakt und die „Verwaltung“ der Genossenschaft sind im Vergleich zu anderen Rechtsformen wie dem Verein oder GbR aufwendig. Der gesetzlich festgelegte Förderungszweck untersagt der eingetragenen Genossenschaft, ausschließlich oder überwiegend Ziele ideeller Natur oder aber für die Erzielung und Maximierung von Gewinnen benutzt zu werden. Damit dürfte die eG für einige Formen der Zusammenarbeit uninteressant sein.

Die Gesellschaft mit beschränkter Haftung (GmbH)

Marktplatz	Hierarchisches Netz	Strategisches Netz	Clan
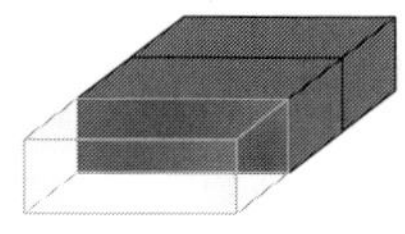	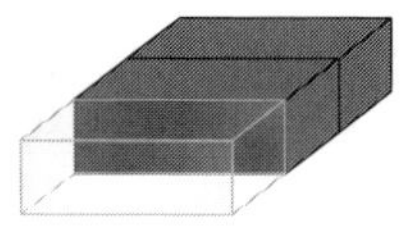	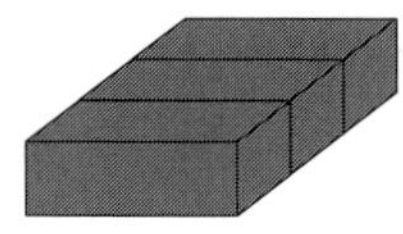	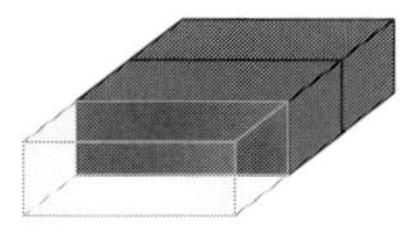

Nimmt ein Kooperationsnetzwerk als solches am Geschäftsverkehr teil (Außenverhältnis), so reicht die rechtliche Absicherung im Innenverhältnis (Kooperationsvertrag) nicht mehr aus. Ein oder mehrere Netzwerkpartner müssen im Außenverhältnis für das Netzwerk Rechtsgeschäfte tätigen. Wegen des hohen Haftungsrisikos erscheint hier die Rechtsform der GbR weniger sinnvoll. Die GmbH empfiehlt sich vor allem dann, wenn:

- der Kooperationszweck im Netzwerk auf die Erbringung von wirtschaftlichen Leistungen und die Gewinnerzielungsabsicht für jeden einzelnen Partner ausgerichtet ist,
- ein gemeinsamer Geschäftsbetrieb besteht,
- die Kooperation auf Dauer angelegt ist,
- der Kooperationszugang offen gehalten werden soll und
- die Haftung der Partner beschränkt sein soll.

Aufgrund der beschränkten Haftung ist es für eine GmbH allerdings schwierig, neues Kapital zu beschaffen. Dies führt gerade bei größeren Kundenaufträgen zu den bereits angesprochenen Bürgschaftsproblemen.

Vorteile

Die GmbH ist eine juristische Person und haftet nur mit ihrem Gesellschaftsvermögen. Die Gesellschafter haften nicht mit ihrem Privatvermögen. Die Ausgestaltung des Gesellschaftervertrages ist relativ frei und kann den jeweiligen Anforderungen gut angepasst werden. Die GmbH kann zu jedem Zweck gegründet werden. Die Übertragung von Gesellschafteranteilen ist – von der notariellen Beurkundung abgesehen – anders als z. B. bei der GbR ohne Zustimmung der übrigen Gesellschafter möglich. Dieser vermeintliche Vorteil kann natürlich aber auch nachteilig sein und sollte für diesen Fall explizit geregelt werden.

Nachteile

Die Gründung einer GmbH ist mit größerem Aufwand als z. B. bei der GbR verbunden. Notwendig ist ein notarieller Gesellschaftsvertrag mit gesetzlich vorgegebenen Mindestanforderungen. Mit Eintragung in das Handelsregister entsteht die GmbH als eigene Rechtspersönlichkeit, die Träger von Rechten und Pflichten ist. Zur Herstellung der Handlungsfähigkeit ist bei der Gründung ein die Gesellschaft vertretender Geschäftsführer zu bestellen. Die GmbH hat besondere Buchführungspflichten zu beachten und ist in jedem Falle gewerbe- und körperschaftssteuerpflichtig.

Aktiengesellschaft (AG)

Marktplatz	Hierarchisches Netz	Strategisches Netz	Clan
---	---	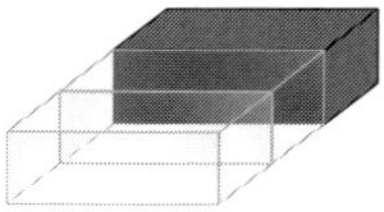	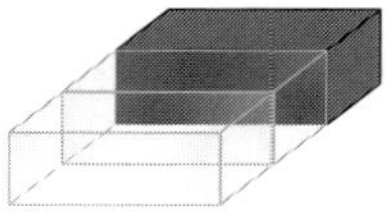

Die AG ist ebenfalls eine Gesellschaft mit eigener Rechtspersönlichkeit und einem in Aktien zerlegten Grundkapital. Hier stehen an der Stelle der Gesellschafter die Aktionäre. Der Gründungsvorgang unterliegt strengen Formvorschriften. Die Satzung einer Aktiengesellschaft bedarf der notariellen Beurkundung, sie kann inhaltlich nicht so frei wie der Gesellschaftsvertrag der GmbH ausgestaltet werden. Das Aktienrecht ist weitgehend zwingend. Das gesetzliche Mindestkapital einer AG beträgt 50.000 €.

Es besteht die Möglichkeit, die sich aus dem Aktienbesitz ergebenden Rechte unterschiedlich zu gestalten. Organe einer Aktiengesellschaft sind die Hauptversammlung, der Vorstand und der mindestens aus drei Personen bestehende Aufsichtsrat.

Die Hauptversammlung ist die Zusammenkunft der Aktionäre genannten Gesellschafter, die dort ihre Mitverwaltungsrechte ausüben. Die Hauptversammlung hat keine allgemeine Zuständigkeit; ihre Rechte sind im Aktiengesetz genau und relativ eng geregelt.

Die „Kleine AG“ bietet verschiedene Vereinfachungen für kleinere Aktiengesellschaften, d. h. es werden mit dieser mittelstandsfreundlichen Möglichkeit für Unternehmen mit gewisser Größe und mit überschaubarem Gesellschafterkreis der GmbH vergleichbare Vereinfachungen angeboten. Die Kleine AG ist nicht börsennotiert, das Netzwerk kann alleiniger Aktionär und Vorstand sein, es muss ein Aufsichtsrat implementiert werden und das Stammkapital beträgt 50 000 €.

Vorteile

Begrenztes Risiko der Aktionäre, da die AG nur mit ihrem Vermögen haftet, nicht aber deren Gesellschafter (Aktionäre). Anteile (Aktien) sind frei und einfach zu übertragen. Auch die Beteiligung einer Vielzahl von Personen ist damit ohne weiteres möglich. Nicht nur Vorteil, sondern auch Risiko kann die leichte Übertragung von Anteilen auf von den Partnern eventuell nicht gewünschte Dritte sein.

Nachteile

Zu einem frühen Zeitpunkt der Unternehmenskooperation ist es im Rahmen eines Verbundunternehmens für KMU wenig sinnvoll, eine Aktiengesellschaft gründen zu wollen. Gründungsaufwand, Kapitalbindung und Geschäftsbetrieb einer AG sind gesetzlich streng geregelt und stehen wohl nur selten in einem angemessenen Aufwand-Nutzen-Verhältnis.

Hybride Rechtsformen

Hybride Rechtsformen setzen sich aus mindestens zwei Rechtsformen zusammen. Für eine Unternehmenskooperation soll unter dem Begriff nicht eine zusammengeführte Rechtsform (z. B. die Kommanditgesellschaft auf Aktien) verstanden werden. Vielmehr handelt es sich um die Kombination zweier Rechtsformen zur Erreichung der Geschäftsziele durch Aufsplittung der organisatorischen Aufgaben. Daher finden Sie hier auch keine Empfehlung für ein bestimmtes Kooperationsmodell bzw. eine bestimmte Phase.

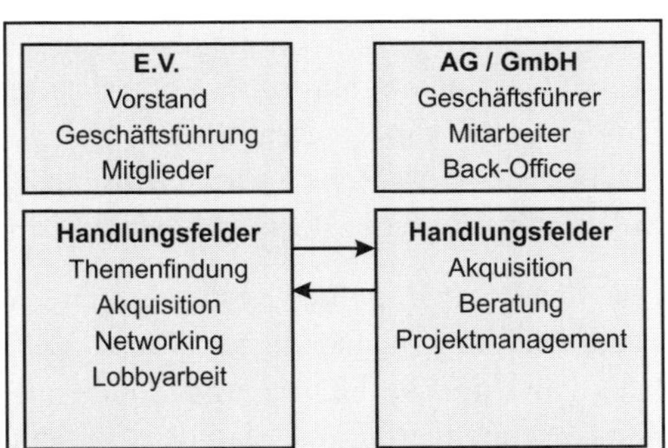

Bild 4.6: Beispiel für eine hybride Organisationsform (Stahl-Rolf VDI Technologiezentrum)

Dennoch lohnt es sich, diesen Fall genauer zu betrachten. Beispielsweise kann eine an sich gemeinnützige Organisation zur Finanzierung der Fortführung ihrer Aktivitäten für sich alleine oder mit anderen Partnern auch kommerzielle Dienstleistungen anbieten, ohne dabei auf die Vorteile der Vereinsform zu verzichten.

Gerade bei den Marktplatz-Kooperationsmodellen oder bei deren gegenwärtig gerade im Technologiesektor zu beobachtende Weiterentwicklung hin zu Kompetenznetzwerken ist es üblich, dass diese Aktivitäten aufgeteilt werden. So kann z. B. ein Verein die Repräsentation, das Lobbying oder auch die Strategiefindung nach außen übernehmen. Die parallel laufende GmbH-Struktur dient dazu, das operative Geschäft zu übernehmen bzw. die Vereinsaktivitäten durch eine Querfinanzierung zu unterstützen (Bild 4.6).

Fallbeispiel: IVAM

IVAM wurde 1993 als Initiative zur Förderung der Mikrosystemtechnik gegründet und gab sich 1995 zunächst die Rechtsform Verein.

Ergänzend wurde im Jahre 2000 die IVAM GmbH gegründet. Die IVAM GmbH übernahm die Realisierung von B2B-Plattformen, gemeinsame Koordinationsaufgaben und die Realisierung weiterer kommerziell ausgerichteter Dienstleistungsangebote an die Mitgliedsunternehmen. Die Aktivitäten des Vereins fokussierten sich wieder mehr auf die ideellen Aktivitäten des Netzwerks. Die Aufteilung erfolgte dabei vor allem unter der Prämisse, äußeren Anforderungen optimal gerecht zu werden.

Beide Organe definieren zusammen die strategischen Ziele des Marktplatzes. Die strategische Umsetzung geschieht analog zur jeweiligen Zielsetzung arbeitsteilig durch die bereits erwähnten Werkzeuge wie Messeauftritte, Information und Weiterbildung oder auch Lobbyarbeit und Networking sowohl im wirtschaftlichen als auch im politischen Umfeld.

Haftung

Die Frage nach Art und Umfang der Haftung ist eng verbunden mit der Wahl der Rechtsform. Das Thema hat in der Realität eine hohe Bedeutung, gerade bei der Zusammenarbeit von Unternehmen mit einem ausgeprägten Projektgeschäft. Daher wollen wir uns der Haftungsfrage noch einmal annehmen:

Wir hatten schon bei der Vorstellung der Rechtsformen festgestellt, dass bei Unternehmensverbünden, die gemeinsam am Markt auftreten, die Unterscheidung zwischen dem Innenverhältnis und dem Außenverhältnis eine wichtige Rolle spielt. Im Innenverhältnis, also dem Verhältnis zwischen den Verbundpartnern untereinander, sind weitgehend flexible Vereinbarungen möglich, während im Außenverhältnis, also in Bezug auf das Haftungsverhältnis der Verbundpartner gegenüber den Geschäftspartnern am Markt, derartige Abreden keine Wirkung haben. Das Außenverhältnis wird wesentlich durch die Gesellschaftsform des Verbundunternehmens begründet und durch gesetzliche Regelungen bestimmt, kann jedoch auch durch vertragliche Gestaltung zwischen Verbundunternehmen und Marktpartner individuell geregelt werden.

Der Umfang der Haftung im Außenverhältnis ist ein Faktor, der das Vertrauen der Marktpartner in die Kooperation mitbestimmt. Neben den Kernkompetenzen der Verbundpartner sind gerade bei noch nicht dauerhaft bestehenden Geschäftsbeziehungen auch materielle Absicherungen von Risiken erforderlich. Der Haftungsumfang kann hier mit einer Sicherheitsleistung für noch nicht durch Erfahrung abgesichertes Vertrauen in die Leistungsfähigkeit des Verbundunternehmens verglichen werden. Mit dem Aufbau einer dauerhaften Geschäftsbeziehung und der Entwicklung eines Vertrauens in die Leistungsfähigkeit des Verbundunternehmens wird die Relevanz der materiellen Absicherung abnehmen. Gerade in frühen Kooperationsphasen ist jedoch eine anfängliche Skepsis gegenüber innovativen Unternehmensformen möglich. Dieser Skepsis ist durch entsprechende Maßnahmen zu begegnen.

Der Haftungsumfang im Innenverhältnis kann grundsätzlich flexibel vereinbart werden, beschränkt jedoch nicht das Außenverhältnis. Je nach Rechtsform ist die Haftung einzelner Verbundpartner beschränkt (z. B. auf den Anteil an der Einlage der GmbH) oder unbeschränkt (GbR, OHG). Bei der unbeschränkten Haftung ist in der Regel von einer gesamtschuldnerischen Haftung im Außenverhältnis auszugehen. Im Haftungsfalle ist es also dem Anspruchsteller möglich, seine Ansprüche gegenüber jedem Haftenden in vollem Umfange geltend zu machen. Abweichende Vereinbarungen im Innenverhältnis braucht der Anspruchsteller nicht gegen sich gelten zu lassen. Diese müssen durch die Verbundpartner untereinander abgewickelt werden.

Bei der Leistungserstellung von Verbundunternehmen treten unterschiedliche Konstellationen auf. Nicht an jedem Leistungserstellungsprozess sind alle Verbundpartner im gleichen Umfang beteiligt. Daher bieten sich projektbezogene Regelungen an. Je nach Projekt können anhand verbundunternehmensspezifischer Kriterien (z. B. Anteil am Leistungserstellungsprozess, Risiko) sowohl im Innenverhältnis als auch im Außenverhältnis individuelle Abreden erfolgen. So können einzelvertraglich die Regeln zur Risikoverteilung der Verbundpartner festgelegt und kann die Haftung gegenüber Marktpartnern reduziert oder (z. B. über Bürgschaften) erweitert werden. Derartige

Abreden unterliegen im Regelfalle dispositivem Recht und können daher unabhängig von der Rechtsform des Verbundunternehmens vereinbart werden.

Fallbeispiel: MikroWebFab

Die MikroWebFab-Kooperation regelt die Haftungsfrage intern durch vier Aussagen:

- Bei Entwicklungs- und Fertigungsprojekten haftet zunächst der Konsortialführer nach außen.
- Jeder Partner sorgt dabei für eine ausreichende Absicherung seiner Haftungsrisiken.
- Im Falle eines Schadens durch einen Mitarbeiter eines Partners während der Abwicklung von Aufträgen bleibt die Haftung beim jeweils zuständigen Unternehmen.
- Für im Rahmen des Kooperationsvertrags übermittelte Erkenntnisse wird eine Haftung ausgeschlossen.

4.3 Zusammenfassung

Die Planung der Aufbauorganisation und die Definition der notwendigen Aufgaben, Kompetenzen und Verantwortlichkeiten sind ein wichtiges Instrument zur Umsetzung der Kooperationsziele. Auf dem Weg zu diesem Ziel wird man sicherlich Art und Umfang der Aktivitäten in einzelnen Bereichen verändern und auch die eingesetzten Werkzeuge und Hilfsmittel anpassen. Im Prinzip bleiben die Strukturen jedoch erhalten.

Die Zusammenarbeit zwischen den Partnern sollte dabei in einem Kooperationsvertrag fixiert werden. Welche Rechtsform für eine Kooperation für KMU nun geeignet ist, hängt von der Zielsetzung und der Intensität der Zusammenarbeit ab.

Auf der folgenden Seite haben wir Ihnen zur Vorbereitung auf das Gespräch mit einem Rechtsexperten ein paar Fragen zusammengestellt, die Sie in Ihrem Konsortium zuvor diskutiert haben sollten.

„Zu Risiken und Nebenwirkungen fragen Sie Ihren Kooperationsrechts-experten ..."

Bei der Auswahl der Rechtsform sollte man neben dem organisatorischen Aspekt auch die „Risiken und Nebenwirkungen" berücksichtigen. Kochrezepte hierfür gibt es nicht. In der nachfolgenden Liste haben wir Ihnen einige Leitfragen zusammengefasst, die Sie für sich beantworten können, bevor Sie mit einem Rechtsexperten in die Diskussion bezüglich der geeigneten Rechtsform einsteigen:

Marktwirkung:
- Soll die Rechtsform so gewählt sein, dass ein einheitliches Auftreten (z. B. unter einer Dachmarke) möglich ist und sie den Unternehmensverbund als kompetente und vertrauenswürdige Organisation erscheinen lässt?
- Soll die Rechtsform ein gutes Image vermitteln?
- Wie ist die Wirkung am Markt? Passt die Rechtsform zu Ihrer Branche?

Flexibilität der Organisation:
- Soll die Rechtsform eine flexible Zusammensetzung des Verbundes ermöglichen?
- Welche Dokumente sind nötig (beispielsweise Beglaubigungen)?
- Welche Berichts- und Offenlegungspflichten bestehen?
- Sollen die Gründungformalitäten minimiert werden?
- Soll die Rechtsform möglichst geringen Aufwand für Ihre Buchführung bieten?
- Soll die Rechtsform die Steuerbelastung senken?
- Soll die Rechtsform möglichst geringe Gründungskosten verursachen (z. B. Einlage von Grundkapital, Kosten für Notar)?
- Wollen Sie, dass Ihr Unternehmen ins Handelsregister eingetragen wird?

Haftung:
- Haften nur einzelne Partner oder alle?
- Sollte die Haftung auf das Gesellschaftsvermögen beschränkt werden oder das gesamte persönliche Vermögen umfassen?
- Soll die Rechtsform Ihre Haftung als Partner begrenzen?

Koordination:
- Wollen Sie allen Partnern einen möglichst großen Entscheidungsspielraum sichern?
- Wollen Sie Ihr Unternehmen mit Partnern führen?
- Sind Sie bereit, Ihre Unternehmensdaten zu veröffentlichen?

Kapitalisierung:
- Wie hoch muss die Mindestkapitalisierung sein? Würde ein Kunde bei mangelnder Kapitalisierung der rechtlich eigenständigen Kooperation diese akzeptieren?
- Wie sollen Projekte vorfinanziert werden?
- Ist die Kooperation selbst überhaupt kreditwürdig?
- Würde einer der Partner (oder alle) alternativ zur Fremdfinanzierung ein Bürgschaftsverhältnis für die Kooperation eingehen?

Ergebnisverteilung:
- Wie werden Gewinne und Verluste aufgeteilt?

Zum Ende des Abschnitts deshalb erneut der Hinweis: Die Entscheidung für eine bestimmte Rechtsform hat finanzielle, steuerliche und rechtliche Auswirkungen. Sie sollten daher auf jeden Fall Ihren Rechtsanwalt und Steuerberater in die Entscheidung mit einbeziehen. Dabei ist es mit einer einmaligen Wahl nicht getan: Denn mit der Entwicklung des Netzwerks ändern sich auch die Ansprüche an dessen Rechtsform.

5 Innere Werte – die internen Prozesse

„Das Ganze ist mehr als die Summe seiner Teile."

Aristoteles

Um obiges Zitat im alltäglichen Betrieb in einem eng kooperierenden Netzwerk Realität werden zu lassen, müssen einige interne Prozesse etabliert werden. Diese reichen von „weichen" Faktoren wie interne Kommunikation, Teambildung und Wissensmanagement bis zu „Hardware-nahen" Faktoren wie firmenübergreifendes Qualitätsmanagement und Logistik.

Wir beantworten in diesem Kapitel folgende Fragen:

- Wie laufen Teambildung und Teammanagement in einem Netzwerk ab?
- Lässt sich Vertrauen in einem Kooperationsnetzwerk aktiv entwickeln?
- Welche Besonderheiten sind bei der Kommunikation verteilter Teams zu beachten?
- Welche Bedeutung hat Wissensmanagement für ein Netzwerk und wie implementiert man es?
- Wie lässt sich im Netzwerk ein flexibles, firmenübergreifendes Qualitätsmanagement realisieren?
- Wie optimieren wir den internen Material- und Warenfluss?

5.1 Teambildung und Teammanagement im Netzwerk

Ein eng kooperierendes Netzwerk lebt von firmenübergreifenden Teams. So gibt es z. B. das Steuerungsgremium, das die Strategie und die Umsetzungsmaßnahmen ausarbeitet, fachspezifische Teams (z. B. den Expertenpool) für die Projektbearbeitung sowie je nach Bedarf weitere Teams. Beim Aufbau des Netzwerks diese Teams zu bilden und im Betrieb am Laufen zu halten sind wichtige Aufgaben der Netzwerkkoordination. Eine Grundaufgabe jeder Teambildung ist der Aufbau von Vertrauen zwischen den Teammitgliedern. Um die angestrebte große gemeinsame Leistung zu erbringen, muss Vertrauen in einem Kooperationsnetzwerk besonders hohen Ansprüchen genügen.

Die Grundlage des Teams – Kooperationsvertrauen

Die Erkenntnis, dass man in einem Kooperationsnetzwerk durchaus vom Mehrwert enger persönlicher Verbindungen profitieren kann, ist nicht unbedingt neu. „Schnee von gestern“, werden Sie vielleicht sagen, „es ist schließlich altbekannt, dass viele Geschäftsbeziehungen auf dem ‚old boys network‘ oder auf den Beziehungen aus dem Lions-Club oder Ähnlichem beruhen.“ Das ist zweifellos richtig, aber hier geht es um längerfristig, systematisch gepflegte persönliche Beziehungen mit dem Ziel, gemeinsam eine Vision zu erarbeiten und umzusetzen.

Besonders schwierig ist es oft gerade bei technologiegetriebenen „rational“ agierenden Unternehmensleitungen, Verständnis für den Mehrwert einer über die konventionelle Geschäftsbeziehung hinausgehenden Kooperation zu schaffen. Begründet wird die Zurückhaltung dabei zumeist mit der Tatsache, dass „die Zusammenarbeit doch auch so schon ganz gut funktioniert“.

Sicher ist dieser Einwand auch berechtigt, wenn man über klar definierte Schnittstellen und eine koordinierende Einrichtung verfügt, die von sich behaupten kann, alleine den Markt zu erfassen. Gerne übersieht man aber, dass eine reine Geschäftsbeziehung schnell zu einer labilen Bindung werden kann. Für einen solch sensiblen Bereich wie der strategischen Weiterentwicklung des Unternehmens unter Zuhilfenahme externer Partner kann man hier schnell in Bedrängnis geraten. Nicht umsonst greifen gerade finanziell stärkere Partner gerne zum Geldbeutel und lösen dieses Abhängigkeitsproblem durch den Aufkauf des bisherigen Partners.

Bei Untersuchungen überbetrieblicher Kooperationen wurde die Vertrauenswürdigkeit der Kooperationspartner von 67% der Befragten als sehr bedeutendes Kooperationsproblem betrachtet. Es gibt also mehr als genug Gründe, sich dem Begriff Vertrauen im Kontext von Kooperationsnetzwerken näher zu widmen. Für unsere Zwecke wollen wir den Begriff Kooperationsvertrauen einführen und näher betrachten, was darunter zu verstehen ist.

Das sollten Sie sich merken:

Allen Kommunikationsstrategien, -mitteln und Verträgen zum Trotz wird die Vertrauenswürdigkeit von Kooperationspartnern in Unternehmensnetzwerken noch von vielen als Kooperationsproblem Nummer eins betrachtet.

Kooperationsvertrauen hängt immer von Personen ab. Es geht in zwei Richtungen. Einerseits basiert es auf der Persönlichkeitsdisposition des Einzelnen, anderen zu vertrauen. Andererseits aber werden auch Erwartungen an das

Handeln des Anderen gestellt, deren Erfüllung die Grundlage für Vertrauen bildet.

Zunächst betrachten wir die persönlichen Grundlagen, die der Einzelne mitbringen muss, um einem anderen zu vertrauen, und Maßnahmen, um das Vertrauen zwischen den Schlüsselpersonen im Netzwerk zu fördern.

Eine vertrauensvolle Person räumt dem Anderen im Allgemeinen einen hohen persönlichen Kredit ein, achtet dessen Persönlichkeit und Rechte und ist selten in Konflikte mit anderen verwickelt. Man muss sich also trauen, sich zu vertrauen. Jemand muss dafür in Vorlage gehen. Grundsätzlich hat Vertrauen viel mit Geben und Nehmen zu tun. Wenn dabei aber nicht einer zuerst gibt, im Vertrauen, dass ein anderer dann ebenfalls gibt, entsteht kein Vertrauen.

Das sollten Sie sich merken:

Ein interessierter Partner in Netzwerken muss einen Vertrauensvorschuss in Betracht ziehen.

Rahmenbedingungen können dabei das Geben und Nehmen erleichtern. Sie können den Schritt eines Vertrauensvorschusses jedoch nicht ersetzen. Eine moderierte und strukturierte Herangehensweise bei der Gestaltung eines Netzwerks kann dabei – wie später beschrieben – sehr hilfreich sein. Vertrauen verträgt kein Feilschen und kein Austesten von Grenzen. Es ist immer zuerst bedingungslos und es lebt von Balance in der Partnerschaft. Balance heißt nicht, jeder gibt das Gleiche. Balance heißt, jeder bringt – relativ gesehen – etwas „gleichermaßen“ Wertvolles ein. Da das gleichermaßen Wertvolle eine subjektive Einschätzung ist und sich nicht mit barer Münze messen lässt, ist der Hauptmechanismus zum Abgleich hierüber eine offene Kommunikation.

Daraus folgt aber auch, dass ein Netzwerk nur funktionieren kann, wenn die Beteiligten sich gegenseitig etwas „Wertvolles“ zu geben haben.

Das sollten Sie sich merken:

Das Hauptinstrument zur Bildung und Pflege von Vertrauen ist eine offene Kommunikation.

Zur Gestaltung und Erhaltung einer funktionierenden Netzwerkstruktur muss nach anfänglicher Klärung der Rahmenbedingungen das Vertrauen unterstützt und gebildet werden. Dazu hilft es, vertrauensbildende Maßnahmen durchzuführen. Diese können von vielerlei Gestalt sein, entscheidend ist aber dabei, dass es sich immer um Dinge handelt, bei denen nicht nur gesprochen wird, sondern Vertrauen als nötige Grundlage erlebbar ist. Das gibt den Beteiligten Gelegenheit, sich so kennen zu lernen, dass eine Entscheidung über ein gemeinsames gewünschtes Netzwerk möglich ist.

Da Vertrauen eine subjektive Größe ist und keine objektive Beschreibbarkeit zugrunde liegt, muss der Austausch zwischen den Schlüsselpersonen im Netzwerk gepflegt und unterstützt werden. Es müssen Möglichkeiten vorhanden sein, Vertrauen zu geben und zu schaffen. Dazu bieten sich außer kommunikativen Elementen auch Elemente aus dem Bereich der Erlebnispädagogik an. Diese – vor allem bei persönlichen Grenzerfahrungen – beschleunigen den Teambildungsprozess und bereiten die Entscheidungsbasis für jeden einzelnen Partner bezüglich der Einschätzung gegenseitiger Vertrauenswürdigkeit.

Eine solche Maßnahme sollte deshalb nicht zu spät durchgeführt werden. Vertrauensbildung in Gruppen folgt dem im Bild 5.1 dargestellten Muster. Die Vertrauensbildung läuft demnach in unterschiedlichen Phasen ab. Dabei gibt es Durststrecken, die überwunden werden müssen. Hier hilft nur das „Tun", d.h. aktive Zusammenarbeiten im Netzwerk, „gewürzt" z.B. mit den vorgenannten erlebnispädagogischen Maßnahmen, weiter.

Die Einschätzung des Erfolgs dieses Prozesses der Vertrauensentwicklung in der Zusammenarbeit lässt sich anhand der Überprüfung einiger Erwartungen formulieren:

- Konsistenz des Verhaltens: Wie vorhersehbar ist das Verhalten des Kooperationspartners?

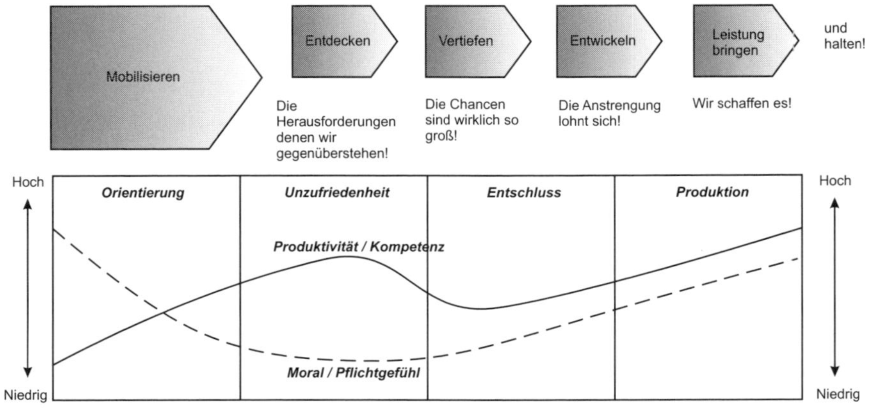

Bild 5.1: Entwicklungsphasen in Gruppen nach Lacoursiere [LACOU80]

- Einhalten von Versprechen: Gilt „ein Mann/eine Frau ein Wort“?
- Fairness: Kann ich von meinem Kooperationspartner immer ehrliches und anständiges Verhalten erwarten oder schielt er eher auf den eigenen Vorteil bzw. den seines Unternehmens.
- Loyalität: Steht der Kooperationspartner auch in schwierigen Zeiten zu mir oder hängt er sein Mäntelchen in den Wind?
- Ehrlichkeit und Integrität: Ist der Kooperationspartner ehrlich und aufrichtig oder arbeitet er mit unsauberen Geschäftspraktiken?
- Diskretion: Behält der Kooperationspartner vertrauliche Informationen geschäftlicher oder persönlicher Natur für sich?
- Offenheit für neue Ideen und Meinungen: Ist der Kooperationspartner für neue Wege und Lösungen offen oder gilt eher der Grundsatz: Wir haben das schon immer so gemacht, warum jetzt etwas Neues anfangen?
- Ansprechbarkeit für meine eigenen Ideen: Steht der Kooperationspartner meinen Ideen aufgeschlossen gegenüber oder gilt nur, was aus seinem eigenen Haus kommt?
- Kompetenz: Traue ich dem Partner zu, dass er es hinkriegt, oder zweifle ich an seinen Fähigkeiten im Hinblick auf fachliche oder soziale Kompetenz?
- Zugänglichkeit: Ist der Kooperationspartner da, wenn er gebraucht wird, oder sind wir in geschäftlicher und/oder persönlicher Hinsicht eher nachrangig?

Es ist den meisten von uns nicht bewusst, aber unterschwellig haben wir an einen Kooperationspartner diese oder ähnliche Erwartungen.

Im Detail hängt die Erwartung von der Rolle ab, die der entsprechende Partner im Netzwerk spielt. Die Erwartung an die Fairness eines Netzwerkkoordinators ist beispielsweise eine andere als an einen Partner, der technologische Kompetenz einbringt. Beim Koordinator versteht man unter Fairness, dass er im **Sinne aller Netzwerkmitglieder** handelt und nicht einzelne bevorzugt.

Von einem Technologiepartner erwartet man Fairness bei der Kalkulation eines Angebotes für ein Projekt. Er darf seine Marge nicht zu Lasten der anderen hochsetzen.

Das sollten Sie sich merken:

Vertrauen basiert darauf, dass der Partner gewisse Erwartungen erfüllt. Welche Erwartungen dies sind, hängt von der Rolle ab, die er im Netzwerk spielt.

Wird dabei eine Erwartung nicht oder unbefriedigend erfüllt, haben wir ein „ungutes (Bauch-)Gefühl". Im Sinne der Kooperationsqualität ist es wichtig, dieses Bauchgefühl explizit zu machen. Sobald das Problem identifiziert ist, sollten Maßnahmen zu seiner Behebung ergriffen werden. Dies kann im direkten Gespräch mit dem betroffenen Partner oder gegebenenfalls unter Einschaltung eines Dritten als Moderator geschehen.

Das sollten Sie sich merken:

Wenn das Vertrauen zu einem Partner gestört ist, muss explizit gemacht werden, welche Erwartung nicht erfüllt wurde. Dabei ist zu berücksichtigen, ob diese spezifische Erwartung seiner Rolle im Netzwerk entspricht. Hier dürfen Sie nichts anbrennen lassen.

Teambildung

Im Team arbeiten – darin liegt der entscheidende Mehrwert der Kooperation. Alle Beteiligten bringen ihre eigenen – fachlichen und sozialen – Kompetenzen ein und nehmen im Gegenzug die Kompetenzen der anderen Teammitglieder auf. Aus den Einzelpersonen wird ein gemeinsames System, ein eigener Organismus, ohne jedoch die Individualität der Teammitglieder zu verleugnen, sondern diese als sinnstiftend für das Team zu nutzen. Das ist kein ganz geringer Anspruch und um ihn umsetzen zu können, ist es hilfreich, ein wenig mehr über Teamprozesse nachzudenken.

Was macht eigentlich ein Team aus?

Ein Team ist mehr als der bloße Zusammenschluss verschiedener Einzelpersonen zu einer Gruppe. Ein Team zeichnet sich durch zielorientierte und zeitlich stabile Interaktionsmuster aus. Es sollen gemeinsame Ziele erreicht werden, indem bestimmte Aufgaben arbeitsteilig, aber dennoch kooperativ bewältigt werden. Diese Arbeitsteilung bezieht sich nicht nur auf die Ziele des Teams, sondern auch auf die Wege, die im Team beschritten werden, um diese Ziele zu erreichen. Nicht nur das fertige Produkt (oder die fertige Dienstleistung) ist ein wesentliches Moment von Teams, sondern auch der Prozess, wie dieses geschaffen werden soll. Mitglieder von Teams übernehmen spezifische Rollen im Team und tragen damit zum Gelingen des gemeinsamen Vorhabens bei. Sie identifizieren sich mit dem Team, sie entwickeln eine gemeinsame Kultur, einen gemeinsamen Geist – Teamgeist!

Nicht ohne Zufall wird der Begriff des Teams in Mannschaftssportarten verwendet. Ein Fußballteam besteht aus verschiedenen Einzelpersonen, die zum

Zwecke der gemeinsamen Zielerreichung kooperieren, sich arbeitsteilig verhalten, unterschiedliche Rollen auf dem Rasen (Torwart, Verteidiger, Stürmer, Kapitän, ...) oder daneben (Trainer, Manager, Physiotherapeut, Psychologen, ...) einnehmen und sich – trotz verschiedener Gegenbeispiele – im Regelfall mit ihrem Team identifizieren.

Damit jedoch aus verschiedenen Einzelpersonen auch ein Team wird, sind einige Schritte erforderlich. Einerseits ist es möglich, darauf zu bauen, dass aus einer Gruppe ein Team wird. Andererseits ist es aber auch möglich, für Gelingensbedingungen der Teambildung zu sorgen. Eine wesentliche Gelingensbedingung ist, die Prozesse zu kennen, die bei der Teambildung stattfinden.

Beinahe prototypisch kann die Teambildung in die aufeinander folgenden Phasen der Gründung, der internen Positionierungen der Einzelpersonen, der gemeinsamen Kulturbildung und des gemeinsamen Teamhandelns unterteilt werden (Bild 5.2). Das ist weithin bekannt als „*forming, storming, norming & performing*". Diese vier Phasen der Teambildung werden mehr oder minder schnell durchlaufen. Sie können auch wiederholt durchlaufen werden, so z. B. bei Teamerweiterungen oder Zielmodifikationen.

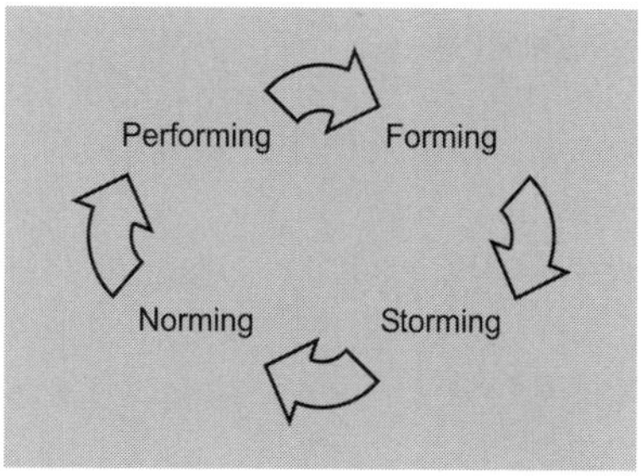

Bild 5.2: Phasen der Teambildung

Phasen der Teambildung

Forming

Die Phase des *forming* ist die initiale Gründung eines Teams. In dieser Entstehungsphase des Teams stehen üblicherweise die inhaltlichen Berührungspunkte im Vordergrund. Die Interaktionen erfolgen häufig auf den Teamleiter zentriert. Der Teamleiter nimmt hierbei also eine prominente Schnittstellenfunktion ein. Die Interaktionen zwischen den Teammitgliedern sind geprägt von Zurückhaltung und gegenseitigem „Beschnuppern".

Storming
Die Phase des *forming* geht vom vorsichtigen Beobachten in eine offene Beschäftigung der Teammitglieder untereinander über, die Phase des *storming* beginnt. Diese führt zu einer genaueren Beobachtung und zu einer Beurteilung der Teammitglieder untereinander. Positionen werden eingenommen und verteidigt, Konflikte können das Bestehen des Teams in Frage stellen. Die Phase des *storming* ist für das Bestehen des Teams die kritische Phase; unlösbare Konflikte können das Team scheitern lassen. Gelingt es, diese Phase zu meistern, geht dies mit einer Rollenverteilung innerhalb des Teams einher. Es werden neben den produktbezogenen Aufgaben auch prozessbezogene Aufgaben übernommen. Die Rolle des Teamleiters als zentraler Dreh- und Angelpunkt tritt zurück.

Norming
Nachdem die Rollen verteilt bzw. übernommen wurden, entsteht ein Klima des vertrauensvollen Umgangs miteinander. Kooperation im ganzen Team beginnt und wird gefestigt. In dieser Phase bildet sich die Kultur des Teams heraus und es entsteht ein Gefühl der Zugehörigkeit. Diese Phase des *norming* bestimmt die gemeinsame Grundhaltung, den Werte- und Verhaltenskanon des Teams.

Performing
Erst in der Phase des *performing*, der Teamhandlung bzw. der „Wachstumsphase“, werden die Handlungen des Teams primär zielgerichtet. In diesem Zustand ist das Ziel der Teambildung gelungen. Das kooperativ-arbeitsteilige Team nutzt die vorhandenen Spezialisierungen und übernommenen Rollen zur gemeinsamen effizienten Zielerreichung.

Das sollten Sie sich merken:

Jede Teambildung läuft in vier aufeinander folgenden Phasen ab. Es hilft, sich dies immer wieder zu vergegenwärtigen. Manchmal muss ein Team diese Phasen mehrfach durchlaufen, z. B. wenn neue Mitglieder ins Netzwerk aufgenommen werden.

Rollen im Team

In der Phase der Kulturbildung werden neben den Rollen in der Organisation auch Rollen in der Gruppe übernommen. Warum hierfür auch noch Rollen? Ist es denn nicht klar, wer wofür zuständig ist? Es gibt einen Teamleiter und verschiedene Fachleute, die miteinander arbeiten und vom Teamleiter koordiniert werden. Wenn wir uns jedoch auf diesen Standpunkt zurückziehen, dann sollten wir auch nicht mehr von Teams sprechen. Dann handelt es sich allenfalls um Gruppen – wir wären in der Phase des *forming* stecken geblieben.

Das wird deutlich, wenn wir uns zunächst mit den Rollen und Rollentypen beschäftigen, die innerhalb von Teams auftreten können. Diese Rollen haben nichts mit den oben eingeführten Rollen im Netzwerk zu tun, sondern entstehen aus den gruppendynamischen Prozessen, die grundsätzlich in allen Teams ablaufen.

Tabelle 5.1 stellt neun verschiedene Rollen im Team vor. Die Teamrollen können zunächst in drei Typen mit jeweils drei Rollen unterschieden werden. Diesen Rollen werden spezifische Eigenschaften, Stärken und Schwächen, zugeschrieben, die in mehr oder weniger starker Ausprägung wahrgenommen werden können:

Handlungsorientierte Rollen
- Shaper (Macher)
- Implementor (Umsetzer)
- Completer (Perfektionist)

Kommunikationsorientierte Rollen
- Coordinator (Koordinator)
- Teamworker (Teamarbeiter)
- Resource Investigator (Weichensteller)

Wissensorientierte Rollen
- Plant (Erfinder)
- Monitor/Evaluator (Beobachter)
- Specialist (Spezialist)

Natürlich ist es nicht zwingend, dass all diese Rollen im Team auch eingenommen werden. Hierbei handelt es sich um Grundtypen, die in Teams auftreten können und die das Team durch ihre Vielschichtigkeit bereichern können. Doch auch hier ist die Kenntnis der möglichen Rollen ein weiterer Schritt, um die Teambildung positiv zu begleiten.

Ziehen wir noch einmal den Vergleich mit dem Fußballteam heran: Es leuchtet ein, dass eine Mannschaft, die aus Torwart und zehn lateinamerikanischen Ballzauberern im Sturm besteht, ebenso wenig die Bestbesetzung darstellt wie zehn Mittelfeldspieler. Eine taktisch wohlüberlegte und ausgewogene Zusammensetzung aus Abwehr, Mittelfeld und Sturm, verbunden mit den persönlichen Fähigkeiten, im Team auch die Rolle des Kreativen, die Rolle des Vorantreibenden oder die Rolle des besonnenen Analytikers (etc.) zu übernehmen – so kann eine erfolgreiche Mannschaft aufgestellt werden.

Tabelle 5.1: Rollen im Team

Bezeichnung	Typische Eigenschaften	Stärken	Zulässige Schwächen
Perfektionist Completer/Finisher	sorgfältig, ordentlich, gewissenhaft, ängstlich	Fähigkeit zur voll¬ständigen Durchführung, Perfektionismus	Tendenz, sich schon über kleine Dinge zu sorgen
Umsetzer Implementor	konservativ, pflichtbewusst, berechenbar	hart arbeitend, setzt Ideen in die Tat um, selbstdiszipliniert	etwas unflexibel, lehnt unbewiesene Ideen ab
Beobachter Monitor Evaluator	besonnen, strategisch, scharfsinnig	Urteilsfähigkeit, Diskretion, Nüchternheit	Mangel an Antrieb und Fähigkeit, andere zu inspirieren
Spezialist Specialist	stolz auf Fähigkeiten und Fachwissen, oft Experte auf seinem Gebiet	tritt für Professionalität ein, fördert und verteidigt sein Spezialgebiet	wenig Interesse an anderen
Koordinator Coordinator	selbstsicher, vertrauensvoll	stellt schnell die individuellen Talente der Gruppenmitglieder fest, weiß Stärken zu nutzen, ausgeprägter Sinn für Ziele	nicht überdurch¬schnittlich kreativ
Teamarbeiter Teamworker	umgänglich, sanft, empfindsam	Fähigkeit, mit unter¬schiedlichen Situationen und Menschen fertig zu werden, fördert Team¬geist	nicht entscheidungsfähig bei Zerreißproben
Weichensteller Resource Investigator	extrovertiert, begeistert, kommunikativ	stellt in- und externe Kontakte her, greift neue Ideen auf, reagiert auf Herausforderungen	verliert das Interesse, wenn Anfangsbegeister¬ung abgeflacht ist
Macher Shaper	dynamisch, aufgeschlossen, stark angespannt	Antrieb, bekämpft Träg¬heit und Ineffizienz, selbstzufrieden, übt Druck aus	neigt zu Provokation und Irritationen, Unaufmerksamkeit
Neuerer/Erfinder Plant	individualistisch, unorthodox, ernst	genial, phantasievoll, großes Denkvermögen	oft mit seinen Gedanken woanders, neigt dazu, praktische Details und Anweisungen zu missachten

Das sollten Sie sich merken:

Innerhalb des Teams gibt es verschiedene Rollen, die mit den fachlichen Rollen der Teammitglieder nichts zu tun haben. Sie ergeben sich aus der Persönlichkeit des Einzelnen und aus der Gruppendynamik. Sie sollten sich dieser Rollenverteilung zumindest bewusst sein. Idealerweise nutzen Sie sie zur Optimierung des Teams.

Teammanagement

Für die Bildung eines Teams und dessen Fortbestand sind neben den fachlichen und sozialen Kompetenzen der Teammitglieder auch die Beziehungen der Teammitglieder untereinander eine wichtige Basis für das Gelingen des gemeinsamen Vorhabens. Insbesondere das Vertrauen der Teammitglieder untereinander und das Vertrauen in das Gesamtsystem Team sind notwendige Bedingungen, ohne die das Teilen von Kompetenzen zur gemeinsamen Zielerreichung nur schwerlich gelingen kann. Es wird die Bereitschaft benötigt, eigenes Wissen, eigene Kompetenz und eigene Verantwortung nach außen zu geben, ohne dass ein Gefühl der Preisgabe oder gar des Verlusts entsteht. Dies ist ein wichtiger Erfolgsfaktor für das firmenübergreifende Wissensmanagement des Netzwerks.

Unterstützungsmaßnahmen zur Vertrauensbildung

Vertrauen in die gemeinsame Sache, in das gemeinsame Netzwerk mit gemeinsamen Zielen und einem gemeinsamen Nutzen – das ist bereits eine breite Basis, auf der das Gelingen des Teams begründet werden kann.

Die Entfaltung der positiven Wirkungen dieser Grundlagen des Vertrauens lässt sich aber auch noch verbessern: Dazu gehört in jedem Falle, dass eine Stimmung der Vertrauensbereitschaft vorherrscht. Bereits im Teambildungsprozess muss Sorge getragen werden, dass die Phasen der Teambildung nicht ungeregelt ablaufen. Möglichst klare Regelungen über das Verhalten untereinander, also ausgesprochene und unausgesprochene Regeln, wie Kommunikation untereinander stattfindet, welche Form der Kritik und der gegenseitigen Anerkennung Anwendung findet, also welche Kultur im Team entwickelt und später gelebt wird, können und müssen durch die Teamleitung von Anfang an in positive Bahnen gelenkt werden.

Dabei ist es nicht möglich, Vertrauen zu erzwingen, allerdings können Hindernisse der Vertrauensbildung aus dem Weg geräumt werden. Dazu ist es sinnvoll, die Teambildung nicht nur in fachlicher Hinsicht zu begleiten.

Die Begleitung der Teambildung setzt umfassende Kenntnisse um die darin ablaufenden Prozesse voraus: Neben der Kenntnis um Phasen und Typen in der Teambildung und den Prozessen der Vertrauensbildung erfordert es in umfassendem Maße auch die Fähigkeit, moderierend und, falls erforderlich, auch mediierend und intervenierend in die Gestaltungsprozesse einzugreifen. Im Laufe eines gelungenen Teambildungsprozesses werden diese Kompetenzen zu weiten Teilen durch die Teammitglieder bzw. ihre speziellen Rollen übernommen. Dies setzt jedoch auch einen gelungenen Teambildungsprozess voraus. Damit es dazu kommen kann, ist es unbedingt zu empfehlen, diese Kompetenzen bereits zu Beginn des Teambildungsprozesses zu nutzen und entsprechende Expertise durch Personalberater und Personalentwickler einzubeziehen.

Der Teamleitung obliegt hier besonders die Aufgabe, beide Kompetenzen – also die fachlichen und die sozialen – als gleichberechtigte und notwendige Voraussetzungen in den Teambildungsprozess zu integrieren. Der fachliche Bereich ist in der Regel der nahe liegende Bereich. Er ist das Terrain, auf dem sich die Netzwerkpartner auskennen und sich heimisch fühlen, hier existiert bereits die gemeinsame Aufgabe, die zu lösen ist, so dass man sich bereits auf den (technologischen) Weg begeben kann. Der Exkurs in den Bereich der sozialen Kompetenzen ist jedoch zusätzlich erforderlich, um einen weiteren Teil des Weges zur Lösung zu kennen. Dies erfordert ein „Sichkennenlernen" über den fachlichen Bereich hinaus und erfolgt schrittweise in den Phasen des „storming" bzw. „norming" und kann intensiv unterstützt werden, indem gemeinsame Situationen außerhalb des fachlichen Kontextes geschaffen werden. Die Spanne der gemeinsamen (außerfachlichen) Situationen reicht dabei von den Kaffeepausen innerhalb von Workshopsitzungen bis hin zu gemeinsamen Teambildungsveranstaltungen, wie Outdoortrainings. Man lernt die Teammitglieder sowohl bei der gemeinsamen Wanderung als auch beim gemeinsamen Saunabesuch besser kennen.

Qualitätskontrolle – wie ist das Team in Form?

Wie bei einer Fußballmannschaft empfiehlt es sich, auch die Form des Teams regelmäßig zu überprüfen. Unter Form verstehen wir hier die Qualität der Kooperation im Team, die sich in die im Bild 5.3 illustrierten Komponenten aufspalten lässt.

Um festzustellen, ob das Team auch nach einiger Zeit noch rund läuft, empfiehlt es sich, periodisch den Zustand zu untersuchen. Das Ziel ist es, frühzeitig Formschwächen, Verschleißerscheinungen oder gar Konflikte zu identifizieren und beizeiten Gegenmaßnahmen zu ergreifen. Wenn man nach dem Schema im Bild 5.3 vorgeht, hat man die wesentlichen teaminternen und -externen Einflussfaktoren abgedeckt. Dabei fließen die zuvor behandelten

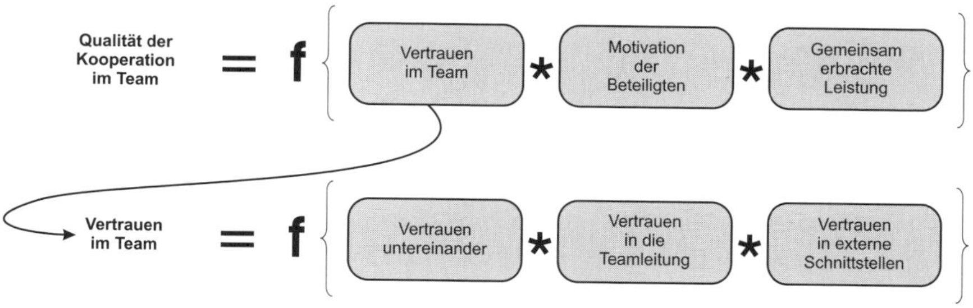

Bild 5.3: Qualität der Kooperation im Team

Aspekte des Kooperationsvertrauens sowie leistungsorientierte Faktoren und Umfeldbedingungen mit ein.

Im Anhang 2 finden Sie einen Musterfragebogen zur Untersuchung des Kooperationsvertrauens, den Sie auch vom Server des Hanser Verlags herunterladen können. Wer diese Befragung durchführt, die Koordination des Netzwerks oder ein externer Berater, hängt vom Einzelfall ab. Der Vorteil der Einschaltung eines externen Beraters ist, dass er im Unterschied zur Koordination nicht Teil des Systems, also „per definitionem" neutral ist. Dieses „Pulsfühlen" kann in Form eines Fragebogens oder durch Interviews entweder von der Netzwerkkoordination oder durch neutrale Externe durchgeführt werden.

Teamkommunikation im Netzwerk

Für das Funktionieren eines Teams spielt die interne Kommunikation eine wichtige, wenn nicht sogar die wichtigste Rolle. Dies gilt für virtuelle Teams – also Teams, die an verteilten Standorten miteinander kooperieren – ebenso wie für Teams in einer Besprechung an einem Ort. Den Begriff „Kommunikation" kann man dabei als eine Art Überbegriff betrachten, der neben der verbalen auch nonverbale Formen der Kommunikation, wie die Gestik, oder auch Verhaltensweisen berücksichtigt.

Durch unterschiedliche Unternehmenskulturen, im Normalfall räumliche Verteilung der Partner, ist es zunächst wichtig, sich über die Kommunikation und ihre Einflüsse gerade auf den Teamprozess einige Gedanken zu machen.

Das sollten Sie sich merken:

Eine regelmäßige Bestandsaufnahme der Kooperationsqualität in den verschiedenen Teams (z. B. Steuerungsgremium, Expertenpool) ist sehr zu empfehlen. Damit können frühzeitig Störungen entdeckt werden, die möglicherweise längerfristig die Leistung des Netzwerks beeinträchtigen.

„Face-to-face"-Kommunikation versus computervermittelter „Remote"-Kommunikation

Häufig findet sich in der Literatur zum Thema „Kommunikation in virtuellen Teams" die Aussage, dass die persönliche Kommunikation „face to face" gegenüber der Remote-Kommunikation über Computer und Kommunikationsmedien kaum oder schwer zu schlagen ist. Als Gründe werden dabei gerade die nur in dieser Gesprächssituation voll nutzbaren Möglichkeiten der nonverbalen Kommunikation genannt. Daher werden meist klare Empfehlungen für Face-to-face-Kommunikationen ausgesprochen.

Teamkommunikation in der Startphase

Ganz so einfach sollte man es sich nach unserer Erfahrung aber nicht machen. Unstrittig hat die direkte Kommunikation von Angesicht zu Angesicht gerade in der Teambildungsphase unschlagbare Vorteile. Hier ist sie sogar unverzichtbar. In dieser Phase spielen das gegenseitige Kennenlernen, Taxieren, die Mimik und die Gestik noch eine sehr große Rolle. Besonders die Kommunikation über Symbole und Analogien scheint an eine Face-to-face-Kommunikation gebunden zu sein.

Aus der Kommunikationslehre stammt die Wahrnehmung, dass ein und dieselbe Nachricht stets viele Botschaften gleichzeitig enthält. Die Zuordnung der „unterschwelligen" Botschaften zu einem Kontext, z. B. während einer Telefonkonferenz in der Anfangsphase, ist ohne Hintergrundkenntnis über den Gesprächspartner nahezu unmöglich.

Anhand des folgenden Beispiels sei diese Feststellung nochmals erläutert [SCHUL98] :

1. Sachinhalt (oder: Worüber ich informiere).
2. Selbstoffenbarung (oder: Was ich von mir selbst kundgebe).
3. Beziehung (oder: Was ich von dir halte und wie wir zueinander stehen).
4. Appell (oder: Wozu ich dich veranlassen möchte).

Zur vollständigen Entschlüsselung der Nachricht muss der Empfänger also auf „vier Ohren" hören:

1. Das „Sach-Ohr" entschlüsselt: Wie ist der Sachverhalt zu verstehen?
2. Das „Beziehungs-Ohr" nimmt auf: Wie redet der eigentlich mit mir? Wen glaubt er, vor sich zu haben?
3. Das „Selbstoffenbarungs-Ohr" analysiert: Was ist das für einer? Was ist mit ihm?
4. Das „Appell-Ohr" empfängt: Was soll ich tun, denken, fühlen aufgrund seiner Mitteilung?

Wirkliche Verständigung im Team wird also nur dann erreicht, wenn zwischen Sender und Empfänger diese vier Seiten (Botschaften) jeder Nachricht im Wesentlichen übereinstimmen, d. h. richtig verstanden werden.

Nun könnte man denken, dass die Ebenen 2 bis 4 für professionell durchgeführte technische Abstimmungen in einem Konsortium nicht von Relevanz wären. Tatsächlich entstehen vor allem in sich erst bildenden Teams aber gerade hier die meisten Konflikte. Es gilt also in virtuellen Teams eine Feedback-Kultur zu entwickeln, damit Missverständnisse gar nicht erst zu Misstrauen und starren Interaktionsstrukturen führen. Auch stellen Teamprozesse, die Synergie und Kreativität erfordern, ohne ständige Face-to-face-Interaktion große Herausforderungen an die Zusammenarbeit in virtuellen Teams.

Damit scheidet in der Startphase die Aufstellung von virtuellen Teams, die rein über technische Medien kommunizieren, aus.

Das sollten Sie sich merken:

Bei jeder Kommunikation werden Informationen auf vier Ebenen ausgetauscht. Der Empfänger muss die Nachricht auf allen vier Ebenen empfangen, quasi mit „vier Ohren" (Sach-Ohr, Beziehungs-Ohr, Selbstoffenbarungs-Ohr, Appell-Ohr) hören. Dies wird durch Kommunikation über technische Kanäle erschwert.

Wenn jemand „auf einem Ohr schlecht hört", leidet die ganze Kommunikation. Daher sollten Sie in der Startphase einer Kooperation persönliche Treffen bevorzugen.

Kommunikation im Team in der Aufbau- und Betriebsphase einer Kooperation

Nach einiger Zeit erreicht die Kommunikation in einem Team ein Niveau, das von

- Vertrauen und Wertschätzung,
- gemeinsamen Normen,
- gemeinsamen Praktiken und
- einem Verständnis für soziale Bedingungen des Gesprächspartners

geprägt ist.

Damit tritt das Team in eine Phase, in der die Kommunikation expliziter und besser in den Kontext eingebettet ist und damit zu weniger Missverständnissen Anlass gibt. Dies lässt sich besonders bei Mitarbeitern virtueller Teams, die ein Bewusstsein für die sprachlichen und kulturellen Unterschiede ihrer Teamkollegen haben, feststellen. In dieser Phase greifen damit auch die Vorteile technischer Kommunikationshilfsmittel (vgl. Kapitel 7).

Fallbeispiel: MikroWebFab

In der Startphase der Kooperation bestand aufgrund der recht komplexen technologischen Abstimmungsprozesse ein hoher Bedarf an technischen Treffen. Mehr als erwartet, spielten dabei das gegenseitige Verständnis unterschiedlicher Vorgehensweisen und das Herausarbeiten einer gemeinsamen Strategie zunächst eine größere Rolle als technische Aspekte. Nach der Startphase konnten Folgeprojekte durch den Einsatz von technischen Kommunikationshilfsmitteln und Softwarewerkzeugen auf der Basis der gemeinsamen Entwicklungsstrategie wesentlich schneller abgewickelt werden.

„Remote"-Kommunikation will gelernt sein

Eine Kooperation aus Partnern, die noch nicht gewohnt sind, in virtuellen Umgebungen zu arbeiten, wird sich zunächst schwer tun, sich mit den neuen Kommunikationsformen anzufreunden. Zwar liegen die Vorteile – häufigere Abstimmungsgespräche, weniger Zeitverlust durch Reisen – klar auf der Hand. Man muss sich aber einfach daran gewöhnen, dass eventuell die eigenen „Empfänger" für die Signale der anderen Partner eingeschränkt sind.

Es empfiehlt sich, stetig wiederkehrende Riten zu entwickeln und Regeln zu definieren, in denen dargelegt ist, wie Teammitglieder miteinander umgehen und kommunizieren. Diese gelten sowohl für Face-to-face-Kommunikation als auch für die Remote-Kommunikation, bei der sie eine noch wichtigere Rolle spielen.

So sollte man folgende Regeln beachten:

- Vereinbarung von definierten Anfangs- und Endritualen erleichtern die Gesprächsführung bei Telefon-/Videokonferenzen mit einer größeren Teilnehmerzahl (z. B. Abstimmung technischer Parameter in einer Telefonkonferenz zu Gesprächsbeginn, Wortmeldung und Nennung des eigenen Namens vor Beginn eines jeden Gesprächsbeitrags).
- Strikte Einhaltung der Anfangs- und Endzeit einer Besprechung führt zu einem Gefühl der Verlässlichkeit im Team.
- Hohes Maß an Strukturierung der Besprechungsinhalte erleichtert das Verfolgen der Besprechung.
- Reportwesen, Dokumentation in Form von Protokollen, Aufgabenlisten erleichtern die Vor- und Nachbereitung.

Die Wahl zwischen synchronen und asynchronen Kommunikationswegen

In Teams lassen sich zwei Arten von Kommunikationswegen (asynchrone und synchrone Kommunikation) feststellen, deren Wahl nicht unwesentlich die Zusammenarbeit beeinflusst.

- Bei der Nutzung asynchroner Kommunikationswege (Fax oder die E-Mail) kann zwischen einer Mitteilung eines oder auch mehrerer Kommunikationsteilnehmer und einer Antwort durch den Adressaten ein großer Zeitabstand entstehen.
- Der Grad der Verbindlichkeit der Aussage über ein „schriftliches Medium“ ist dabei wesentlich höher als die bloße Nennung von Fakten in einem Gespräch.

Weitere Faktoren sind:

- Asynchrone Kommunikation erfordert eine präzise Beschreibung der Zusammenhänge einer Aussage mit anderen Dingen, was oft aufgrund unterschiedlicher Erwartungshaltungen und unterschiedlichen Hintergrundwissens der Beteiligten oft ohne die Regelungsmechanismen der synchronen Kommunikation nicht gelingt.
- Bei Abstimmungsprozessen vergeht bei asynchroner Kommunikation wesentlich mehr Zeit als bei synchroner Kommunikation.
- Gerade in verteilten Teams werden häufig diese asynchronen Medien benutzt, da der Projektteilnehmer sich auf diese Weise dem „direkten Konflikt“ mit seinem Teampartner entziehen kann.

Synchrone Kommunikation findet dagegen (fast) in Echtzeit statt. Zu ihr zählen Techniken, wie persönliche Arbeitstreffen, Telefon-, Videokonferenzen. Sie sind durch folgende Aspekte gekennzeichnet:

- Über synchrone Kommunikation wird schneller eine Arbeitsbeziehung aufgebaut als über asynchrone.
- Abstimmungsprozesse können durch den Einsatz von Moderationstechniken (Flipchart, Metaplan oder Whiteboard) schneller auf den Punkt gebracht werden.

Nun werden diese beiden Kommunikationswege von jedem von uns im direkten Gespräch intuitiv genutzt. In verteilten Teams nehmen aber die Konsequenzen aus der Wahl des Kommunikationsweges an Bedeutung zu. Es empfiehlt sich daher der Einsatz von mehreren Kommunikationsmedien zur Erhöhung der Qualität von Kommunikation und besseren Entwicklung von Arbeitsbeziehungen. Insbesondere die Videokonferenz in Kombination mit Software zur Gruppenarbeitsunterstützung hat sich hier als ein wichtiges Werkzeug bewährt.

Fallbeispiel: MikroWebFab

Auf den Mix kommt es an: In der MikroWebFab-Kooperation werden technische Abstimmungsprozesse über Remote-Kommunikationswerkzeuge vorangetrieben. Das Konsortium hat sich dazu eine Sammlung von für KMU geeigneten Werkzeugen geschaffen. Alle Partner greifen dabei über einen Applikationsserver auf eine gemeinsame virtuelle Arbeitsoberfläche (Shared Desktop siehe Kapitel 7) zu.

Abstimmungsprozesse im Steuerungsgremium oder auch Kooperationstreffen allgemein werden dagegen grundsätzlich als persönliche Workshops durchgeführt.

5.2 Wissensmanagement – der Rohstoff der postindustriellen Gesellschaft

„Der künftig erfolgreichste Weg, Kosten langfristig zu senken, ist nicht mehr, eine bessere Maschine zu kaufen oder Leute zu entlassen, sondern dafür zu sorgen, dass die Mitarbeiter produktiver mit Informationen umgehen.“

Nefiodow, „Der sechste Kondratieff“

Wissen wird in jedem Unternehmen immer mehr zum entscheidenden Faktor im Wettbewerb um Marktpositionen und Marktanteile. Produktlebenszyklen verkürzen sich rapide, Geld verdient nur noch, wer als Erster auf den Markt kommt.

Der Wert eines Unternehmens wird sich nicht mehr nur nach seinen materiellen Wirtschaftsgütern richten, sondern auch nach immateriellen Vermögenswerten wie Know-how und Patente. Diese Erkenntnis ist nicht neu und fand z. B. Eingang in die Bewertung der Unternehmensrisiken in Basel II.

Um wie viel wichtiger ist dann der Wissensaustausch zwischen Unternehmen, wenn es um die Entwicklung neuer Märkte, neuer Produkte in neuen Branchen geht. Dies bestätigen verschiedene Marktuntersuchungen, die zeigen, dass die Wissenskommunikation auch innerhalb von Unternehmensverbünden vorangebracht werden muss, um die zunehmend komplexeren Entwicklungs- und Produktionsprozesse zu verbessern.

Das sollten Sie sich merken:

Für eine Kooperation ist aktives Wissensmanagement die zentrale Komponente, die das Alleinstellungsmerkmal am Markt und den Mehrwert für den Kunden charakterisiert.

Im folgenden Kapitel werden wir uns nach einem einführenden Teil zum Thema Wissen mit den Notwendigkeiten des Wissensmanagements im Clan-Netzwerk beschäftigen.

„Ich weiß, dass ich nichts weiß" - was bedeutet nun eigentlich Wissen?

Was ist Wissen eigentlich? Bevor wir uns also dem Wissensmanagement in einem Unternehmensnetzwerk widmen, wollen wir zunächst den Begriff in unserem Kontext der Organisation von Wissen klären.

Wissen entsteht nun wiederum durch Vernetzung von Informationen (Projektdokumentationen, Fertigungsdaten, Produktbeschreibungen, Kundenkontaktinformationen oder Ähnliches). Diese Informationen müssen derart aufeinander bezogen sein, dass sie in sich stimmig sind (Kohärenz). Es besteht damit eine enge innere Beziehung zwischen den drei Begriffen Daten, Information und Wissen. Neben der inneren Übereinstimmung muss sich Wissen in Übereinstimmung mit den wahrnehmbaren Bedingungen einer Umwelt befinden (Realitätsbezug).

Für ein Unternehmen handelt es sich dabei z. B. um die Einbeziehung äußerer, branchenspezifischer Faktoren in Bezug auf die Einschätzung eines Kundenkontakts (siehe Bild 5.4).

Je nach Art der Vernetzung entsteht – bezogen auf ein Informationselement – unterschiedliches Wissen. Dieselbe Information, z. B. Haushöhe, kann durch Verbindung mit anderen Informationen zu unterschiedlichen „Wissenselementen" führen. So verbindet ein Architekt diese Information mit der weiteren Information „Wind" und weiß damit, dass er die Statik des Hauses gegen Windlasten auslegen muss. Der Sicherheitsingenieur hingegen verbindet die Haushöhe mit der Information „Brandschutz" und weiß damit, dass er für dieses Hochhaus spezielle Brandschutzmaßnahmen vorsehen muss.

Wissen kann also in erster Näherung als ein Netzwerk von Informationen beschrieben werden. Erst durch die Kombination der Informationen und die Beziehungen zwischen ihnen entsteht Wissen. Wissen befähigt einen Menschen dazu, eine Handlung durchzuführen, zu der er ohne das Wissen nicht in der Lage gewesen wäre.

Das sollten Sie sich merken:

Wissen sind untereinander vernetzte Informationen, die in sich stimmig sind und einen Realitätsbezug haben.

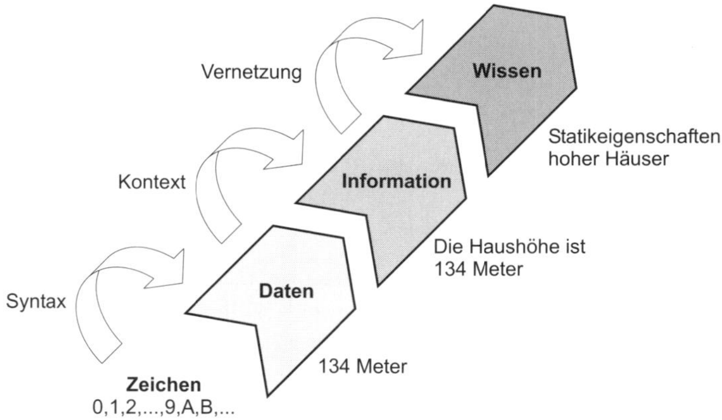

Bild 5.4: Zusammenhang Daten – Informationen – Wissen [NORTH98]

Explizites und implizites Wissen

Wissen ist aufgrund der unterschiedlichen Kontexte, in die Informationen eingebettet werden können, bzw. aufgrund der unterschiedlichen Verarbeitungsmechanismen nicht gleich Wissen. Jeder kann ein Kochbuch kaufen und sich damit das notwendige Wissen über das Kochen aneignen. Dennoch wird damit nicht jeder ein Paul Bocuse.

Man unterscheidet deshalb zwischen explizitem und implizitem Wissen (siehe Bild 5.5). Unser Kochbuch ist explizites Wissen, also alles, was formal zu beschreiben oder zu artikulieren, also zugreifbar ist. Das implizite Wissen zum Thema Kochen ruht im Kopf von Paul Bocuse. Es handelt sich hier um Wissen, das nicht direkt kommuniziert werden kann und somit wesentlich schwieriger zu erfassen und zu dokumentieren ist. Implizites Wissen beruht auf Erfahrungen, Erinnerungen sowie Überzeugungen und ist ein wichtiger Bestandteil menschlichen Verhaltens. Oft spricht man von Fingerspitzengefühl oder auch Know-how und meint damit implizites Wissen. Es ist in allen Bereichen der Naturwissenschaft und Technik sowie des täglichen Lebens eine Herausforderung, implizites Wissen zu explizitem Wissen zu machen.

Das sollten Sie sich merken:

Explizites Wissen sind die formal zu beschreibenden Dinge, die Sie meist schon dokumentiert und erfasst haben. Das implizite Wissen ist das Erfahrungswissen („aus der Praxis"), das eher selten dokumentiert ist. Hier verbirgt sich das firmenspezifische Know-how. Die Herausforderung und Chance besteht darin, es explizit und damit anderen im Unternehmen zugänglich zu machen.

Bild 5.5: Explizites und implizites Wissen im Unternehmen

Reversibles und irreversibles Wissen

Reversibles Wissen ist über die Projektlaufzeit bzw. die Produktentwicklung hinaus nützlich und sollte nach dem Projekt für andere Entwicklungsprojekte zur Verfügung stehen. Reversibles Wissen kann dabei auch als generisches Wissen bezeichnet werden. Irreversibles Wissen ist projektspezifisches Wissen und daher nicht auf andere Projekte anwendbar. Somit ist es zweckmäßig, schon bei der Wissenssammlung darauf zu achten, ob das Wissen wieder verwendbar ist. Derart die Spreu vom Weizen zu trennen ist eine Aufgabe, die erst einmal gemacht und dokumentiert werden muss. Sie fällt bei explizitem Wissen noch relativ leicht, wird bei implizitem Wissen, wie oben beschrieben, eine Herausforderung (siehe Bild 5.6).

Das sollten Sie sich merken:

Reversibles Wissen ist wieder verwertbares Wissen. Es sollte nach dem Projekt bzw. Auftrag, erfasst, aufbereitet und damit für das nächste Mal zugänglich gemacht werden.

... Schließlich wollen Sie nicht im nächsten Projekt die gleichen Fehler wieder machen!

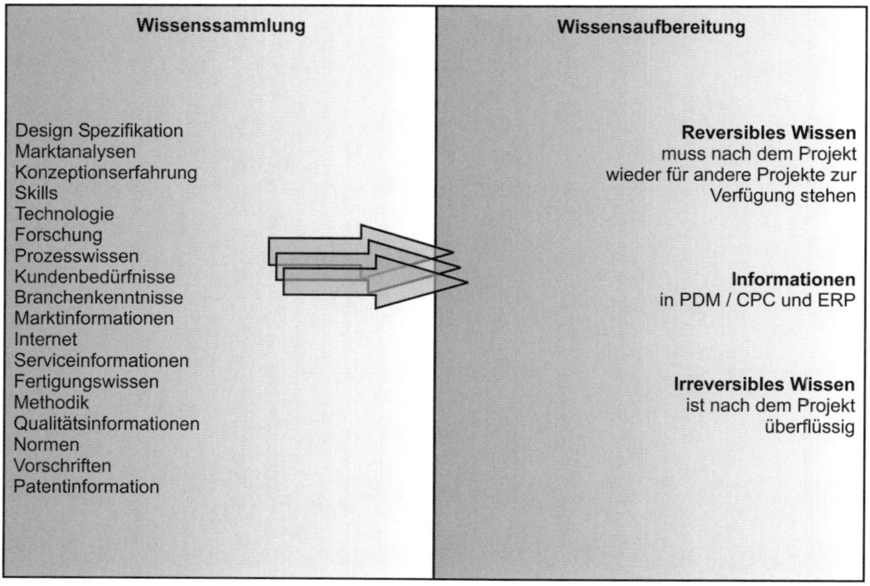

Bild 5.6: Wissenssammlung und Wissensaufbereitung

Wissen im Unternehmen

Wissen wird im Unternehmen in verschiedenen Bereichen generiert (vgl. Bild 5.7). Der Grad der Wissenserfassung und -dokumentation variiert dabei jedoch erheblich. Besonders hoch ist der Anteil im operativen Bereich, z. B. mit Wissen über Märkte, Kunden bis zum Fertigungswissen. Jedoch ist auch das Wissen im Bereich der Management- und Unterstützungsprozesse nicht zu unterschätzen.

Für eine Unternehmenskooperation ist besonders das Wissen im operativen Bereich, also das Wissen über Märkte, das Entwicklungswissen, das Fertigungswissen und das vertriebliche Wissen von großer Bedeutung.

Warum Wissensmanagement im Unternehmen(snetzwerk)?

Um Wissensressourcen systematisch zu erfassen, fand in den letzten Jahren ein Paradigmenwechsel von der bereits vorhin erwähnten informationstechnischen Betrachtungsweise hin zur betriebswirtschaftlichen Betrachtung von Wissen statt. Die Notwendigkeit ständiger Veränderungen von Unternehmen, um sich schneller anpassen und Produktionsprozesse besser koordinieren zu können, ist schon seit langem ein Anliegen z. B. des „Organizational

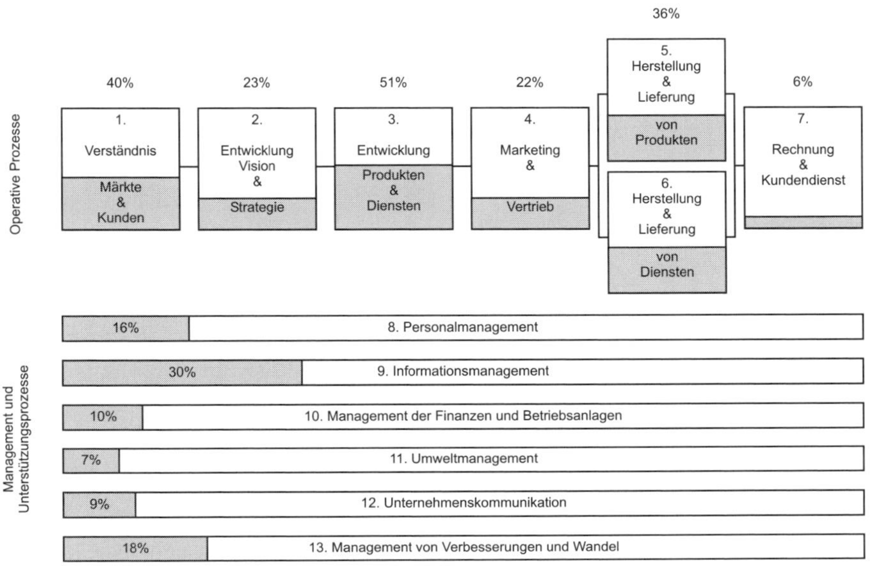

Bild 5.7: Anteile der Wissenserfassung und -dokumentation in verschiedenen Unternehmensbereichen [HEISIG01]

Learning". Gerade Unternehmen in Ländern wie Deutschland, die über keinerlei natürliche Ressourcen verfügen, sind noch stärker als andere von dem Wissen ihrer Mitarbeiter abhängig. „Brainware", d.h. geistige Leistung ist hier der ausschlaggebende, ja entscheidende Faktor. Unternehmenserfolg kann über eine hohe Fertigungskompetenz, geringe Kapitalkosten oder über enge und kooperative Beziehungen zu Kunden und Zulieferern eingefahren werden. Die Schaffung von Unternehmenswissen und ihm in Produkten, Dienstleistungen und Systemen Ausdruck zu verleihen bildet jedoch zunehmend die Basis für ein erfolgreiches Unternehmen.

Auf die wesentlichen Unternehmensziele reduziert: Wissen erlaubt dem Unternehmen, auf äußere Anforderungen oder Einflüsse sinnvoll und angemessen zu reagieren.

Das sollten Sie sich merken:

Für eine Unternehmenskooperation ist Wissensmanagement besonders wichtig. Es hat die Aufgabe, einerseits das Wissen über die Einzelunternehmen (Entwicklungs-, Technologie-, Marktwissen) zusammenzuführen. Anderseits muss es aber auch das in der firmenübergreifenden Zusammenarbeit entstehende Wissen professionell erfassen und für neue Projekte zur Verfügung stellen. Nur so werden die Synergien erschlossen.

In den Charts ganz unten: Wissensverweigerer

„Das Wissen ist das einzige Gut, das sich vermehrt, wenn man es teilt."

Marie von Ebner-Eschenbach

Diese Erkenntnis ist zwar über 100 Jahre alt, dennoch funktioniert der Wissenstransfer im Unternehmen immer noch nicht reibungslos. Das Profilieren Einzelner auf Kosten anderer bringt in Zeiten sich schnell ändernder Anforderungen dem Unternehmen letztendlich nur Nachteile. Zwar schützt der Einzelne damit zunächst seinen Status oder seine Position. Greift die damit einhergehende Kultur der „Informationsverhinderung" um sich, wird das Unternehmen früher oder später nicht mehr wettbewerbsfähig sein.

Ganz schlimm wird es, wenn solche „Wissensverweigerer" dem Unternehmen z.B. durch Unfall oder Kündigung plötzlich nicht mehr zur Verfügung stehen. Dann können Kundenaufträge nicht mehr fristgerecht abgewickelt werden oder das Projekt ist sogar als Ganzes gefährdet. Schon allein deshalb ist Wissensmanagement eine Pflichtaufgabe.

Noch viel wichtiger ist Wissensmanagement in einer Unternehmenskooperation wie z.B. einem strategischen Netz oder Clan. Zum Erbringen der gemeinsamen Leistung, zum Erzielen und Ausschöpfen der Synergien muss Wissen zwischen den Netzwerkpartnern geteilt sowie gemeinsam neues Wissen geschaffen und festgehalten werden.

Rein rational mag dies allen Beteiligten klar sein, trotzdem ist die Kultur des Teilens von Wissen für viele mittelständische Kooperationen immer noch etwas Neues, in bestimmter Hinsicht sogar „Gefährliches". Dies ist auch verständlich. Wenn es schon intern Probleme gibt, Wissen zu teilen, wird dies über Unternehmensgrenzen hinweg als noch viel schwieriger empfunden.

Wir wollen mit diesem Buch nicht Tür und Tor für das Preisgeben von Unternehmensinterna öffnen. Wir wollen aber sehr wohl eine Lanze dafür brechen, das Niveau, ab dem der Schutz des geistigen Eigentums des Einzelunternehmens in der Kooperation beginnt, neu zu überdenken und auf die echte Kernkompetenz des Unternehmens zu beschränken.

Das sollten Sie sich merken:

Wissen zu teilen ist schon firmenintern schwierig; in einem Netzwerk liegt die Hürde noch höher. Daher ist es eine Managementaufgabe, allen Mitarbeitern zu vermitteln, dass das Teilen von Wissen im Netzwerk wichtig und „von oben" gewünscht ist.

Wissensmanagement in den Köpfen vieler Unternehmer

Wissensmanagement ist heute deutlich mehr als nur eine Software zur Ablage und Verschlagwortung von Informationen mit zusätzlichen Querverweisen zum Zwecke der einfacheren Auffindbarkeit von Dokumenten oder Grafiken. Wer sein Heil in der Auswahl und Installation eines Wissensmanagementsystems sucht, wird aller Wahrscheinlichkeit nach eine unangenehme Überraschung erleben.

Nahezu alle Anbieter von Software, aber auch Unternehmensberatungen stellen inzwischen den Veränderungsprozess im Unternehmen in den Vordergrund. Geht man diesen Schritt nicht, wird spätestens mangelnde Akzeptanz der Mitarbeiter dem Verantwortlichen zeigen, dass es mit der Einführung einer Software allein nicht getan ist. In der Regel helfen ohne die Implementierung entsprechender Prozesse weder Benefitsysteme noch entsprechende Repressalien.

Wissensschaffung und Wissensmanagement als Prozess im Unternehmensnetzwerk

Frei nach Heinrich von Pierer, Ex-Siemensvorstandsvorsitzender:

„Wenn das Netzwerk wüsste, was das Netzwerk weiß!“

Die Herausforderung besteht also darin, die Wissensschaffung, den Wissenstransfer und das Wissensmanagement als Prozess im Netzwerk zu etablieren. Ein Ansatz dazu ist die im Bild 5.8 dargestellte Wissensspirale.

Das Konzept der Wissensspirale basiert auf der Umwandlung des impliziten Wissens des Einzelnen in explizites Wissen und Teilen mit anderen. Dieser Prozess geschieht in vier Schritten:

- Sozialisieren
  In der Phase des Sozialisierens wird zunächst Vertrauen zwischen den Teilnehmern der Gruppe aufgebaut. Das Ziel ist es, die Haltungen und Einstellungen der Teilnehmer kennen zu lernen. Weiterhin müssen auch die Sprachen untereinander abgeglichen werden. Wir meinen hier weniger die Landessprachen, sondern eher die Sprachen der verschiedenen Disziplinen. Nicht immer verstehen sich z. B. Kaufleute und Techniker auf Anhieb. Wie zuvor erläutert, sind die Entwicklung von Vertrauen und das Finden einer gemeinsamen Sprache wesentliche Voraussetzungen für den Aufbau und die Funktion der Kooperation. Insbesondere für Mitglieder von Arbeitsgruppen wie z. B. dem Expertenpool eines Clan-Netzwerks ist dieser Schritt von großer Bedeutung. Diese Gruppen müssen firmenübergreifend

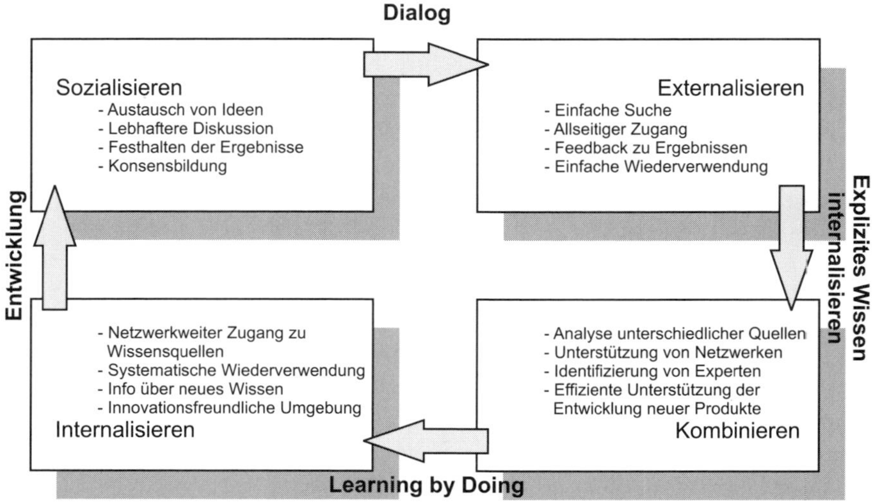

Bild 5.8: Das Konzept der Wissensspirale [NONAK97]

zusammenarbeiten, dabei intensiv sensibles Wissen austauschen und gemeinsam erarbeiten.

Diese Phase ist ein wesentlicher Schritt der Teambildung zum Aufbau des Vertrauens und findet am besten in ungezwungener Atmosphäre statt. Das Ziel ist hier nicht das Erzielen von Ergebnissen, oft entsteht dennoch gerade in einer solchen zwanglosen Runde ein produktives Brainstorming.

- Externalisierung
  In der Phase der Externalisierung werden Ideen formuliert und in Form von Metaphern und Analogien ausgetauscht. Dabei kommen klassische Kreativitätstechniken wie Brainstorming, Methode 635 oder TRIZ zum Einsatz, um das implizite Wissen an die Oberfläche zu bringen und der Gruppe zugänglich zu machen. Besonders in den zunächst heterogenen Teams eines Netzwerks ist anfangs eine Schulung bzw. der Einsatz eines Moderators angebracht.

- Kombinieren
  Nachdem in der Phase der Externalisierung implizites Wissen zu explizitem gemacht wurde, liegt nun der Schwerpunkt auf der Kombination des neu erarbeiteten Wissens mit anderem expliziten Wissen. Dabei kommen alle möglichen Quellen zum Einsatz. Neben Literatur- und Internetrecherchen beinhaltet dies auch die Einbindung weiterer gegebenenfalls externer Experten.

- Internalisierung
  In der letzten Phase wird das neu erworbene Wissen nun dokumentiert und eingesetzt. Zur Dokumentation und Weiterverbreitung können die zuvor erwähnten Softwarewerkzeuge zum Einsatz kommen. Nun wird das Wissen in den Wissensbestand des Netzwerks aufgenommen und aktiv verbreitet. Damit fließt es in den Wertschöpfungsprozess des Netzwerks ein.

Dieser Prozess wird als Spirale betrachtet, da er je nach Problemstellung mehrfach durchlaufen werden kann. Bei festen Teams wird die Phase des Sozialisierens kürzer ausfallen. Durch Änderungen im Netzwerk oder wenn sich die Teamzusammensetzung aus anderen Gründen ändert, bleibt sie jedoch wichtig.

Die Art der Aufgabenstellung bestimmt die Zusammensetzung der Teams und deren Vorgehensweise. So werden beispielsweise bei strategischen Überlegungen die Geschäftsführer der Einzelunternehmen ihr Wissen über Märkte und Marketingmaßnahmen zusammenbringen, um die Positionierung des Netzwerks am Markt auszuarbeiten. Zur Lösung eines Kundenproblems hingegen wird die Runde aus den Experten der Partner zusammengesetzt sein.

Wissenstransfer

Wie transferiert und dokumentiert man nun das netzwerkrelevante Wissen?

Hier muss man unterscheiden zwischen Wissenstransfer beim Start und Wissenstransfer im Betrieb.

Wissenstransfer in der Startphase

In der Startphase des Netzwerks muss Wissen über die Schlüsselpersonen, ihre Aufgaben, Kompetenzen und Verantwortungen sowie Wissen über die technischen/fachlichen Kapazitäten der Unternehmen transferiert werden.

Dieses Wissen wird zum Zeitpunkt der Bildung des Netzwerks oder bei der Aufnahme neuer Partner im Rahmen der Aufnahmeprozedur (siehe Kapitel 2) erhoben. Zur Erfassung der Aufgaben, Kompetenzen und Verantwortungen sowie technischen/fachlichen Kompetenz von Personen dienen z. B. Skill-Datenbanken. Für die Erfassung und Dokumentation des Wissens über die technischen/fachlichen Kapazitäten insbesondere im Bereich der Fertigungsprozesse muss ein Prozesswissensmanagement etabliert werden. Prozesswissensmanagement ist eine auf den Fertigungsbereich im Unternehmen fokussierte Form des Wissensmanagements. Für ein Unternehmensnetzwerk spielt das Prozesswissensmanagement jedoch geradezu eine vitale Rolle, manifestiert sich der Mehrwert der Kooperation nach außen doch gerade in der Bündelung der gemeinsamen Erfahrungen über Prozesse. Zur Beschreibung des prozessschrittübergreifenden Wissens gehört dabei die Fähigkeit,

- Fertigungsprozesse möglichst auftragsunabhängig zu modellieren und
- fertigungsrelevante Informationen so aufzubereiten,

dass sie reversibel als eine Art „Vorlage" für neue Entwicklungsprojekte herangezogen werden können.

Dazu muss jeder Partner seine technischen/fachlichen Fähigkeiten und Kompetenzen (Maschinenausstattungen, -kapazitäten) beschreiben. Die Beschreibung des Prozesswissens muss für die Koordination in einer einheitlichen Form aufbereitet werden, damit sie die Gesamtkompetenz des Netzwerks adäquat erfassen und am Markt präsentieren kann. Dazu dienen tabellarische Beschreibungen von Prozess- und Maschinenparametern bis hin zu formalen Beschreibungen, sogenannte „Design Rules".

Das vertriebliche Wissen lässt sich aus Kontaktdatenbanken, Marktstudien und Erfahrungsberichten des Außendienst- und Servicepersonals der Einzelunternehmen gewinnen. Diese müssen in der Koordination zusammengeführt und im Hinblick auf das Gesamtangebot des Netzwerks ausgewertet und strukturiert werden.

Wissenstransfer in der Aufbau- und in der Betriebsphase

Wissenstransfer in der Aufbau- und in der Betriebsphase findet bei der Auftrags-/Projektbearbeitung im Rahmen der oben beschriebenen Wissensspirale statt. Neben der Dokumentation im Prozess ist es auch wesentlich, am Ende eines Projektes die gewonnenen Erkenntnisse im Sinne von „Lessons learned" festzuhalten. Bei dieser „Manöverkritik" sollten alle Arten von Wissen ausgewertet, erfasst und damit reversibel, i. e. für neue Projekte wieder verwendbar gemacht werden.

Hierzu gehören beispielsweise neue technische Möglichkeiten, die man sich gemeinsam im Rahmen der Zusammenarbeit im Projekt erschlossen hat. Diese müssen in das Prozesswissensmanagementsystem aufgenommen werden. Wissen über Vorlieben des Kunden bzw. über den Markt an sich dienen zur Aktualisierung der Vertriebsdatenbank.

Fallbeispiel

Nachdem ein Projekt zum Bau einer Automatisierungsanlage erfolgreich abgeschlossen wurde, sollte das dabei gewonnene Wissen dokumentiert werden. Dies bedeutet, dass man z. B. die ganzen Formeln, mit denen man die Motorleistungen berechnet, und die Datenblätter, mittels derer man die Motoren ausgewählt hat, strukturiert ablegt. Dies ist offensichtlich explizites Wissen, das durch die Aufbereitung und Ablage reversibel, d. h. wieder verwendbar gemacht werden sollte. Es könnte ja geschehen, dass der Kunde dieselbe oder eine ähnliche Maschine wiederbestellt und wer möchte in diesem Fall wieder bei null anfangen müssen. (Anmerkung: Es gibt tatsächlich Firmen, die aus dem Grund, dass sie dieses Wissensmanagement nicht betreiben, nicht im Stande sind, dieselbe Maschine zweimal zu bauen.)

Wie expliziert man nun in diesem Beispiel das implizite Wissen und macht es reversibel?

Ganz einfach: durch hartnäckiges und kritisches Hinterfragen von Sachverhalten und Entscheidungen. In unserem Beispiel könnte das etwa so laufen: „Warum haben wir Motor A von Hersteller B genommen, obwohl doch Motor C von Hersteller D vergleichbare Daten bei geringerem Preis gehabt hätte?" Wenn die Antwort nun z. B. lautet: „Unsere Servicetechniker sagen uns, sie haben mit den Motoren von Hersteller D deutlich mehr Ausfälle als mit denen von Hersteller B", haben sie implizites Wissen explizit gemacht. Solche Erfahrungswerte sollten Sie sofort dokumentieren und damit anderen Mitarbeitern zugänglich machen. Ein anderes Beispiel in diesem Kontext ist die Frage nach dem Grund für die scheinbar aufwendige Kabelführung zu diesem Motor. Ihr Mitarbeiter erklärt Ihnen daraufhin, dass er diese so ausführt, um bei bewegten Teilen Kabelschäden durch Reibverschleiß zu vermeiden.

Nun sollten Sie ihn loben und dazu ermuntern, die Fälle, in denen dies auftreten kann, sowie die Gegenmaßnahmen, die er üblicherweise ergreift, zu dokumentieren. Wenn ihm dies gut gelingt, haben Sie nicht nur wie im vorigen Fall ein implizites Wissenselement expliziert, sondern bisher verborgene Konstruktionsregeln explizit und reversibel gemacht. Dies kann Ihnen in Zukunft viel Geld sparen. Auf die Bedeutung von solchen Konstruktionsregeln oder Design Rules kommen wir später in diesem Kapitel noch einmal zurück.

Das sollten Sie sich merken:

Wissenstransfer ist ein Prozess, der sowohl beim Aufbau einer Unternehmenskooperation bzw. bei der Aufnahme neuer Mitglieder als auch im Betrieb planmäßig durchgeführt werden muss. Wenn dieser Prozess nicht etabliert wird, ist die beste Wissensmanagementlösung witzlos.

Bei der Übertragung des Wissens untereinander oder auch in ein technisches System spielt zunächst die Sprache eine wichtige Rolle. Wenn Menschen die gleiche Sprache beherrschen, können sie besser kommunizieren. Ob sie dabei allerdings Wissen austauschen, wird dadurch noch nicht garantiert. Deshalb ist es wichtig, dass man eindeutige Begriffe verwendet (ISO-Maßeinheiten, die eindeutig definiert wurden, können sogar sprachenunabhängig weltweit verstanden werden).

Dies kann so weit gehen, dass man eine eigene spezifische Ontologie definiert, die innerhalb des Netzwerks verwendet wird. Ontologien stellen dabei vereinfacht eine Möglichkeit zur (grundlegenden) Kategorisierung von Dingen, Eigenschaften oder Ereignissen dar. Dabei steht vor allem die Frage im Mittelpunkt, wie sich die verschiedenen Kategorien zueinander verhalten und ob sich eine Kategorie als fundamentale auszeichnen lässt.

Besondere Bedeutung im softwaretechnischen Umfeld erhalten Ontologien, wenn man zur Unterstützung des Wissensmanagements auch an den Einsatz komplexerer Datenbanksysteme denkt. Aufgrund der Möglichkeiten zur Verwaltung von Daten, ihrer Flexibilität und der Möglichkeiten der Zugriffsteuerung bieten sich Datenbanken vor allem auch dann an, wenn man das Wissen verteilter Organisationen verwalten möchte. Wie so etwas auf der Entwicklungs- und Fertigungsebene eines produzierenden Netzwerks aussehen könnte, werden wir im Kapitel 7 näher betrachten.

Mit einem eindeutigen, abgestimmten Vokabular als Strukturierungsbasis stellt man damit sicher, dass die Mitarbeiter der Koordination und die Partner in den jeweiligen Arbeitsgruppen dieselbe Sprache sprechen.

Ein wichtiger Aspekt bei der Unterstützung des Wissensmanagements durch Werkzeuge ist ihre Integration in die vorhandene Infrastruktur. Es müssen nicht nur die notwendigen Schnittstellen zum Datenaustausch innerhalb der betrieblichen Softwarelandschaft berücksichtigt, sondern auch die Wissenserfassung und -weitergabe in bereits bestehende Abläufe integriert werden. So bleibt gewährleistet, dass der Wissensfluss nicht unterbrochen wird und die Geschäftsprozesse, insbesondere die Entwicklung und die Produktion, effizient unterstützt werden.

Das sollten Sie sich merken:

Werkzeuge zur Unterstützung des Wissensmanagements müssen sich so reibungslos wie möglich in die Arbeitsabläufe eingliedern. Sonst werden sie von Ihren Mitarbeitern nicht angenommen und damit auch nicht eingesetzt!

Fallbeispiel: Wissensmanagement im Bereich der Mikrosystemtechnik

Wissensmanagement in der Mikrosystemtechnik (MST) zielt auf das Wissen über die einzelnen Herstellungsprozesse, die einzelnen Technologien und die Erfahrungen der Mitarbeiter ab.

Zu den grundlegenden mikrosystemtechnischen Wissensaspekten zählen:

- die Definition von Standardprozessketten mit konkretem Fertigungswissen,
- die Erfassung und Strukturierung von Technologiezusammenhängen,
- das Wissen über technologiebedingte Ablauf- und Gestaltungsregeln,
- Die Ablage von Wissen über Prozessparameter der verschiedenen Prozessketten.

Im Gegensatz zu anderen Fertigungstechnologien geht es im Bereich der MST viel stärker um das Wissen über konkrete Prozesse und Prozessabläufe. Dieses Wissen über komplexe, mikrosystemtechnische Prozesse ist zum überwiegenden Teil nicht abgelegt, sondern wird von den Mitarbeitern selbst getragen. Dies liegt nicht nur an der geringen Bereitschaft, Wissen preiszugeben oder ausführliche Dokumentationen zu schreiben, sondern ebenso daran, dass die Mitarbeiter einen Großteil ihrer Entscheidungen aufgrund von implizitem und damit schwer dokumentierbarem Wissen treffen. Das bedeutet, dass Entscheidungen nicht aufgrund von formal zu verarbeitendem (explizitem) Wissen getroffen werden, sondern aufgrund von Erfahrungen und Erinnerungen.

Die Prozessschritte in der Mikrosystemtechnik sind im Vergleich zu anderen Technologiebereichen aufgrund ihrer Neuartigkeit noch ständig im Wandel bzw. noch unvollständig dokumentiert. Viele Produkte sind Neuentwicklungen, für die noch keine genauen Anforderungen, Herstellungsbeschreibungen und Gestaltungsregeln vorliegen. Es kommt deshalb nicht nur darauf an, starre und bekannte Prozesse in Betracht zu ziehen, sondern bereits die Entwicklungs- und Forschungsphase der Produkte zu unterstützen. Deshalb muss bei der Ablage von Prozesswissen früh darauf geachtet werden, dass möglichst viel reversibles (wiederverwendbares) Wissen abgelegt wird, welches nicht nur produktspezifisch gilt, sondern auch auf viele neue Produktentwicklungen zutreffen kann (Unabhängigkeit des Prozesswissens gegenüber dem Projektwissen).

Maßnahmen zur Steigerung der Erfolgswahrscheinlichkeit des Wissenstransfers

Zwischen dem theoretischen Nutzen des Wissensmanagements und der praktischen Umsetzung liegen leider oft Welten.

Die Akzeptanz, an Wissensschaffungs- und -managementprozessen teilzunehmen, steigt automatisch, wenn der Wissenstransfer innerhalb des Netzwerks klar abgesprochen ist. Er muss von der jeweiligen Geschäftsführung kommuniziert werden und auch für jeden Mitarbeiter nachvollziehbar seine Berechtigung haben. Das heißt, es muss klar sein, wieso/zu welchem Zweck das Wissen weitergegeben werden soll. Das ist nicht immer automatisch einleuchtend, denn oft wird Wissensweitergabe mit Wissensverlust und damit Wertverlust gleichgesetzt („Wenn ich mein Wissen weitergebe, mache ich mich ersetzbar und verliere den Job“). Hier hilft es, den Mitarbeiter persönlich direkt „abzuholen“, d.h. seine Ängste zu nehmen und ihm gegebenenfalls auch die Chancen für sich selbst (Wissensgewinn durch Zugriff auf andere technische Inhalte etc.) zu vermitteln. Oft wird in diesem Zusammenhang auch über Belohnungs-/Incentive-Systeme gesprochen. Nach Erfahrung der Autoren geht aber die stimulierende Wirkung dieser Anreizsysteme recht schnell verloren.

Bei der Zusammenstellung der Teams ist auf große Vielfalt sowohl bezüglich der fachlichen als auch der sozialen Kompetenz zu achten. Die Teams sollten autonom arbeiten können. Kurzzeitige Phasen von „kreativem Chaos“ und Iterationsschleifen sind legitim und durchaus im Sinne des im Bild 5.8 dargestellten Spiralmodells.

Zusätzlich sollten auch die Rahmenbedingungen für den Wissenstransfer geschaffen werden, d.h. organisatorische (wie bürokratische Hürden) und strukturelle Hemmnisse (wie Zugangsberechtigungen) müssen beseitigt werden. Die notwendigen Werkzeuge sollten so weit als möglich in den Standardprozess integriert werden. Oft kann Wissensmanagement auch in bereits etablierte Standardunternehmensprozesse wie Auftragsverfolgung, Prüfdatenerfassung oder Qualitätsmanagement integriert werden und dort eine verknüpfende Rolle übernehmen.

Das sollten Sie sich merken:

Wissensmanagement und die dazu notwendigen Prozesse und Werkzeuge sind Chefsache! Wenn sie nicht von der Netzwerkkoordination und den Geschäftsführungen der Partnerfirmen als strategisches Ziel kommuniziert und unterstützt werden, sind sie zum Scheitern verurteilt. Damit beraubt sich das Netzwerk eines (des) wesentlichen Erfolgsfaktors.

5.3 Mit Netz und ohne doppelten Boden – Qualitätsmanagement

Ein insbesondere für produzierende Kooperationsnetzwerke wichtiger interner Prozess ist das firmenübergreifende Qualitätsmanagement.

Ein Blick auf Ihr eigenes Unternehmen wird Ihnen zeigen, dass Sie bereits in anderen Formen der Kooperation auf vielfältige Weise mit anderen Unternehmen (z. B. Arbeitsgemeinschaften oder Generalunternehmerschaft) zusammenarbeiten. Somit sind auch in Ihrem Unternehmen wahrscheinlich bereits Bausteine für ein firmenübergreifendes Qualitätsmanagement vorhanden.

Insbesondere die Auswertung von prozessorientierten Qualitätsmanagementsystemen nach DIN ISO 9001:2000 liefert dabei für die Kooperation von Betrieben geeignete Schnittstellen. Die Zusammenarbeit der einzelnen Partner gelingt nur zuverlässig, wenn die Schnittstellen und Aufgabenstellungen klar definiert sind. Dies sind Grundlagen für ein funktionierendes Qualitätsmanagement.

Auf den folgenden Seiten wollen wir uns mit der Frage beschäftigen, ob und inwieweit eine Kooperation mit dem Ziel einer dauerhaften Zusammenarbeit ein eigenes Qualitätsmanagementsystem benötigt.

Qualitätsmanagementsystem (QMS)

Eine der wichtigsten Fragen im Qualitätsmanagement beantwortet sich durch die Wahl der Kooperationsform: Wer trägt die Verantwortung für die Abwicklung des Kundenauftrags? Eine Kooperation ohne entsprechende Kompetenzen der Koordination wird nicht in der Lage sein, das Qualitätsmanagement zu koordinieren. In diesem Fall muss auch das Qualitätsmanagement an den Konsortialführer delegiert werden.

In dem von uns näher betrachteten Fall gehen wir davon aus, dass die Verantwortung für die Auftragsabwicklung bei der Koordinationsstelle liegt und die Verantwortung für die Entwicklungs- und Fertigungsprozesse zumindest auf oberster Ebene der Produktionssteuerung bei ihr angesiedelt ist.

Auf dieser Abstraktionsebene dokumentiert das **Qualitätsmanagementsystem** vor allem die Methodik der Unternehmensführung. Die Prozesse zur Produktrealisierung verbleiben hierbei im Wesentlichen bei den ausführenden Fachpartnern.

Der die Grundmechanismen des Qualitätsmanagements sehr zutreffend abstrahierende Qualitätsregelkreis (Bild 5.9) behält auch in einer Kooperation natürlich weiterhin seine Gültigkeit, da es auch das Ziel des Kooperations-QMS sein muss, eine dauerhafte Verbesserung der Qualität und Herstellung des Gesamtendprodukts zu erreichen. Auch das unternehmensübergreifende System muss leisten, dass die Partner das Ziel, die Qualität dynamisch zu planen, erreichen. Die wichtigsten Elemente zur Erreichung der Ziele des Qualitätsmanagements in der Kooperation sind dabei bekannte Elemente des Qualitätsmanagementsystems:

- **Strategische Planung** der KVP-Ziele (kontinuierlicher Verbesserungsprozess): Definition der Rahmenbedingungen, Koordination der Aktivitäten, Benennung von KVP-Coachs.

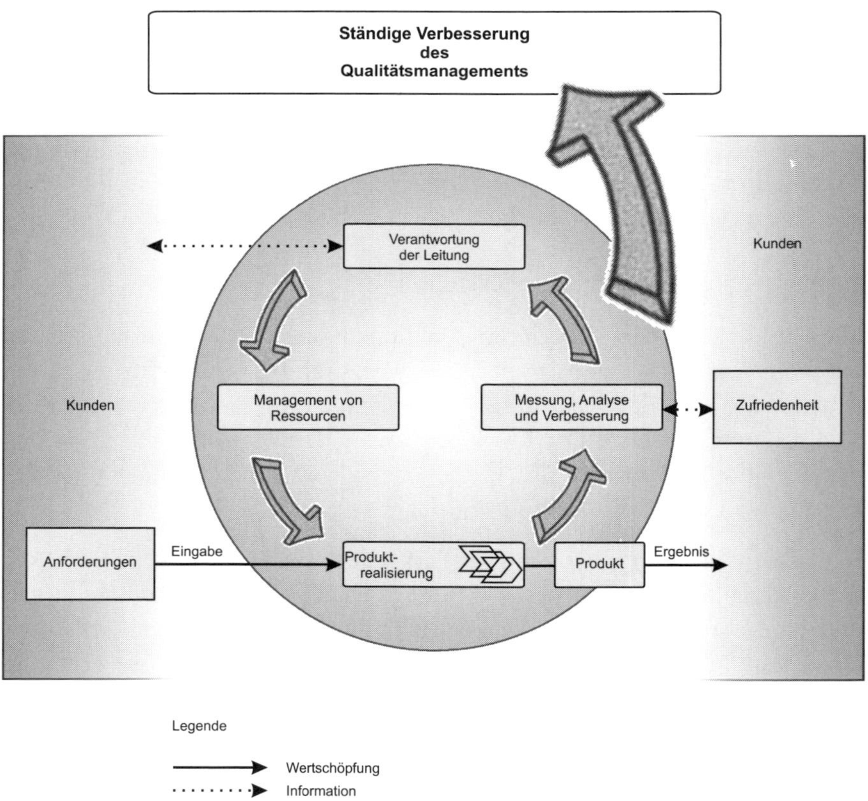

Bild 5.9: Modell eines prozessorientierten Qualitätsmanagementsystems in der DIN EN ISO 9001:2000

- **Information und Einbindung der Führungskräfte:** Ziele und Vorgehensweise, Methoden, Instrumente etc., Gewinnung als Multiplikatoren.
- **Information und Einbindung der Mitarbeiter:** Ziele und Vorgehensweise, Methoden, Instrumente etc. Hier ist der Konsens über die Bemessungsgrößen am besten aufgrund einer längerfristigen, z. B. sechsmonatigen Beobachtung des Prozesses zu erzielen.
- **Analyse der Ist-Situation:** Sammlung von Problemen und Schwachstellen, Generierung von Maßnahmen.
- **Umsetzung** der Maßnahmen mit begleitendem Feedback bzw. Controlling.
- **Visualisierung** der Kennzahlen, Ziele und Maßnahmen.
- **Kommunikation** mittels verschiedener Medien und KVP-Meetings.

Zunächst gehen wir ebenfalls nur von der aktuellen Standardnorm DIN EN ISO 9001:2000 aus. Erst bei Bedarf, d. h. wenn vom Kunden gefordert, oder wenn das Konsortium sich klar entschließt, eine Branche aktiv zu erschließen, kann diese Basisnorm um (Branchen-)spezifische Normen ergänzt werden.

Über die Gemeinsamkeiten mit einem unternehmensinternen QMS hinaus gibt es einige Elemente, die weiter gehende Anstrengungen des Konsortiums erfordern:

- Qualitätsinformation und das Prozessmanagement:
  In beiden Fällen ist der durch die Dezentralisierung der Abläufe bedingte Grad an Standardisierung höher als innerhalb eines Unternehmens.

- Risiken in der Produktentwicklung und Fertigung vermeiden bzw. kalkulierbar machen:
  Für die Zusammenarbeit im Unternehmensverbund hat dies eine noch größere Bedeutung als für die Zusammenarbeit im Einzelunternehmen. Qualitätsmängel, die aus Mängeln in der Abstimmung und Zusammenarbeit der Kooperationspartner resultieren, sind, strukturell bedingt, weniger eindeutig und nachvollziehbar den Verantwortlichen zuzuordnen als innerhalb eines Unternehmens.

- Die Transparenz der verteilten Prozessabläufe muss über die kooperierenden Fachpartner einheitlich nachvollziehbar und nachprüfbar sein.

- Messgrößen für die Prozess- und Ergebnisqualität müssen trotz der „lokalen Betrachtung" im Einzelunternehmen einheitlich definiert und unterstützt werden. Zudem sind die aufgrund der virtuellen Unternehmensform vorhandenen besonderen Kommunikationsmedien und -strategien zu berücksichtigen.

Die Spezifizierung der Leistung erfolgt nicht verkettet, sondern jeweils zwischen jedem an der Produktionskette beteiligten Fachpartner und der Koordination.

Umsetzung

Wir schlagen ein bausteinbasiertes Schema zur Darstellung der Geschäftsprozesse jedes einzelnen Produktes vor.

Modulares Prinzip: Qualitätspläne bei den Partnern

Dabei bietet jeder Fachpartner seine einzelnen Kompetenzen als „Bausteine" an, welche durch die beliebige Kombination mit anderen Bausteinen anderer Fachpartner die Produktionskette beschreiben (Bild 5.10).

Bei den Fachpartnern findet der „Baustein" Entsprechung in einem Qualitätsplan. Der Begriff des Qualitätsplans ist allerdings nicht genormt und findet

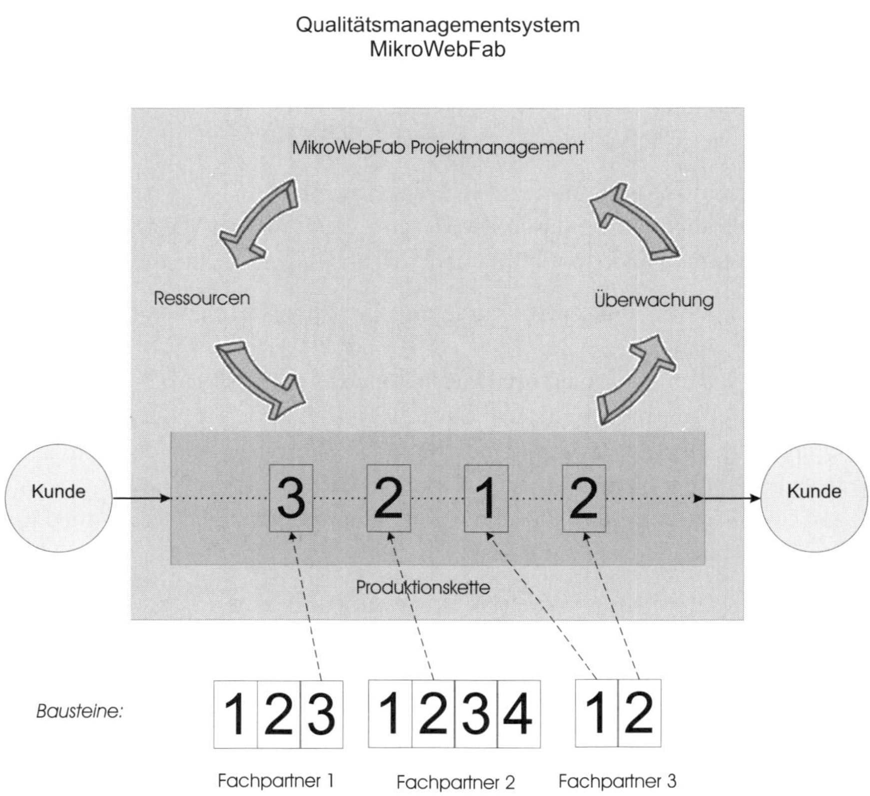

Bild 5.10: Beispiel: QM-Regelkreis der MikroWebFab

sich auch kaum in Nachschlagewerken zum Qualitätsmanagement. Gebräuchlich ist er für das produktbezogene Ergebnis der Qualitätsplanung, in der Kriterien und quantitative Ziele sowie Methoden und Führungskonzepte zu ihrer Erreichung festgelegt werden. Der Qualitätsplan enthält die für die Qualität ausschlaggebenden Merkmale des von der Kooperation entwickelten und produzierten Produkts. Er regelt, wie sie gemessen und bewertet werden und zu welchen Zeitpunkten welche Ergebnisse erreicht werden sollen.

Die Dokumentation des gesamten Geschäftsprozesses für jedes Produkt kann somit alle geforderten Punkte wie z.B. Logistik, Wareneingang/-ausgang, Produktbeschreibung und Lastenheft abdecken.

Falls ein Fachpartner kein Qualitätsmanagement besitzt, kann ein anderer Fachpartner aus der jeweiligen Produktionskette die notwendige Haftung bezüglich der Qualität übernehmen. Der Fachpartner kann sich gegebenenfalls auch nachzertifizieren lassen. In jedem Fall muss der Partner aber bezüglich der Prozesskette validiert/auditiert werden. Die Nachzertifizierung/-auditierung sollte dabei vor allem in einem Netzwerk gleichberechtigter Partner von einer externen Stelle erfolgen!

Geschäftsprozesse der Koordination

Neben der Beschreibung der produktspezifischen Geschäftsprozesse müssen im Qualitätshandbuch die Geschäftsprozesse der Koordination beschrieben werden. Dazu können neben der Beschreibung der Geschäftsprozesse in einer strukturierten Form (Ablaufdiagramme, Modellierung in Softwaresystemen wie Visio, ARIS, ...) die Kooperationsrichtlinien zur Abwicklung eines Entwicklungs- und Produktionsauftrages verwendet werden (Kapitel 6).

Fallbeispiel: MikroWebFab

> Das Kernelement des QMS der MikroWebFab bildet auch hier ein Qualitätsmanagementhandbuch (QMH), hier als QMH-MWF bezeichnet. Weiterhin spielen die firmenspezifischen Qualitätsmanagementpläne der Fachpartner eine große Rolle, sie bilden zusammen mit dem QMH-MWF das QMS der MikroWebFab. Der Zugriff auf einen Qualitätsmanagementplan liegt dabei ausschließlich bei dem jeweiligen Fachpartner und ist unzugänglich für den Koordinator sowie die anderen Fachpartner.
>
> Eine grobe Übersicht über das Qualitätsmanagementsystem der MikroWebFab liefert das Bild 5.11.

Qualitätsmanagementhandbuch

Für das Unternehmensnetzwerk ist es empfehlenswert, bezüglich des übergeordneten QMS ein schlankes, auf die wesentlichen, notwendigen Punkte reduziertes QMH aufzubauen. Um häufige Änderungen am QMH zu ver-

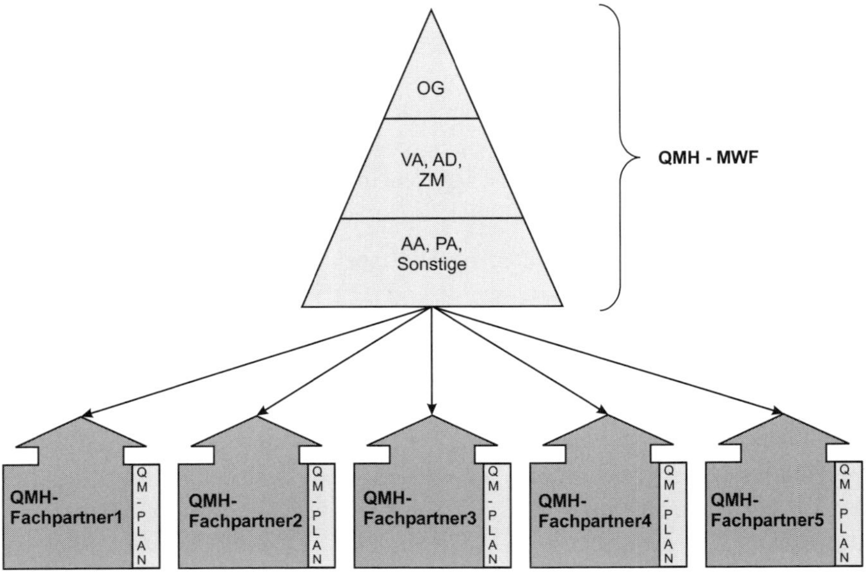

Bild 5.11: Beispiel: Schema des MikroWebFab-Qualitätsmanagementsystems

meiden, werden möglichst viele Dokumente und Unterlagen nicht direkt im QMH aufgeführt, sondern nur als weiterführende Dokumente referenziert.

Das sollten Sie sich merken:

Das QMH einer Kooperation muss nicht zwingend ein Handbuch im eigentlichen Sinne sein. Es kann pragmatischerweise eher einem Organisationshandbuch entsprechen („Wie baue ich ein Kooperationsnetzwerk auf?"), welches auch den Umgang mit dem Bereich Qualitätsmanagement beschreibt.

Die wesentlichen Aspekte der Kooperation, die man bei der Erstellung des QMH für eine Unternehmenskooperation berücksichtigen sollte, sind:

- Virtualität,
- Monitoring,
- Schnittstellen,
- Wechselwirkungen der Prozesse.

Bei der Erstellung des QMH müssen zudem allgemeine Anforderungen der Norm wie die ständige Verbesserung und Optimierung, Kundenzufriedenheit sowie die Prozessorientierung berücksichtigt werden.

Fallbeispiel: MikroWebFab

Wichtig: Es müssen unabhängig davon die Anforderungen der Norm erfüllt werden.

1 Anwendungsbereich
- Vertriebs-, Entwicklungs- und Produktionsprozess
- Produkte der Mikrosystemtechnik (Geschäftsfelder, Produkte)
- Ausschlüsse (bezogen auf Normen)

2 QMS
- Dokumentierte Verfahren
- Prozesse
  Wechselbeziehung der Prozesse (Entwicklungsrichtlinien, Fehlerbehandlung, Schnittstellen zu den vorhandenen Partnern)
- Validierung, Verifizierung

3 Verantwortung der Leitung (Koordinator/Führungsprozesse)
- Qualitätspolitik der Kooperation
- Qualitätsziele der Kooperation
- Verantwortung, Zuständigkeiten und Befugnis (Zuständigkeitsmatrix, Organisationsstruktur, Verweis auf AKV)
- QM-Beauftragter

4 Glossar (Abkürzungen)
- Kooperationsspezifische Begrifflichkeiten (Net-FMEA, Expertenpool, ...)

Weitere Elemente des Qualitätsmanagements

Schulung

Die Schulung der Mitarbeiter im Bereich Qualitätsmanagement wird bei bestehenden Unternehmensnetzwerken häufig schon in den einzelnen Unternehmen durchgeführt. Für den wesentlich kleineren gemeinsamen Teil ist es sinnvoll, gemeinsame Schulungen mit allen beteiligten Partnern durchzuführen. Alternativ kann auch nur jeweils ein „Wissensmultiplikator“ jedes Partnerunternehmens teilnehmen, der dann die Informationen im eigenen Unternehmen weiterleitet und bei Rückfragen im Unternehmen zur Verfügung steht. Die Schulung bezieht auch die Anwendung der gemeinsamen Werkzeuge mit ein.

Kontinuierlicher Verbesserungsprozess (KVP)

Das vorrangige Ziel von KVP ist die Produktivitätssteigerung. Hierzu wird ein Zyklus ständiger Verbesserungen aufgebaut. Der Einsatz von KVP ist in allen Unternehmensbereichen möglich und nicht auf die Produktionsbereiche beschränkt.

Alle Mitarbeiter der Partnerunternehmen können und sollen sich an der ständigen Verbesserung der Geschäftsprozesse beteiligen (z. B. betriebliches Vorschlagswesen). Der KVP der Kooperation bezieht sich dabei auf die Kernprozesse „interne Abläufe", „Produkte", „interne/externe Kundenbeziehungen, Schnittstellen zwischen den Partnern".

Die Vorgehensweise ist dabei wie folgt:

Zuerst wird ein eindeutiger **Ausgangszustand** definiert, der mit Hilfe von **Standards** formuliert wird.

Dieser ist die Basis weiterer prozessorientierter Verbesserungen, die regelmäßig überprüft und mit Hilfe von **Messgrößen** (Prozesskennzahlen, Maschinenkennzahlen etc.) operationalisiert werden sollen.

Grenzen: Operationalisierung z. B. von Produktivitätssteigerungen im Bereich der wissensintensiven Dienstleistungen ist extrem schwierig.

Eine von den Partnern zu lösende Aufgabe betrifft die Verbindlichkeit von „lokal umzusetzenden" Maßnahmen, die im Rahmen des KVP-Prozesses entwickelt und umgesetzt werden sollen. Oft ziehen organisatorische Verbesserungen im Unternehmensverbund auch Veränderungen in den Prozessen der Einzelunternehmen nach sich. Da die Einzelunternehmen hier auf einer Ebene „von Gleich zu Gleich" arbeiten, gibt es keinen Machtpromotor, der sich im Notfall für die Umsetzung notwendiger Änderungen einsetzt. Hier gilt es, eine Kultur im Unternehmensverbund zu schaffen, die neben den Nutzen für das Einzelunternehmen auch den Nutzen für den Unternehmensverbund stellt.

Für den Unternehmensverbund gibt es jedenfalls eine ganze Reihe von Ansatzpunkten für den Einsatz von KVP:

- Logistikinfrastruktur,
- Informationsinfrastruktur,
- Auftragsabwicklung,
- Produkt- und Prozessqualität.

Die Etablierung von KVP ist auch auf der Ebene der Kooperationskoordination sinnvoll, da ein stabil funktionierendes System durch den fortlaufenden technischen Wandel zu Anpassungen gezwungen wird. Oft kommen auch noch Änderungen bei den gesetzlichen Regelungen z. B. zur Dokumentations- und Archivierungspflicht hinzu, die über die technische Abwicklungsebene hinausgehen.

5.4 Logistik im Netzwerk

Bei produzierenden Netzwerken ist die Logistik ein Schlüssel für die Leistungserbringung oder, um den Slogan eines Transportunternehmens leicht abgewandelt aufzugreifen:

„Solange man Produkte noch nicht per E-Mail versenden kann, muss man sich in einem Produktionsnetzwerk mit Logistikfragen befassen."

Für Kooperationsnetzwerke relevante Teilbereiche der Logistik

Betrachtet man die vier Teilbereiche der Logistik,

- Beschaffungslogistik,
- Produktionslogistik,
- Distributionslogistik und
- Entsorgungslogistik,

so fällt auf, dass die speziellen Logistikanforderungen eines Kooperationsnetzwerks sich in nur wenigen Punkten von denen eines Einzelbetriebes unterscheiden (Bild 5.12).

Im Allgemeinen obliegt die Beschaffungslogistik dem Einzelunternehmen. Zwar lassen sich, wie bereits angesprochen, teilweise erhebliche Synergien durch Abstimmung der Beschaffungen im Netzwerk erzielen. Dies ist jedoch im Hinblick auf die laufende Logistikplanung im Netzwerk eher nachrangig zu betrachten.

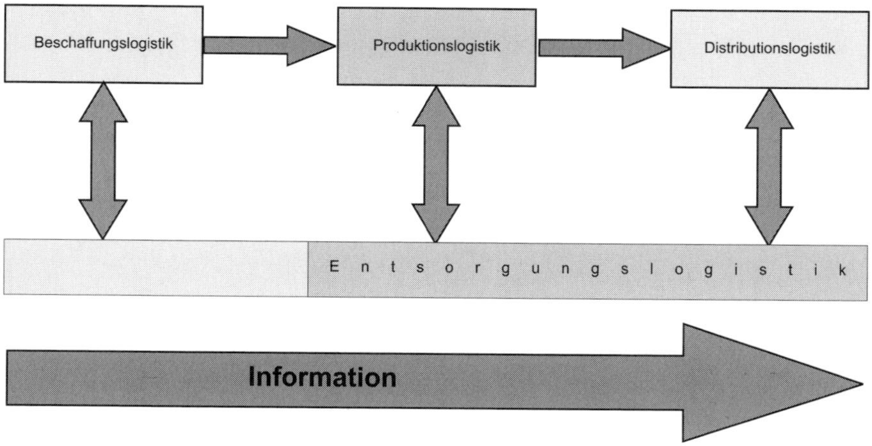

Bild 5.12: Teilbereiche der Logistik (netzwerkrelevante Bereiche sind grau hervorgehoben)

Die Distributionslogistik der Kooperation unterscheidet sich auch nicht wesentlich von der eines Einzelunternehmens, da im Allgemeinen ein Partner an den Endkunden ausliefert.

Die Entsorgungslogistik muss bereits etwas differenzierter betrachtet werden. Der Bereich der Entsorgungslogistik, der der Entsorgung der Roh-, Hilfsstoffe und Produktionsrückstände zugeordnet ist, ist wie die Beschaffungslogistik Sache des einzelnen Partners. Für die Rücknahme von Retouren ist wiederum der Partner zuständig, der für die Distributionslogistik zuständig ist. Die Rücknahme von Leergut kann bereits eine Angelegenheit des gesamten Netzwerks sein, wenn es sich um Betriebsmittel (z. B. einheitliche Werkstückträger) handelt, die Hilfsmittel für den Fertigungsfluss im Netzwerk sind.

Der Schwerpunkt der Betrachtung liegt damit auf der Produktionslogistik; dies ist in der Tat der Logistikaspekt, den es netzwerk- und unter Umständen projektspezifisch zu optimieren gilt. Damit einher geht der Informationsfluss, der entsprechend dem Güterfluss und den Kundenanforderungen zu gestalten ist.

Bei der Konzeption der firmenübergreifenden Logistik im Netzwerk sollte auch der firmeninterne Materialfluss mit in die Erstellung des Logistikplans einbezogen werden.

Warum sollte man das tun? Ist der firmeninterne Materialfluss nicht Sache des einzelnen Netzwerkpartners?

Im Prinzip schon. Es lohnt sich jedoch zu untersuchen, ob man den firmeninternen Materialfluss nicht mit dem firmenübergreifenden Materialfluss so abstimmen kann, dass möglichst wenig Schnittstellen entstehen und Handhabungsvorgänge minimiert werden. So könnten z. B. die betriebsinternen Werkstückträger von Partner A so gestaltet werden, dass sie direkt in die Standardumverpackung eines Logistikdienstleisters passen und bei Partner B im Fertigungsfluss weiterverwendet werden können. Damit werden einerseits Betriebsmittel, andererseits auch Handhabungsvorgänge (Umhorden) eingespart und dies senkt Kosten.

In strategischen Netzwerken, die weitgehend gleichartige Produkte produzieren, wird man sich auf eine Lösung für die Logistik festlegen und diese möglichst lange beibehalten.

Fallbeispiel: Airbus-Konsortium

Ein Beispiel hierfür ist wiederum das Airbus-Konsortium. Die meisten haben schon den Transport der verschiedenen Flugzeugkomponenten im Fernsehen oder in der Zeitung gesehen. Airbus Industries hat sich dafür spezielle Transportmittel, wie z. B. maßgeschneiderte Flugzeuge und Schiffe, geschaffen. Da das Produktspektrum im Wesentlichen gleich bleibt, ändern sich diese Werkzeuge relativ selten. Eine Ausnahme bildete der Bau des A380, dessen Dimensionen alle bisher gebauten Flugzeuge übertrafen und auch bei den Transportmitteln Anpassungen erforderten.

Netzwerke wie der Clan, die darauf ausgelegt sind, viele verschiedenartige Projekte zu bearbeiten, müssen die Logistikplanung im Prinzip für jedes Projekt neu durchführen (siehe Kapitel 7). Jedes Mal das Rad neu zu erfinden würde den Verbund schnell unwirtschaftlich machen. Daher ist es wichtig, frühzeitig Standardlogistikschnittstellen festzulegen. Dies ist eine Aufgabe, die beim Aufbau des Netzwerks geleistet werden muss. Vorschläge zur konkreten Gestaltung der Logistikschnittstellen folgen im Kapitel 7. Bei Änderungen im Konsortium muss sich jeder neu hinzukommende Partner ebenfalls diesen Schnittstellen anpassen; daher ist dies Teil der Aufnahmeprozedur (Kapitel 2).

Das sollten Sie sich merken:

Um möglichst reibungslose Prozessketten sicherzustellen, sollten Sie Standardlogistikschnittstellen festlegen und dabei den firmeninternen Materialfluss mit berücksichtigen. Wenn firmenintern und firmenübergreifend dieselben Transporthilfsmittel (z. B. Palette, Werkstückträger) und Informationsschnittstellen (Datenformate) verwendet werden, spart dies Handhabungs- bzw. Konvertiervorgänge. Dies reduziert Fehlerquellen und senkt Kosten!

6 Zusammenarbeit macht auch Arbeit – Entwicklung und Vertrieb des Netzwerks

„Wettbewerb ist anstrengend, Zusammenarbeit aber auch."

George S. Stevenson

Unsere Kooperation ist jetzt schon gut aufgestellt. Mit den internen Prozessen haben sich bereits erste Regelprozesse im Unternehmensnetzwerk etabliert, über die die Partner Informationen austauschen und Synergien schaffen können.

In der Praxis ergeben sich im Vorfeld der Erteilung eines Kundenauftrags weitere umfangreiche Abstimmungsprozesse, die mit zunehmendem Umfang der Kooperationsaktivitäten schnell erhebliche Ressourcen auch bei den Partnern binden können. Damit einher geht die Notwendigkeit, diese Prozesse effizienter zu gestalten.

Die Forderung nach Effizienz solcher Prozesse ist nicht neu und gilt natürlich für die Geschäftsprozesse in jedem Unternehmen. Tatsächlich geschieht im Netzwerk aber zunächst aus der Sicht vieler Mitarbeiter in den Unternehmen etwas, das eigentlich im Hinblick auf Kosteneinsparung eher kontraproduktiv erscheint: Eine weitere vertriebliche Instanz, die gemeinsame Koordinationsstelle, produziert einen Mehraufwand, dessen Kosten erst wieder erwirtschaft werden müssen.

Auch wenn das Argument richtig ist, dass diese Stelle ja erheblichen Mehrwert durch die Verstärkung des Marketings, Vertriebs, Projektmanagements und Wissensmanagements erzeugt, so stellt die Koordination zunächst aus Sicht der Partner, die bereits über solche Strukturen verfügen, einen zusätzlichen Kostenfaktor dar. Insbesondere bei etwas größeren KMU mit ausgeprägten Strukturen in diesen Bereichen kommt die Geschäftsführung schnell in Erklärungsnot gegenüber den Mitarbeitern bezüglich dieser Kosten, auch wenn der Mehrwert an sich klar ist.

Je geringer der Aufwand ist und je klarer die Schnittstellen zu den eigenen Prozessen sind, desto einfacher und schneller wird das „Kooperieren" auch akzeptiert. In diesem Kapitel werden wir uns daher besonders den Kernprozessen einer produzierenden Kooperation vom Typ Clan unter den folgenden Gesichtspunkten widmen:

- Welche Geschäftsprozesse sind von Relevanz für ein produzierendes Clan-Netzwerk?
- Inwieweit kommen durch die verteilte Zusammenarbeit für die Partner neue Aspekte der Zusammenarbeit hinzu?
- Wie können Lösungen zur Geschäftsprozessoptimierung aussehen?

Das sollten Sie sich merken:

Die Organisation eines Unternehmensnetzwerks ist weder ein Wert an sich noch darf sie die Kernaktivitäten der Kooperation zu sehr binden.

Gerade zu Beginn der wissenschaftlichen Beschäftigung mit dem Thema virtuelle Unternehmen wurde oft Ursache mit Wirkung verwechselt.

Ziel der Aufbau- und Ablauforganisation muss immer sein, den Mehrwert eines Systemangebots bei gleichzeitig möglichst geringem internem organisatorischem Aufwand zu bieten.

6.1 Geschäftsprozesse und Geschäftsprozessmanagement in Kooperationen

Geschäftsprozessmanagement

Die Anforderungen an ein unternehmensübergreifendes Geschäftsprozessmanagement decken sich naturgemäß mit den bekannten Zielen dieser Methodik.

> *„Die Hauptziele des Geschäftsprozessmanagements sind ... nach außen die Erhöhung der Kundenzufriedenheit und nach innen die Steigerung der Produktivität durch Erhöhung der Effizienz und der Effektivität“* [SCHME04].

Gerade die Projekt- und Prozessorientierung kann nahezu problemlos auch auf die unternehmensübergreifende Zusammenarbeit übertragen werden, überwindet sie doch bereits die starren organisatorischen Vorgaben der (in unserer Kooperation schwach ausgeprägten) hierarchischen Aufbauorganisation mit den (inzwischen hoffentlich nicht mehr) abrupten Brüchen an den Grenzen zur nächsten Organisation.

Auch hier gilt wieder die Regel von Theodore Levitt aus unserer Einführung zu diesem Buch, dass die Kunden eine Lösung und kein Werkzeug oder Ähnliches wollen. Den Kunden interessiert wenig, wer im Einzelnen welchen Prozessschritt im Netzwerk ausführt, solange die Qualität und Umsetzungsgeschwindigkeit der von ihm beauftragten Arbeit stimmt.

Diese Maßgabe bedeutet für das Konsortium dreierlei:

- Es müssen interne Richtlinien erarbeitet werden, die sicherstellen, dass Reibungsverluste durch unklare Rahmenbedingungen (fehlende Spezifikationen, mangelnde Abstimmung, ...) so weit wie möglich vermieden werden.
- Ein klares, auftragsunabhängiges Vorgehensmodell sollte die internen Prozesse beschreiben. Die Entscheidungspfade und Meilensteine entlang des Entwicklungs- und Fertigungsprozesses müssen nachvollziehbar sein.
- Die Kernaktivitäten der Kooperation müssen strukturiert und handhabbar sein. Unnötige Komplexität in den Abläufen muss vermieden werden, ohne dass wesentliche Überlegungen unberücksichtigt bleiben.

Viel intensiver als die eher auf temporäre Zusammenarbeit ausgerichtete Generalunternehmerschaft oder auch das virtuelle Unternehmen kann gerade hier das auf langfristige Kooperation ausgerichtete Unternehmensnetzwerk seine Vorteile voll ausspielen.

Im härter werdenden Wettbewerb der letzten Jahre fand in diesem Kontext gerade bei den Technologieunternehmen eine Flexibilisierung des Fertigungsprozesses statt, die die hierarchisch orientierte Organisation oft nicht mehr auffangen konnte. Aufgrund der durch Rationalisierung und Fokussierung auf die Kernkompetenzen höher werdenden Arbeitsteiligkeit wurde der Herstellungsprozess auf unterschiedliche Produktionsstandorte einer oder mehrerer unabhängiger Organisationen verteilt. Dadurch wurden ganze bisherige Bereiche dem direkten organisatorischen Zugriff des federführenden Unternehmens entzogen.

Aufgrund dieser Entwicklung stieg die Einsicht, Funktionen nicht mehr über eine Organisation, sondern primär über Geschäftsprozesse zu definieren. Dabei sind einige Randbedingungen einzuhalten:

- Die Partner wollen unter Beibehaltung ihrer eigenständigen internen Strukturen zusammenarbeiten.
- Jeder Partner besitzt eigene, auf sein Unternehmen angepasste Strukturen zur Abwicklung von Aufträgen.
- Um die Partner unter Beibehaltung ihrer eigenen Prozesse in einen Gesamtprozess einzubinden, müssen neue, unternehmensübergreifende Geschäftsprozesse definiert werden.

Was verbirgt sich nun hinter dem Begriff Geschäftsprozess? Hier bietet sich für die Anforderungen eines Unternehmensnetzwerks folgende Definition an:

Definition des Begriffs Geschäftsprozess

„Von einem Geschäftsprozess spricht man dann, wenn wertschöpfende Aktivitäten einer Organisation funktionsübergreifend zusammengefasst werden." Innerhalb des Geschäftsprozesses ergibt sich eine schlüssige Architektur aus Geschäfts-, Haupt- und Teilprozessen, wobei letzteren Aktivitäten im Sinne einzelner Handlungen zugeordnet werden. Geschäftsprozesse können sich über das Unternehmen hinaus erstrecken und Aktivitäten von Kunden, Lieferanten und Partnern einbinden. [SCHME04]

Aus dieser Definition lässt sich erkennen, dass Geschäftsprozesse, sofern als Werkzeug richtig eingesetzt, nahezu ideal dazu geeignet sind, die wesentlichen Abläufe auch in einem Kooperationsnetzwerk zu beschreiben.

Vorteile der Definition von Geschäftsprozessen

- Die klare Definition von Abläufen führt zu weniger Überwachungs- und Kontrollbedarf – ein Umstand, der gerade in der dezentralisierten Kooperation sehr wichtig ist (Mischung aus Zentralisierung und Dezentralisierung führt zu Prozessteams).
- Individuelle autonom arbeitende Geschäftseinheiten können aufgrund der klaren Strukturierung einfacher durch Informations- und Kommunikationstechnik unterstützt werden.
- Die Risikoabschätzung ist gerade bei der Entwicklung komplexer Systeme von hoher Wichtigkeit. Innerhalb eines Unternehmens bildet sich in den einzelnen Arbeitsgruppen dabei oft auch ohne Einsatz von Werkzeugen eine Expertise heraus. Dieser Aspekt muss von einem verteilten Team wesentlich offensiver angegangen und herausgearbeitet werden.

Im Folgenden betrachten wir einige Schlüsselstellen für die Abwicklung von Kundenanfragen und Aufträgen in der Kooperation pragmatisch unter der eingangs erwähnten Zielsetzung, die Absprache mit dem Kunden und die Beschleunigung der Auftragsbearbeitung zu verbessern.

Im nachfolgenden Ablaufdiagramm haben wir wichtige Elemente dieses Prozesses zusammengefasst (Bild 6.1).

Im Anhang 3 finden Sie zudem ein ausführlicheres Ablaufdiagramm für Vorgehensweisen in einer Kooperation entlang des gesamten Vertriebs- und Entwicklungsprozesses, das Sie auch vom Server des Hanser Verlags herunterladen können.

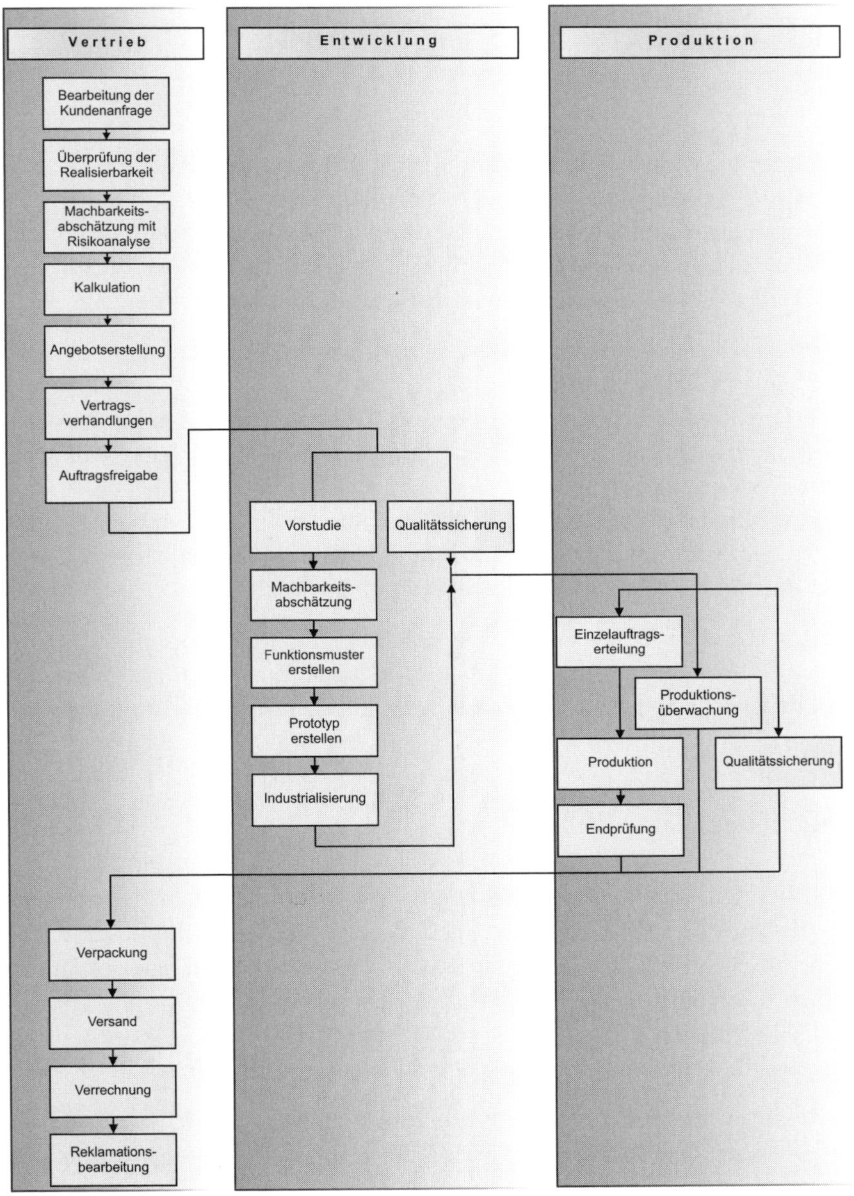

Bild 6.1: Beispiel: Auftragsabwicklung in der MikroWebFab

6.2 Auftragsanbahnung

Vorgespräche

Die Kontaktaufnahme mit dem Kunden ist zunächst eine Aufgabe der Koordination. Abstimmungsprozesse mit den Partnern finden zu diesem Zeitpunkt vor allem zum Zwecke des netzwerkinternen Informationsaustauschs bezüglich der vom Marketing erkannten Zielbranche und der wichtigsten „Key Player" statt. Dieser Informationsfluss gilt in beide Richtungen:

- Die Koordination informiert die Partner über die Kontaktaufnahme bzw. die geplante Kontaktaufnahme.
- Die Partner arbeiten der Koordination in dieser Phase dahingehend zu, dass sie gegebenenfalls vorhandene Informationen über frühere Kontakte zum Kunden zur Verfügung stellen.
- Im Einzelfall kann es an dieser Stelle auch notwendig sein, im Hinblick auf mögliche Anforderungen der Kunden die technologischen Möglichkeiten der Partner nochmals etwas detaillierter abzufragen.

Erfolgt nach dem Kundenkontaktgespräch der Koordination eine Konkretisierung von Kundenanfragen, ist an wichtigen Entscheidungsstellen das Einbeziehen von Experten aus den Partnerunternehmen unbedingt notwendig.

Angebotserstellung, Kalkulation

Schon bei der Angebotserstellung zeigt sich die Abhängigkeit der notwendigen Prozesse vom Kooperationsmodell und dem Entwicklungsgrad der Kooperation. So werden weder ein Marktplatz noch ein clanartiges Unternehmen in der Frühphase einen Produktionsprozess verantwortlich koordinieren wollen bzw. können. Sie werden diese Aufgabe daher spätestens an diesem Punkt an einen Partner aus dem Konsortium delegieren.

Sofern wir es mit einem reiferen Produktionsnetzwerk zu tun haben, startet sehr bald nach dem Kundenerstkontakt der Angebotserstellungsprozess. Bei der Erfassung der Kundenanfrage sind dabei zunächst einige grundsätzliche Typen zu unterscheiden:

- der reine Fertigungsauftrag (Erst- oder Wiederholungsauftrag),
- der Entwicklungsauftrag basierend auf einer klar definierten Kundenspezifikation,
- der Entwicklungsauftrag mit Bezug auf ein bereits existierendes Produkt,

- der Auftrag zur gemeinsamen Technologieentwicklung,
- die komplette Übertragung einer kundenspezifischen Entwicklung und Fertigung.

Diese Unterscheidung ist klar zu definieren. Schließlich entscheidet der auf das Produkt umzulegende oder gegebenenfalls direkt zu berechnende Entwicklungsanteil, bzw. die damit verbundenen Risiken, über die Vorgehensweise im Kundenprojekt und damit über die Gesamtkosten des Kundenauftrags.

Zur Klassifizierung und zur Reduktion des Risikos vor allem von entwicklungslastigen Aufträgen bieten sich dabei Methoden der Risikoabschätzung und des Projektmanagements an, auf die wir im Entwicklungsprozess näher eingehen werden.

Wie der Abstimmungsprozess im Kontext einer Kundenanfrage aussehen kann, haben wir in einem vereinfachten Ablaufdiagramm im Bild 6.2 zusammengefasst.

Anmerkung: Zu den genannten Anfragetypen kommen noch einige weitere Anfragetypen hinzu, die weniger unter dem Aspekt der Zusammenarbeit im Netzwerk von Wichtigkeit sind, deren Behandlung im Netzwerk aber bereits im Kooperationsvertrag abgestimmt worden sein sollte. So kann es sein, dass die Kooperation z. B. auch Aufträge akquiriert, die nur von einem einzelnen Partner alleine bearbeitet werden. Hier macht es mehr Sinn, den Auftrag an den betreffenden Partner zu delegieren und den bis dahin notwendigen Akquisitionsaufwand über im Kooperationsvertrag vereinbarte Provisionszahlungen zu refinanzieren.

Kalkulation auf der Basis gegenseitiger Transparenz

Zur Vereinfachung des Angebotserstellungsprozesses ist es wichtig, dass die Partner die individuellen Sachzwänge der anderen Partner kennen und verstehen lernen. Diese Sachzwänge sind vielfältig: Sie können in den Vorgaben zur Rendite durch die Eigentümer begründet sein. In Branchen mit einem hohen unternehmerischen Risiko sind ebenfalls entsprechende Zuschläge üblich.

Fallbeispiel: MikroWebFab

In der MikroWebFab kennen die Partner die kalkulatorischen Ansätze des Anderen. Dieser Faktor erscheint zunächst verwunderlich, ist aber sehr wichtig für das gegenseitige Verständnis des Konsortiums. Eine einheitliche Definition von Gewinnmargen für jeden Partner wäre in einem Netzwerk gleichberechtigter Partner weder durchsetzbar noch nachprüfbar. In Anbetracht der unterschiedlichen Branchen und

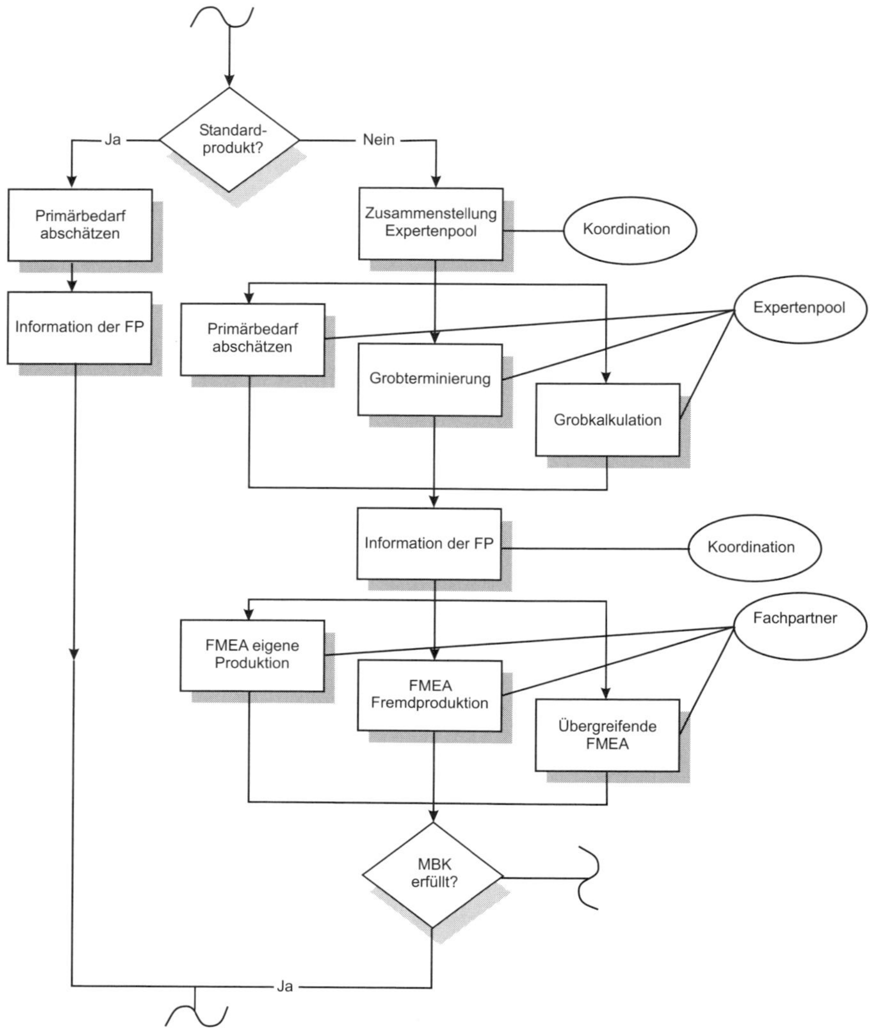

Bild 6.2: Ausschnitt aus dem Angebotserstellungsprozess

der unterschiedlichen Anforderungen an die Rendite, in denen sich die Partner bewegen, wäre dies auch nicht durchsetzbar gewesen. Die Erfahrung aus den Workshops, in denen das Kalkulationsmodell erarbeitet wurde, zeigten, dass gerade diese Diskussion das Konsortium stark zusammengeschweißt hat, was wesentlich zur gegenseitigen Akzeptanz und zum Verständnis der Hintergründe der beteiligten Partner beitrug.

Das sollten Sie sich merken:

Die Kalkulation innerhalb der Kooperation wird zweckmäßigerweise auf die gleiche Art durchgeführt, wie ein Generalunternehmer in seinem Konsortium vorgeht. Es ist dabei gleich, ob es sich bei der Abwicklung um einen Partner oder um die Koordinationsstelle handelt.

Der wesentliche Unterschied im Clan-Netzwerk liegt wiederum im Vertrauen der Partner. So merkwürdig es klingen mag: Die Partner kennen die kalkulatorischen Ansätze des Anderen und akzeptieren gegebenenfalls auch unterschiedliche Gewinnmargen.

Diese Diskussion sollte man aber erst führen, wenn sich die Partner näher kennen gelernt haben und das Vertrauen gewachsen ist.

Auftragskalkulation

Die Auftragskalkulation in einer Kooperation erscheint oft schwierig, insbesondere dann, wenn man die erbrachten Leistungen im Vorfeld eines Angebots nicht ohne weiteres auseinander dividieren kann.

Als ein einfacher Ansatz hat sich die Vorgehensweise erwiesen, bei der die Koordination die Kalkulation in der Art eines Konsortialführers durchführt. Dabei erstellen nach der gemeinsamen Ausarbeitung einer Spezifikation alle beteiligten Partner – auch die Koordinationsstelle für ihre eigenen Arbeiten – ein individuelles Angebot für ihre Leistung. Es ist dabei gleich, ob es sich bei der Abwicklung um einen Unterauftragnehmer oder um den Konsortialführer handelt.

Basierend auf den Einzeldaten führt der Koordinator die Gesamtkalkulation durch. Dabei kommen zur Summe der Einzelkalkulationen noch Aufschläge für die Gemeinkosten der Kooperation und gegebenenfalls ein weiterer Risikozuschlag für prozessschrittübergreifende Risiken hinzu (vgl. Tabelle 6.1).

Erstellung der Gesamtkalkulation

Die Kosten der Koordinationsstelle sind ähnlich zu denen eines Dienstleisters anzusetzen. Im Sinne einer klaren und transparenten Rückverfolgbarkeit der Kosten ist dabei zwischen den Gemeinkosten der Kooperation und den projektbezogenen Kosten zu unterscheiden. Folgende Kostenstellen werden dabei auf die Kostenarten aufgeteilt:

- Geschäftsführung,
- Expertenteam (inhouse),
- Marketing,
- Sekretariat,
- Rechnungswesen,
- Gesamtlogistikkosten.

Tabelle 6.1: Kalkulation der Koordination

Kostenart	Äquivalent zu	Bemerkungen
HK (Herstellkosten)	Summe der Aufwände für Projektmanagement, Auftragssteuerung und Abwicklung	
V+V (Verwaltungs- und Vertriebskosten Koordinationsstelle)	Summe der Koordinationskosten	Die Koordinationskosten beinhalten alle Kosten der Koordination für den eigenen Betrieb und die Projektabwicklung.
SK (Selbstkosten)	Summe HK + V+V	
VK (Verkaufspreis)	SK + Marge	Die Gewinnmarge der Kooperation entspricht dem Gewinn der Koordinationsstelle (je nach Akteur).

Gemeinkosten der Kooperation

Gerade in der Startphase der Kooperation ist es allerdings oft zu umständlich, die Kosten den einzelnen Kostenstellen zuordnen, zumal wenn die Koordinationsstelle noch nicht über die geeigneten Strukturen verfügt.

Sofern nicht gesetzliche Vorgaben aus der Rechtsform andere Methoden verlangen, empfiehlt sich für diese Phase eine Projektfinanzierung, bei der der Betrieb und laufende Projekte budgetiert und gemeinsam finanziert werden. Die Verabschiedung des Budgets erfolgt dabei wieder durch das Steuerungsgremium.

Denkbar und oft üblich ist auch in der Betriebsphase ein Modell auf Provisionsbasis. Das Risiko bei dieser Vorgehensweise besteht darin, dass die Herausbildung eines „Wir-Gefühls" erschwert wird. Diesem Risiko lässt sich nur durch eine bewusst transparent gestaltete Einzel- und Gesamtkalkulation innerhalb der Kooperation begegnen.

Auftragsanbahnungskosten des Einzelpartners

Einen Sonderfall nehmen die gemeinschaftlichen Auftragsanbahnungskosten des Einzelpartners ein. Diese können je nach Vereinbarung entweder in den individuellen Marketing-/Vertriebskosten des Partners oder über die Gesamtkalkulation berücksichtigt werden.

Sind diese Kosten sehr hoch, sollten die Aufwände über eine interne Rechnungsstellung erstattet werden. Einfacher ist es, wenn jeder Partner sich im Rahmen der vertrauensvollen Zusammenarbeit so gut als möglich engagiert. Dieses Vertrauensmodell funktioniert allerdings nur, wenn auf längere Frist alle Partner gleichmäßig bzw. gemäß ihrem Engagement vom Netzwerk partizipieren.

Kosten für die Bearbeitung von Kundenaufträgen

Die projektbezogenen eigenen Kosten der Koordinationsstelle in der Betriebsphase berechnen sich analog zu den Kosten der Einzelkalkulationen bei den Partnern. Die Kalkulation der Kooperation folgt dabei wie in Tabelle 6.2 vereinfacht dargestellt den heute üblichen Schemata in den Unternehmen.

Tabelle 6.2: Kalkulation der Kooperation

Kostenart	Äquivalent zu	Bemerkungen
HK (Herstellkosten)	Summe der Einzelkalkulationen der Partner	Die Einzelkalkulationen der Partner sollten bereits deren Gewinnmargen beinhalten. Eine Offenlegung der Kalkulation ist nur in Ausnahmefällen vorgesehen.
V+V (Verwaltungs- und Vertriebskosten Koordinationsstelle)	Summe der Koordinationskosten	Die Koordinationskosten beinhalten alle Kosten der Koordination für Betrieb, Marketing und Projektabwicklung von Kooperationsaufgaben.
SK (Selbstkosten)	Summe HK + V+V	
VK (Verkaufspreis)	SK + Marge	Die Gewinnmarge der Kooperation entspricht dem Mehrwert, der durch den systemischen Ansatz des Netzwerks für den Kunden generiert wird. Hinzu kommt die Einbeziehung von Risikozuschlägen aus dem projektübergreifenden Risiko.

Gesamtkalkulation

Aus den projektspezifischen Kosten der Koordination, den Verwaltungs- und Betriebskostenzuschlägen der Koordination und den Einzelkalkulationen der Kooperationspartner ergibt sich dann die Kalkulation. Für die Kalkulation der Kooperation hat sich ebenfalls die differenzierende Zuschlagskalkulation als geeignet erwiesen.

Einbindung externer Unternehmen in die Kundenanfrage

Insbesondere kleinere Kooperationen werden nicht umhinkommen, Unterauftragnehmer von außerhalb des Konsortiums einzubinden. Dieser Fall ist keine Besonderheit, sofern es sich um reine Produktionsdienstleistungen handelt. Im Extremfall kann es aber vorkommen, dass die Kooperation die Majorität der Wertschöpfung delegieren muss. Auch hier gilt: Ist die Zusammenarbeit lukrativ und entspricht die Bearbeitung der Aufgabe der Umsetzung der eigenen strategischen Ziele, wird sich keiner der Beteiligten daran stören. Erfordern Kundenanfragen häufiger die Zusammenarbeit mit einem Partner aus einem bisher nicht abgedeckten Technologiefeld, sollte sich das Konsortium Gedanken machen, inwieweit ein neuer Partner mit dieser Kompetenz die Kooperation voranbringen könnte ...

Vorteile und Risiken fehlender „second sources“ im Netzwerk

Die eigenen Erfahrungen und auch die Berichte von Koordinatoren anderer Netzwerke zeigen, dass die oft geäußerte Warnung vor einer fehlenden Konkurrenzsituation innerhalb des Netzwerks unbegründet ist, sofern die Partner sich wirklich als Teil eines Großen und Ganzen sehen. Sofern ein Partner versucht, aus der Kooperation vor allem einen persönlichen Nutzen ziehen zu wollen, greifen die Regulierungsmechanismen des Clans besser als ein umfangreiches Vergabe- und Regelwerk.

In der Regel kennt der Koordinator seine Partnerunternehmen und kann auch deren Konkurrenzfähigkeit am Markt einschätzen. Nichtsdestotrotz empfiehlt es sich für die Koordination, nach dem Prinzip „Vertrauen ist gut, Kontrolle ist besser“ ab und an ein Konkurrenzangebot von außerhalb des Netzwerks einzuholen. Divergiert dieses Vergleichsangebot zu stark, ist ein Gespräch mit dem Partner über dessen Kalkulation und Kostenstruktur fällig. Wichtig ist dabei aber, dass dem Partner dieser Vorgang spätestens nach dem Einholen der Alternativangebote transparent gemacht wird.

Beim Umgang mit einer solchen Situation sollten jedoch auch nicht bewertbare Zusatzleistungen, die der Partner im Netzwerk erbringt, ins Kalkül gezogen werden. So mag sich z.B. ein Partner gerade im Marketing und Vertrieb oder bei der gemeinsamen Machbarkeitsabschätzung weit mehr als normalerweise üblich engagieren. Er investiert seine Zeit oft auch dann, wenn der eigene Benefit nur gering ist. Dieser Vertrauensvorschuss und der

Aufwand hierfür lassen sich nur schlecht quantifizieren, tragen aber wesentlich zum Erfolg des Netzwerks bei.

Insofern ist es in Einzelfällen vertretbar, dass dieser Partner, auch wenn er nachweislich etwas teurer als ein externer Konkurrent ist, in einem Projekt dennoch zum Zuge kommt. Scheitert daran die Auftragsvergabe oder wird dies gar zur Regel, sollte das Steuerungsgremium darüber beraten.

Fallbeispiel: MikroWebFab

In der Mikrosystemtechnik muss wie auch in anderen Hochtechnologiebranchen technologiebedingt mit Verlusten bei der Weiterverarbeitung (Ausschuss) gerechnet werden, die nur statistisch erfasst werden können. Dieser sogenannte „Yield" hat auch Auswirkungen auf die Kalkulation der einzelnen Prozessschritte. Eine Umverteilung des Risikos würde hierbei keinen Sinn machen. Ein pragmatischer Lösungsansatz ist es, basierend auf der wahrscheinlichen Ausbeute die voraussichtlich notwendigen Lieferstückzahlen jedes einzelnen Partners zu errechnen und den Partner ein Angebot über genau diese Stückzahl machen zu lassen. Der nächste Partner kauft die benötigte Stückzahl als Halbzeuge bei seinem Vorgänger in der Prozesskette ein. Erst in der Gesamtkalkulation werden diese Kosten dann wieder auf die vom Kunden vorgegebene Stückzahl heruntergebrochen. Dieser Mechanismus macht nur Sinn bei nachweislich technologiebedingten, d. h. nicht abstellbaren Problemen in der Produktion. Grundsätzlich gilt: Prozesse und damit Ausbeute optimieren!

Mit der Erstellung und Kommunikation der Gesamtkalkulation und der Einzelkalkulationen der Partner im Kernteam haben wir die Transparenz der unterschiedlichen Gewinnmargen für die Koordination geschaffen und den Koordinator in der Verhandlung mit den Kunden in die Lage versetzt, weitgehend selbständig die Verhandlungen einen deutlichen Schritt voranzutreiben. Entsprechende Eskalationsmechanismen für die Verhandlungsphase sind dabei aufgrund der unterschiedlichen Margen immer in Abhängigkeit von der Zusammensetzung des Netzwerks zu betrachten.

Zweckmäßigerweise sollten die an der Angebotserstellung beteiligten Partner auch „Meilensteine" definieren, an denen der Verhandlungsführer mit dem Konsortium Rücksprache halten muss.

6.3 Auftragsabwicklung

Unsere Kooperation hat die Verhandlungen mit dem Kunden zu einem erfolgreichen Ende gebracht und die Auftragserteilung ist erfolgt. Auch bei der Auftragsabwicklung ist nach einzelnen Auftragstypen zu unterscheiden. Handelt es sich um einen Entwicklungsauftrag, liegt der Aufwand in der Koordination der unternehmensübergreifenden Aktivitäten. Handelt es sich um einen Produktionsauftrag, liegt der Aufwand eher in der Verfolgung und Steuerung der Einzelprozesse auf der Kooperationsebene.

Kapazitätsbereitstellung und -terminierung

Parallel zu den internen und externen Preisverhandlungen erfolgt im Rahmen der Angebotserstellung bereits zwangsläufig in den Unternehmen eine Grobterminierung von Ressourcen und Kapazitäten. Im zweiten Schritt erfolgt nun die exakte Terminierung der Produktion für die Fachpartner. Diese führt nach Rücksprache mit den beteiligten Kooperationspartnern zur Produktionsfreigabe und Erstellung der Einzelaufträge für die produzierenden Unternehmen.

Softwaresysteme wie z. B. die Infor.com-Applikationsserverfarm der Firma Infor erlauben dabei die teilautomatisierte Abstimmung der zur Verfügung stehenden Kapazitäten sowohl der Partner untereinander als auch mit der eigenen betrieblichen Standardsoftware.

Letztlich spielt aber auch hier der Wille, das gemeinsame Unternehmen voranzutreiben, gerade in der Anlaufphase einer Kooperation eine große Rolle. Faktoren wie Priorisierung der Kundenaufträge des eigenen Vertriebs im Vergleich zu Aufträgen der Kooperation müssen von jedem einzelnen Partner bewertet werden.

Der Entwicklungsprozess

Der Entwicklungsprozess ist zugleich der komplexeste und kommunikationsintensivste Prozess einer Kooperation produzierender Unternehmen. Unabhängig vom gewählten Modell und der Entwicklungsphase der Kooperation bleibt er jedoch nahezu gleich. Die Ausnahme bildet der Marktplatz, da in dessen Fokus nicht die Entwicklung von Produkten liegt.

Der wesentliche Unterschied zu Standardabstimmungsprozessen zwischen produzierenden Unternehmen liegt insbesondere beim Clan wiederum in der Qualität der Zusammenarbeit. In einem Clan-Netzwerk werden es die offene

Kommunikationskultur und das gegenseitige Vertrauen erleichtern, Probleme schneller auf den Punkt zu bringen. Dies gilt unabhängig davon, ob es sich dabei um prozessschrittübergreifende Probleme oder Probleme bei einem Partner handelt, auf die andere Partner hinweisen. An dieser Stelle trägt die enge Zusammenarbeit im operativen Bereich sicher am deutlichsten zur Minimierung des Gesamtrisikos und zur Zeit- und Kostenersparnis bei.

Wie ein Katalysator wirkt dabei die klare Strukturierung der Vorgehensmethodik, auch wenn diese letztlich nur den Rahmen zur Kanalisierung der kreativen Leistung der am Entwicklungsprozess Beteiligten darstellt. Viele Randbedingungen der Dokumentation und Strukturierung ergeben sich aus den Anforderungen des Qualitätsmanagements (vgl. Kapitel 5). Im Entwicklungsprozess werden wir uns daher auf Maßnahmen zur Steigerung der Prozesstransparenz während des Entwicklungsprozesses konzentrieren. Im Kapitel 7 werden wir dann konkrete Werkzeuge zur Unterstützung dieses Prozesses vorstellen.

Vorgehensmethodik „das Große und Ganze“

Wer wird sich nicht an Projektmeetings erinnern, in denen man dauernd das Gefühl hatte, der Andere würde von Problemen sprechen, die zu diesem Zeitpunkt rein gar nichts zum Projektfortschritt beitrugen? Dieses Risiko von ineffizienten Abläufen ist insbesondere dann umso höher, wenn bei unternehmensübergreifenden Projekten durch bislang nur mittelbar an der Kooperation beteiligte Mitarbeiter aus den Partnerunternehmen zum Teil extrem unterschiedliche Vorstellungen aufeinander treffen. Dieser Effekt kann auch durch die besten Begleitmaßnahmen nicht gänzlich vermieden werden, er kann aber durch die Einführung von Rahmenbedingungen „kanalisiert“ werden.

Diese Tatsache und die große Bedeutung der Risikominimierung bei entwicklungslastigen Projekten zeigen die Notwendigkeit einer wohlstrukturierten Vorgehensmethodik. Auf den nächsten Seiten werden wir Ihnen ein mögliches Konzept zur Bearbeitung von Entwicklungsaufträgen vorstellen.

Produktentwicklungsstufen zur Strukturierung der Vorgehensweise und zur Minimierung des Entwicklungsrisikos

Die Strukturierung der Vorgehensweise hat zwei Vorteile für die Koordination der Entwicklungsaufgaben:

- Verbesserung der Auftragssteuerung und -verfolgung
  Die Koordination hat keinen organisatorischen Durchgriff in die Partner-

unternehmen. Zur besseren Überwachung ist sie auf die Rückmeldung von Status angewiesen. Bei zunehmender Anzahl an Projekten ist dabei ein „auftragsspezifisches Projektmanagement“ nur noch schwer zu handhaben, es muss ein Raster gefunden werden, in dem die Projekte bearbeitet werden können.

- Systematisierung der Risikoabschätzung
  Die Untergliederung eines unter Umständen großen und noch weit entfernten Entwicklungsziels vermeidet Risiken, die nicht abschätzbar sind. Ein Unternehmen wird zur eigenen Risikobegrenzung Entwicklungsaufträge nur soweit annehmen, als es für das Erreichen des Teilziels einstehen kann und das Risiko für sie kalkulierbar bleibt. Dies gilt natürlich umso mehr auch für eine Kooperation und das von ihr abzudeckende Risiko der Gesamtprozesskette.

In vielen Unternehmen hat sich dazu inzwischen eine vier- bzw. fünfstufige Vorgehensweise der Produktentwicklung von der Vorstudie bis zur Industrialisierung der Fertigungsprozesse durchgesetzt.

- Im ersten Schritt geht es dabei um die Überprüfung der **generellen Realisierbarkeit** des Prozesses. Dieser Abschnitt des Entwicklungsprozesses erfolgt oft unter Zeitdruck. Meist geht er mit der Phase der Akquisition des Kundenauftrags einher. Kosten lassen sich daher nur über die Projektanbahnungskosten berücksichtigen.
- Zusätzlich kann vor der **Machbarkeitsüberprüfung** ein Prozess zur Durchführung einer **Vorstudie** erfolgen. Diese wird nötig, wenn ein Kunde nicht über genügend Daten zur Spezifikation seiner Anforderungen verfügt und daher keine konkrete Anfrage stellen kann. Je nach Unternehmenstyp ist es auch möglich, dass ein Unternehmen den Prototyperstellungsprozess bereits auf seinen Fertigungsanlagen qualifiziert und damit keine Fallunterscheidung mehr durchzuführen braucht.
- Nach Abschluss des Entwicklungsvertrages mit dem Kunden erfolgt dann im Anschluss als erster Schritt die Ausarbeitung des **Funktionsmusters.** Das Funktionsmuster dient dazu, die grundsätzliche Funktionalität eines Produktes aufzuzeigen, muss aber nicht in Art und Form dem Endprodukt entsprechen.
- Es folgt dann der Prozess zur Erstellung des **Prototyps**, einem Vorexemplar der späteren Serienfertigung in der Form und Funktionalität des Endproduktes.
- Nach der Überprüfung der Funktionen erfolgt im letzten Schritt der **Industrialisierungsprozess**, bei dem die Produktion vorbereitet wird.

Im Bild 6.3 haben wir entlang dieses Schemas Meilensteine für die Zusammenarbeit zusammengestellt, die die Verfeinerung der Vorgehensweise und Überprüfbarkeit des Erreichten gewährleisten. Dies hat gerade in einer verteilten Entwicklung komplexer Systeme den Vorteil, dass für die Koordination zu jedem Zeitpunkt auf eine einfache übersichtlich zu visualisierende Weise klar ist, wo noch Handlungsbedarfe im Entwicklungsprozess bestehen.

Schrittweise zum Ziel

In der Praxis wird der Weg zum Erreichen der Teilziele aber nicht geradlinig sein. Aus der Erfahrung vieler Entwicklungsprojekte ist es daher angebracht, iterativ mehrere Schleifen für jede Phase im Entwicklungsprozess einzukalkulieren. Für das Gesamtprojekt ergibt sich daraus eine Art Spirale, bei der jede Windung mehrmals durchlaufen werden kann, falls die Ziele nicht erreicht wurden oder weitere Ausarbeitungen nötig sind.

Jede der Windungen der Spirale repräsentiert dabei die Zerlegung des Entwicklungsauftrags in eine Entwicklungsstufe. Die Entwicklungsstufe selbst wird nun wiederum in „Projektphasen" zerlegt, die den Erfolg des jeweiligen Projektteilziels gewährleisten sollen (Bild 6.4). In dem Vorgehensmodell nach Boehm gliedert sich dabei jeder Entwicklungsteilauftrag in die vier Stufen:

- Überprüfung der Machbarkeit,
- Ausarbeitung der Lösung/Fertigung,
- interner Reviewprozess (Stimmt das Ergebnis mit den Vorgaben wirklich überein?),
- externer Reviewprozess und Definition der weiteren Vorgehensweise, des nächsten Schritts.

Wozu der ganze Aufwand für die Strukturierung?

Neben den Vorteilen für die Kalkulation des Risikos haben wir schon die Verfolgung der Abläufe durch die Koordination angesprochen. Die Koordination benötigt gerade bei der parallelen Bearbeitung vieler Projekte einen schnellen Überblick über die aktuelle Situation durch die Vergleichbarkeit der Projektstadien. Aus der voranstehend vorgestellten Strukturierung resultiert eine Vergleichbarkeit der Projekte, die es ermöglicht, die Vorgehensmethodik in ein Schema zur Auftragsverfolgung zu überführen.

Ein Beispiel für ein detailliert ausgearbeitetes Ablaufdiagramm des Entwicklungsprozesses und zugehörige Kontrollfragen finden Sie in den Anhängen 3 und 4. Softwarewerkzeuge zum Dokumentenmanagement und zur Informationsdistribution können dabei den Informationsaustausch im Konsortium gezielt durch Push-Strategien unterstützen (vgl. Kapitel 7). Der Koordinator

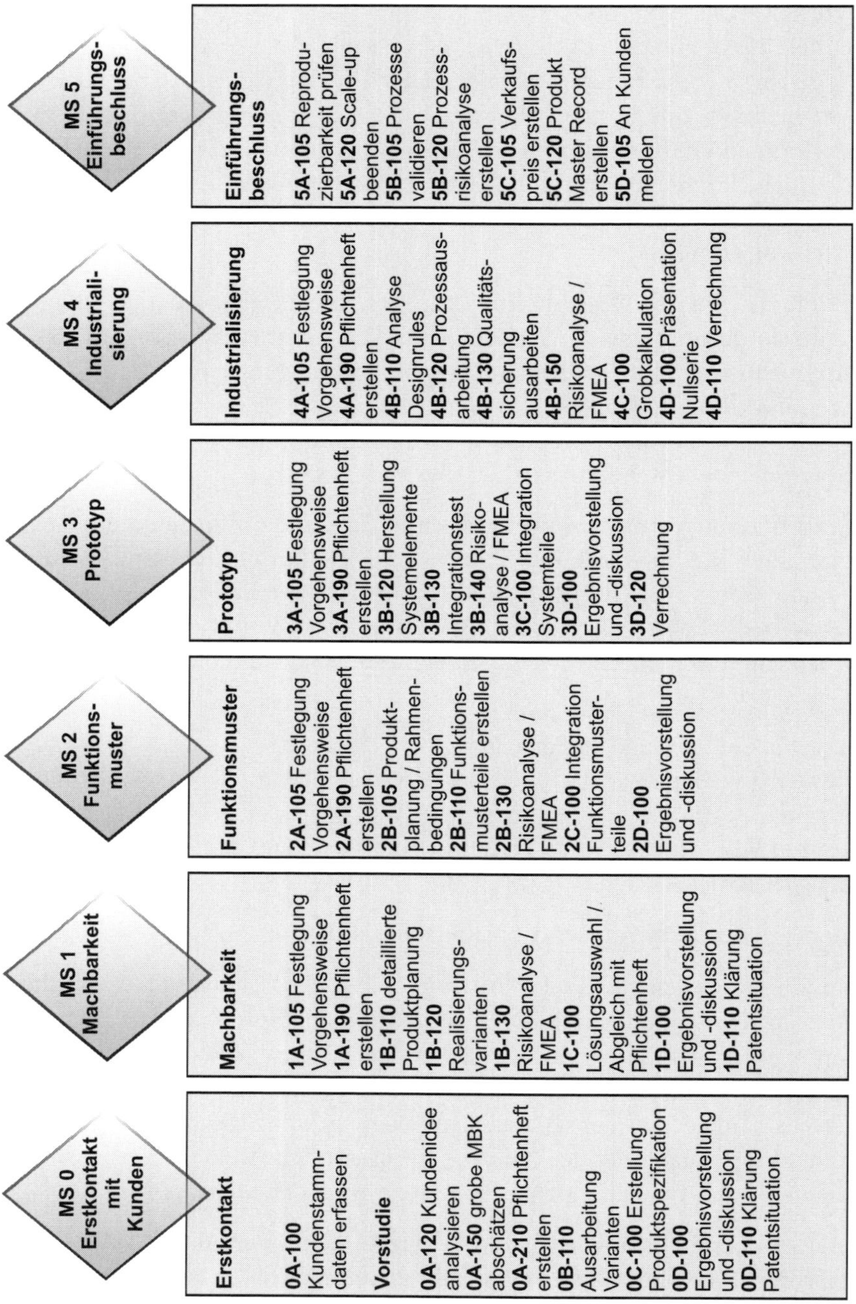

Bild 6.3: Beispiel: Entwicklungsrichtlinien der MikroWebFab

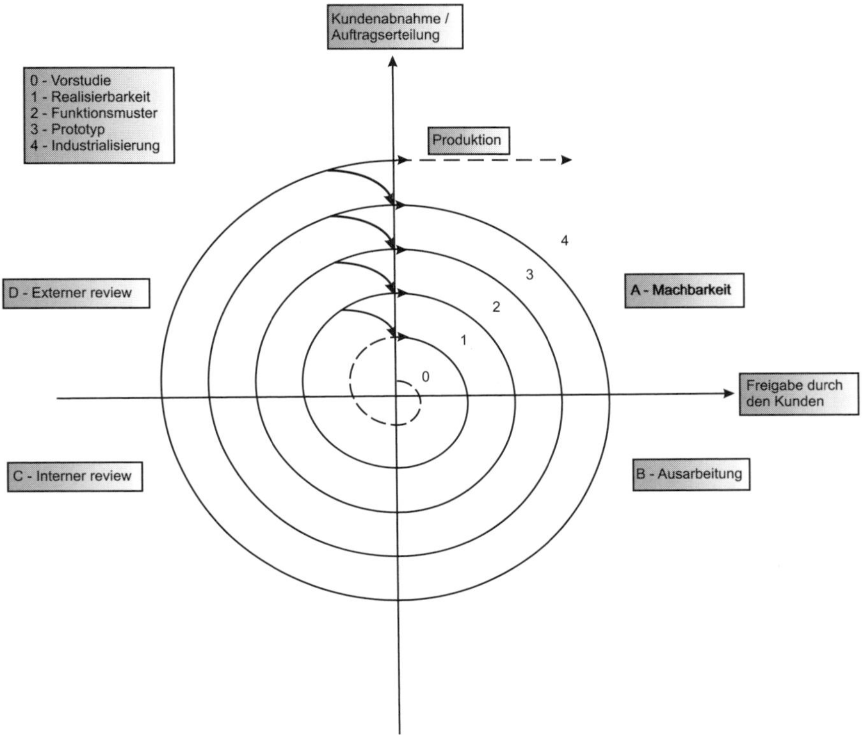

Bild 6.4: Zur Strukturierung von Entwicklungsprozessen [BOEHM88]

erhält auf diese Weise Zugriff auf die Prozessdokumentation und kann sich z. B. mit Hilfe sogenannter Management-Dashboard-Funktionen jederzeit einen Überblick über den Gesamt- und Einzelstatus der gemeinsamen Projekte bei den einzelnen Unternehmen verschaffen.

Auch gegenüber dem Kunden hat diese klare Strukturierung Vorteile. So macht die Darstellung der gemeinsamen Vorgehensmethodik die Vereinbarung der Vorgehensweise und die Überprüfung des Zielerreichungsgrads für den Kunden transparent und steigert sein Vertrauen in das Projektmanagement der Kooperation. Ein Umstand, der gerade in der Start- und Aufbauphase mit noch fehlenden Referenzprojekten wichtig ist.

Das sollten Sie sich merken:

Ein verbindlich eingeführtes Vorgehensmodell dient zur Orientierung aller Prozessbeteiligten im Entwicklungsprozess. Es sollte von den Kooperationspartnern als feste Vorgehensweise angesehen werden und vom Koordinator eingefordert werden.

Anmerkungen zu den beiden Modellen

Die Strukturierung der Vorgehensweise reduziert den Abstimmungsaufwand unter den Partnern deutlich, da über das Strukturierungsraster jeder auch selbst nachprüfen kann, wo er mit seiner aktuellen Entwicklungsaufgabe gerade im Gesamtprozess steht. Es wird den Partnern erleichtert, sich im Sinne einer Risikoabschätzung mit den Zusammenhängen im Gesamtentwicklungsprozess auseinander zu setzen und so das Risiko von Fehlentscheidungen/-entwicklungen auch im laufenden Projekt weiter zu reduzieren. Dieser Prozess spielt sich innerhalb des Einzelunternehmens oft nicht formalisiert oder im Rahmen von Aktivitäten wie dem kontinuierlichen Verbesserungsprozess ab. Bild 6.5 zeigt den Zusammenhang zwischen Entwicklungsrichtlinien und Geschäftsprozessen am Beispiel der MikroWebFab. Kontrollfragen zur Zielerreichung finden Sie im Anhang 4 (zum Download unter hanser.de).

Risikoanalyse im Entwicklungsprozess

Zu Beginn des Projekts und zu Beginn jeder neuen Entwicklungsstufe muss sich die Projektkoordination einen Überblick über die wirtschaftliche und technische Machbarkeit verschaffen. Zusammen mit den Fachpartnern wird dabei eine grobe Vorgehensweise für das Entwicklungsprojekt festgelegt.

Als geeignete Methode für Kooperationen produzierender Unternehmen hat sich die Risikoabschätzung mit Hilfe der an die VDA 6.1 angelehnten Fehlermöglichkeits- und -einflussanalyse (FMEA) bewährt. Die ersten FMEA-Ansätze, die im Rahmen des Qualitätsmanagements entwickelt wurden, basierten auf der Unterteilung in folgende drei Arten:

- System-FMEA: Betrachtung des Zusammenwirkens einzelner Komponenten eines Systems (z. B. System: Fahrzeug; Komponenten: Motorbremssystem, Lichtmaschine etc.) auf ihre Tauglichkeit und Schwachstellen.
- Konstruktions-FMEA: Betrachtung von (Bau-)Teilen oder Baugruppen des Systems (Komponente: Bremssystem; Teile: Bremsleitung, Drosselventil).
- Prozess-FMEA: Betrachtung der einzelnen Schritte eines Fertigungs- und Montageprozesses.

Diese Einteilung ist mittlerweile überholt und wurde durch eine neue Einteilung nach VDA 4.2 abgelöst:

- System-FMEA Produkt: Erstellung eines einwandfreien Produktentwurfs (Mischung aus System- und Konstruktions-FMEA).
- System-FMEA Prozess: Betrachtung von Fehlern in Fertigungsplänen (entspricht Prozess-FMEA).

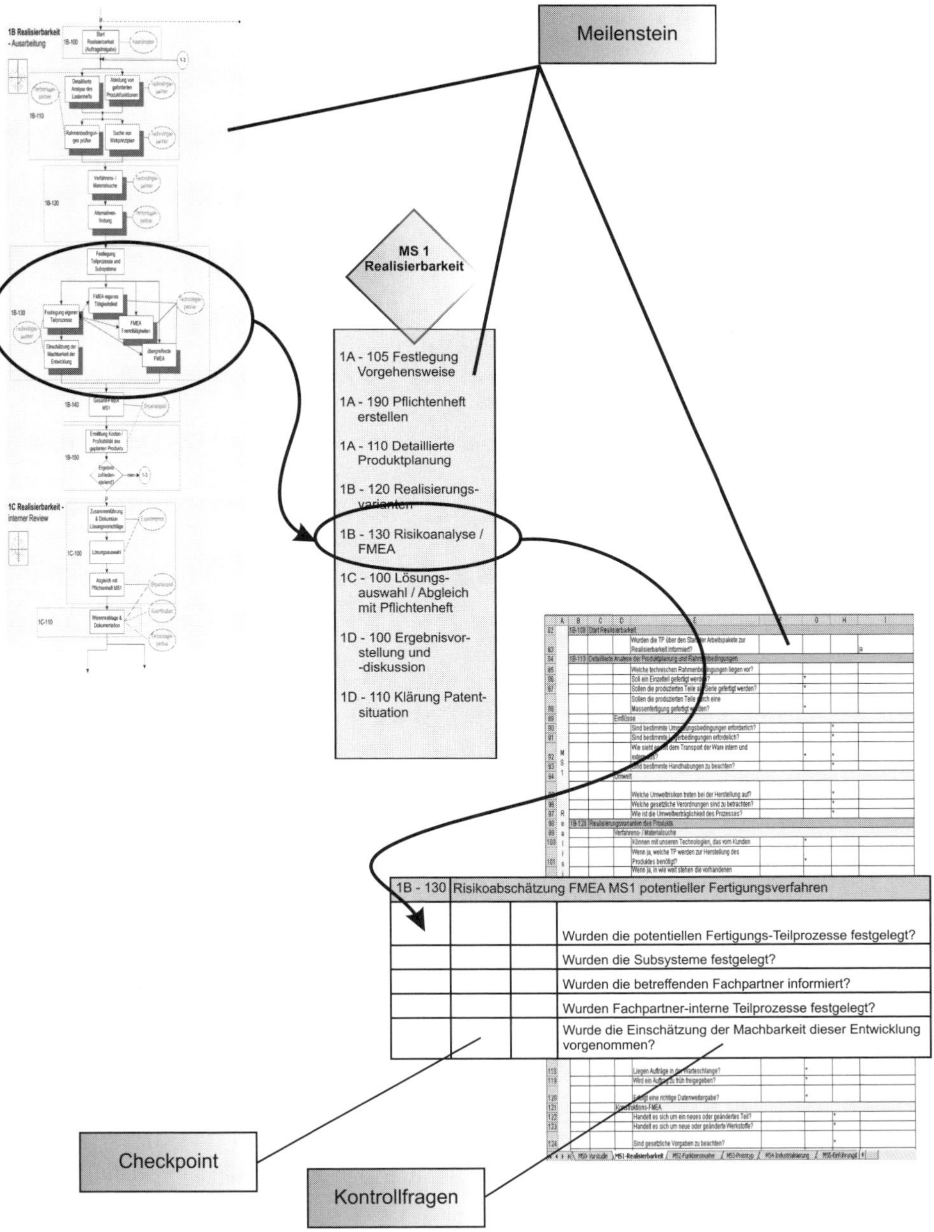

Bild 6.5: Beispiel: Zusammenhang zwischen Entwicklungsrichtlinien und Geschäftsprozessen der MikroWebFab

Die FMEA wird in einem fachübergreifenden Team durchgeführt, um möglichst das gesamte Problemfeld vollständig von allen Seiten zu durchleuchten. Diese fachübergreifende Teamarbeit ist häufig schon innerhalb eines Unternehmens schwierig zu bewerkstelligen, da es aus Zeit- und Kapazitätsgründen nicht immer einfach ist, alle an einen Tisch zu bekommen. Um dieses Problem in der unternehmensübergreifenden Zusammenarbeit etwas zu entschärfen, hat sich dabei folgende Vorgehensmethodik bewährt:

Die einzelnen Fachpartner führen jede FMEA für die eigenen Prozesse, die Prozesse der anderen Projektpartner und prozessübergreifend durch (Bild 6.6). Die Fehleranalysen werden an die anderen Prozessbeteiligten versandt und erst danach in einem (virtualisierten) Treffen diskutiert. Durch die Parallelisierung der Erstellung der verschiedenen FMEAs wird die Durchlaufzeit zusätzlich reduziert. Auf die Umsetzung mit Hilfe von Werkzeugen gehen wir im Kapitel 7 ein.

Fallbeispiel: MikroWebFab

Die Net-FMEA der MikroWebFab-Kooperation berücksichtigt über die Produkt- und Prozess-FMEA hinaus die Fertigung von Einzelschritten von unterschiedlichen Unternehmen im Unternehmensnetzwerk.

Sie fasst die System-FMEA Produkt und System-FMEA Prozess in einem Dokument zusammen. Letztere wird zudem in drei Teilgruppen untergliedert:

- FMEA-Bewertung der eigenen Tätigkeitsfelder/Prozesse,
- FMEA-Bewertung der Prozesse der anderen Partner (Fremdtätigkeiten),
- FMEA-Bewertung der systemübergreifenden Prozesse.

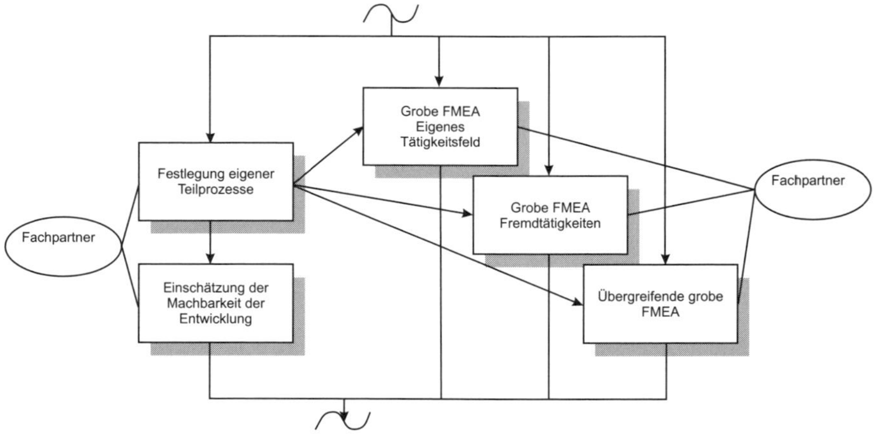

Bild 6.6: Risikoanalyse – Ausschnitt aus der Machbarkeitsphase der Entwicklung

Diese Kategorisierung wird durch die Kürzel E, F, S und P in der Net-FMEA unterschieden:

- Eigene Prozesse des jeweiligen Fachpartners.
- Fremdtätigkeiten (Betrachtung der Prozesse eines anderen Partners).
- Systemübergreifende Prozesse.
- Produktbezogene Betrachtung (Betrachtung des Produktentwurfs usw.).

Eine einfache, aber effektive Form der Net-FMEA in Form einer MS Excel-Tabelle finden Sie unter hanser.de.

Die Partner werden gezielt dazu angehalten, die Risikoanalyse nicht nur für die eigene Komponente bzw. die eigenen Prozessschritte, sondern soweit möglich auch für die Gewerke anderer Partner und systemübergreifend durchzuführen. Da die meisten Partner von den anderen Gebieten nicht so viel verstehen, mag dies zunächst wie Zeitverschwendung erscheinen. Die Erfahrung zeigt jedoch, dass dieses „Hinterfragen von außen" und der daraus resultierende Erklärungszwang die Spezialisten zu neuen Einsichten führen. Nicht selten werden dadurch systemübergreifende Risiken frühzeitig erkannt. Die Risikoidentifikation und -bewertung wird durch Wissensmanagementsysteme unterstützt und kann wiederum neues Wissen zurückliefern.

Die Auftragsabwicklung

In Kapitel 7 hatten wir darüber gesprochen, dass der arbeitsteilige Fertigungsprozess in einer Unternehmenskooperation am Anfang des 21. Jahrhundert aus organisatorischer Sicht nichts wirklich Neues mehr darstellt. So war und ist das Thema „virtuelle Produktion" oder „virtuelle Fabrik" in den letzten Jahren ein gut untersuchtes Gebiet sowohl auf der Geschäftsprozessebene als auch auf der technologischen Ebene [SCHUH98] [AACHE02]. Im Folgenden wollen wir nur auf einige wenige Aspekte eingehen, die aus unserer Sicht den Fertigungsprozess in der Kooperation charakterisieren:

Pragmatischer Ansatz für die Auftragsabwicklung

Die Auftragsabwicklung im Konsortium kann man prinzipiell als eine Kombination aus Reihen- und Streckengeschäft betrachten.

- Das Streckengeschäft ist dadurch charakterisiert, dass durch die Koordination ein Handel mit Waren erfolgt, die das (virtuelle) Lager nicht berühren, sondern unmittelbar vom Lieferanten an den Kunden geliefert werden. Das Streckengeschäft ist für die Kooperation geeignet, da der Warenfluss zentral koordiniert wird (Bestellungen), die Kooperation als Unternehmen aber weder über Lagerfläche noch über Transportmittel verfügt.

- Zu einem Reihengeschäft kommt es, wenn mit ein und demselben Gegenstand zwischen mehreren Unternehmen Umsatzgeschäfte abgeschlossen werden. Dabei wird die Verfügungsmacht über den Gegenstand direkt durch den ersten Unternehmer dem letzten Unternehmer verschafft. Dieser Punkt ist vor allem im Hinblick auf die spätere Auslieferung der Ware namens der Kooperation durch den letzten Partner in der Fertigungskette von Interesse.

Was bedeutet das nun für die Produktionssteuerung im Netzwerk? Im Ablaufmodell des Produktionsprozesses wird nach Fertigungsschritten/-steuerung bei den Partnern und der übergreifenden Produktionsüberwachung entschieden. Die Beschaffung und Produktion liegt dabei im alleinigen Verantwortungsbereich der Fachpartner. Lediglich Fertigungsstatus und Prüfparameter werden an die Koordination weitergegeben bzw. automatisiert an das Produktdatenmanagement übermittelt. Nach jedem Fertigungsschritt führt jeder Fachpartner eigenverantwortlich eine Qualitätsprüfung durch, deren Ergebnisse an die Koordination weitergeleitet werden.

Es gelten dabei die im Rahmen der gemeinsamen FMEA festgelegten Prüfbestimmungen.

Fallbeispiel: MikroWebFab

Durch die Vernetzung der Einzel-ERP-Systeme im Unternehmensverbund lässt sich in reifen Kooperationen der zeitaufwendige Abstimmungsprozess durch Teilautomatisierung der Produktionsplanung und Steuerung deutlich reduzieren. Flexible Lösungen hierzu wurden im Rahmen des MikroWebFab-Projekts von der Firma Infor entwickelt und auf das Zielmodell des Clan-Netzwerks angepasst. Im Verbund mit den Informationssystemen ist damit eine weitreichende Softwareunterstützung der Koordination und der Partner möglich.

Die Fachpartner selbst sind für die Warenausgangs- und -eingangsprüfungen verantwortlich. Auch hier kann gegenseitiges Vertrauen Zeit und Kosten sparen helfen, wenn der nächste Partner in der Kette auf eine Wareneingangsprüfung bis auf wenige Stichproben verzichten kann (sofern nicht gesetzliche Richtlinien sowieso etwas anderes vorschreiben und transportbedingte Risiken ausgeschlossen werden können).

Nachfolgende Prozessbeteiligte müssen sich darauf verlassen können, dass Angaben zur Qualität korrekt übermittelt werden, um selbst umfangreiche und zeitaufwendige Qualitätsprüfungen beim Wareneingang vermeiden zu können. Korrekte und vor allem zielführende Angaben sind Voraussetzung für eine erfolgreiche Problemanalyse und Lösungssuche bei Qualitätsproblemen!

In jedem Fall muss die Koordination über den Abschluss der Bearbeitung bei dem Fachpartner und die festgestellte Qualität informiert werden. Dazu gehören die Abrechnung des Teilauftrags sowie die Übersendung der für die Auftragsdokumentation und das interne Wissensmanagement notwendigen Fertigungs- und Prüfdaten.

Besonderheiten im Ablauf der Überwachung des Produktionsprozesses

Parallel zu den Produktionsschritten muss eine unternehmensübergreifende Produktionsüberwachung seitens der Kooperation stattfinden. Es handelt sich hierbei um die Überwachung der Qualität, der produzierten Mengen und der Termineinhaltung.

Werden Termine beispielsweise aufgrund von Nacharbeit nicht eingehalten, muss der Expertenpool nach Kompensationsmöglichkeiten suchen, um die Durchlaufzeit gering zu halten und nach Möglichkeit in dem geplanten Terminrahmen zu bleiben. Nach einer Entscheidung für eine Vorgehensweise werden die betreffenden Fachpartner und bei umfangreichen Verzögerungen auch der Kunde informiert.

Die Mengenüberwachung der Koordination soll ein frühes Eingreifen bei zu großen Fehlmengen ermöglichen. Eine eventuell nötige Nachproduktion muss so früh wie möglich gestartet werden, um größere Terminüberschreitungen bei der Warenauslieferung an den Kunden zu vermeiden.

Treten Qualitätsmängel oder auch zu große Fehlmengen bei der Produktion auf, erfolgt eine Problemanalyse und Lösungssuche. Bei dieser Problemanalyse versucht zuerst die Koordination, die Ursache und eine Lösung des Problems bilateral mit dem Partner abzuklären. Zur schnellen Abwicklung bedienen sich beide ebenfalls der für die Auftragssteuerung vereinbarten Geschäftsprozesse (Ausschnitt vgl. Bild 6.7, vollständiges Beispiel im Anhang 3). Gelingt dies nicht, so wird erst der Expertenpool aus den beteiligten Fachpartnern, bei schwerwiegenderen Problemen auch der Kunde, in die Diskussion mit einbezogen, um eine Entscheidung zu treffen. Diese stufenartige Gestaltung der Problemanalyse soll die Personalkosten und Kommunikationszeiten möglichst niedrig halten.

Das sollten Sie sich merken:

Strukturelle oder technologiebedingte Probleme in der Produktion eines Partners müssen offen diskutiert werden und gegebenenfalls Alternativszenarien oder Maßnahmen zur Kompensation gemeinsam beschlossen werden. Dieser Prozess sollte bereits während der Risikoabschätzung einsetzen.

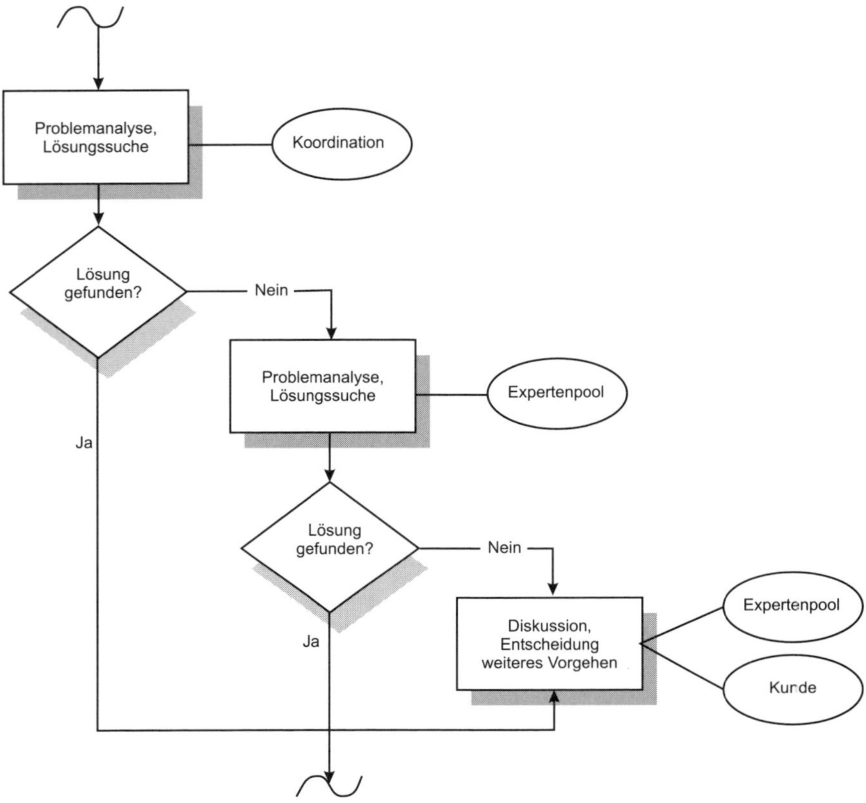

Bild 6.7: Problemanalyse – Ausschnitt aus dem Produktionsprozess

Auftragsbezogene Logistikplanung im Netzwerk

Für die auftragsbezogene Logistikplanung gilt wieder die bereits mehrfach in diesem Buch beschworene Prämisse: „Form follows function.“ In diesem Fall bedeutet dies, dass sich die Logistik im Netzwerk an den Anforderungen des Produktes und der zu seiner Herstellung notwendigen Fertigungsschritte orientiert.

Auch hier empfiehlt sich eine systematische Herangehensweise, in der folgende Hauptaspekte betrachtet werden müssen:

- die Produktspezifikation des Kunden,
- der überbetriebliche Materialfluss zwischen den Fachpartnern,
- der innerbetriebliche Materialfluss bei jedem Fachpartner,
- die Identifikation zur Losverfolgung und Produktionsdatenerfassung.

Die Grundlage für diese Logistikplanung sind die Produktspezifikation und der Fertigungsplan, der alle Fertigungsschritte und alle Materialfluss- und Transportvorgänge innerbetrieblich und zwischen den Fachpartnern erfasst.

Aus der Produktspezifikation ergeben sich Anforderungen an das Produkt, aus denen wiederum Anforderungen an den Materialfluss und die Logistik abgeleitet werden.

Fallbeispiel: MikroWebFab

Aus der Produktspezifikation geht z.B. hervor, dass ein Bio-Disposable trocken, staubfrei und steril geliefert werden muss. Dies stellt entsprechende Anforderungen an die Produktion, aber auch an den Materialfluss. Vom Informationsfluss her ist es eher unkritisch; es genügt die Dokumentation der Produktionscharge.

Andererseits können Sensoren relativ robuste Bauteile sein, für die aber beim Einsatz in sicherheitskritischen Anwendungen hohe Anforderungen an die Rückverfolgbarkeit bestehen. Dies stellt hohe Anforderungen an die Identifikation der Bauteile und die Erfassung und Verwaltung der zugehörigen Prozess-/Fertigungsdaten.

Im Produktionsprozess selbst können neue Logistikanforderungen entstehen, die sich unter Umständen beim Durchlauf durch das Netzwerk mit dem Produktionsfortschritt verändern. So können z.B. Zwischenprodukte entstehen, die besonders empfindlich oder zerbrechlich sind, während das fertige Endprodukt durchaus robust ist.

Aus diesen Gründen ist es zweckmäßig, einen Logistikplan für die gesamte Herstellung des Produktes zu erstellen. Ausgehend vom Fertigungsplan sollte er schrittweise verfeinert werden, bis er folgende Informationen enthält:

- alle Fertigungs- und Materialflussschritte,
- für jeden Schritt:
  - Anforderungen an Einzelteil-/Zwischenprodukthandhabung und Umgebungsbedingungen
  - Anforderungen an die Teile-/Losidentifikation und Fertigungs-/Prozessdatenverwaltung
- Anforderungen an Verpackung, Umgebungsbedingungen, Identifikation und Prozessdokumentation bei der Auslieferung des Endprodukts an den Kunden

Einen solchen Plan kann man grundsätzlich in jeder beliebigen Form erstellen. Eine grafische Darstellung erlaubt jedoch eine bessere Übersicht z.B. in Form eines Funktionsplans nach DIN 40719, Teil 6 (Bild 6.8). Mit nahezu jedem beliebigen Grafikprogramm lassen sich so Logistikpläne mit linearen Abläufen, Verzweigungen und Bedingungen aus Kästchen und Linien darstellen.

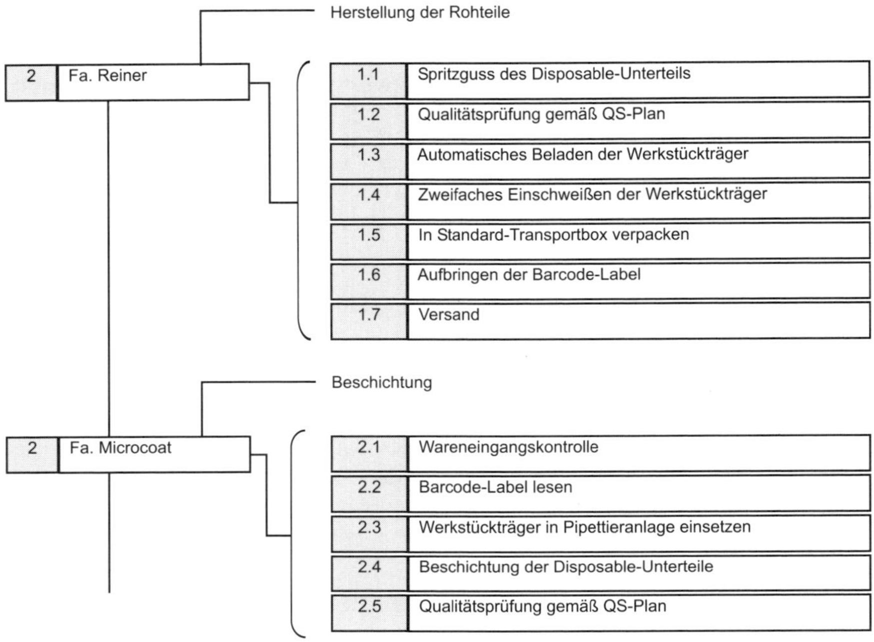

Bild 6.8: Ausschnitt aus einem Logistikplan nach DIN 40719

Der Logistikplan bildet die Grundlage für die Auswahl der Materialflusshilfsmittel und Identifikationsmittel. Vorzugsweise kommen, so weit als möglich, die netzwerkinternen standardisierten Logistikhilfsmittel zum Einsatz (siehe Kapitel 7).

Das sollten Sie sich merken:

Grundlage der Logistikplanung im Netzwerk sollte der firmenübergreifende Logistikplan sein. Er beschreibt alle Fertigungsschritte und sowohl den firmenübergreifenden als auch den betriebsinternen Material- und Informationsfluss.

Lieferung der Ware

Das Management der Warenlieferung in der verteilten Fertigung hat im Kontext der Auftragslogistik zwei Hauptaufgaben:

- Die Koordination muss die Steuerung der Liefertermine bei jedem Partner übernehmen, da nur sie über die notwendigen Gesamtinformationen bezüglich des Materialflusses verfügt. Die effiziente Koordination der Liefe-

rungen kann Warte- und Liegezeiten deutlich reduzieren. Zur Sicherstellung der Nachverfolgbarkeit und Überprüfung der Transportbelastungen bieten sich Kennzeichnungen und Transportüberwachungseinrichtungen an, auf die wir im Werkzeugkapitel 7 noch näher eingehen werden.
- Auslieferung an den Kunden
  Die Auslieferung wird zweckmäßigerweise vom letzten Partner in der Fertigungskette übernommen. Die Koordination veranlasst dabei aber die eigentliche Abwicklung der Auslieferung, erstellt und übermittelt alle notwendigen Lieferpapiere (Prüfprotokolle, Lieferschein, Zollbescheinigungen, ...) dem ausliefernden Partner bzw. dem Kunden.

6.4 Überwachung und Verfolgung der Prozesse durch die Koordination

Die Zusammenarbeit in einem eng kooperierenden Team erfordert ein hohes Maß an Abstimmung und Kommunikation. Dies gilt gerade auch für die Abläufe in einer unternehmensübergreifenden Kooperation, bei denen die Koordination über wenig disziplinarische Möglichkeiten verfügt. Die Strukturierung von Kernaktivitäten wie Vertrieb oder Entwicklung und die Erweiterung von Standardprozessen um Abstimmungsprozesse in verteilten Teams leisten einen wichtigen Beitrag zum gemeinsamen Verständnis der Notwendigkeiten und Abhängigkeiten in einem Unternehmenskonsortium.

Der Informationsaustausch und die Erfassung von Informationen entlang dieser Strukturen sollten in einer Unternehmenskooperation daher auf jeden Fall unter Zuhilfenahme fortgeschrittener informationstechnischer und kommunikationstechnischer Hilfsmittel erfolgen. Damit lassen sich Zeit- und Informationsverluste deutlich minimieren. Im nächsten Kapitel werden wir Ihnen Werkzeuge dafür vorstellen.

7 Werkzeuge zum Erfolg – Hilfsmittel zur Zusammenarbeit

„Die Güte des Werkes ist nicht abhängig vom Werkzeug, sondern von demjenigen, der das Werkzeug bedient."

Anonym

Dieser Aussage stimmen wir natürlich zu, insbesondere unter dem Gesichtspunkt der hohen Bedeutung, die wir den Mitarbeitern im Netzwerk zumessen. Dennoch lassen sich die in den vorangehenden Kapiteln vorgestellten Prozesse mit den richtigen Werkzeugen noch optimieren. Die Ansprüche an die Werkzeuge können dabei jedoch deutlich unterschiedlich sein, wie folgende Aussagen zeigen:

- Der eine Koordinator sagt: *Wozu brauche ich das Zeug? Ich hab mein Telefon, einen Bleistift, Fax und E-Mail – das reicht! Kooperationsqualität kriegen wir auch so hin!*
- Der andere Koordinator sagt: *Ich will die vollständige Kontrolle und alle Informationen, die ich bekommen kann, auf meinem Monitor! – Jederzeit abrufbar, vernetzt und in jedem Kontext, den man sich vorstellen kann, nur so kann ich einen Haufen Mittelständler koordinieren. Ein Videokonferenzsystem wäre dabei auch noch schön!*
- Die Technologiepartner im Netzwerk *haben wiederum jeder für sich eine Meinung, die irgendwo dazwischen liegt oder noch häufiger: Sie haben erst gar keine Meinung dazu ...*
- *Und dann gäbe es da noch die Softwareanbieter, die naturgemäß aus ihrer Profession ihre eigene Vorstellung zu den Notwendigkeiten einer Kooperation haben.*

Wie kann man sich nun durch dieses Dickicht durchkämpfen? Wir haben uns bereits einige wichtige Eckpunkte erarbeitet:

- Habe ich z. B. vor, einen Marktplatz zu betreiben, werde ich andere Softwarewerkzeuge benötigen als in einem eng kooperierenden Clan-Unternehmensnetzwerk.
- Stehe ich nun am Anfang meiner Kooperation, hat es keinen Sinn, über ein geeignetes gemeinsam einzusetzendes ERP-System zu diskutieren.

Schon diese beiden Überlegungen zeigen, dass sowohl je nach Kooperationstyp und je nach Reifegrad der Kooperation unterschiedliche Werkzeuge zum Einsatz kommen können.

Auf der Grundlage der im Kapitel 5 eingeführten Ablauforganisation und der daraus resultierenden Geschäftsprozesse werden wir im Folgenden verschiedene Werkzeuge behandeln. Die meisten davon stellen bereits heute die Elemente der betrieblichen Software dar. Zum Teil repräsentieren sie auch Werkzeuge zur Umsetzung der Prozesse:

- Kommunikation,
- Kundenkontaktmanagement,
- Projektmanagement,
- Informationsmanagement,
- Auftragsverfolgung,
- Auftragssteuerung,
- Betriebsdatenerfassung.

Um Ihnen die Zuordnung zu den im Kapitel 1 eingeführten Netzwerktypen und ihren jeweiligen Evolutionsstufen zu erleichtern, werden wir jedes Werkzeug in einer Tabelle der Netzwerktypen mit einem Symbol versehen, das die Evolutionsstufe angibt, für die es geeignet ist. So bedeutet z. B.:

Strategisches Netz	Bedeutung
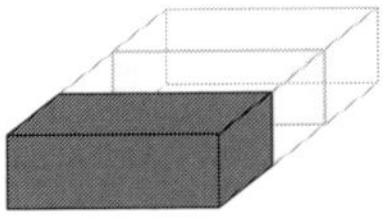	Das Werkzeug ist für ein Netzwerk vom Typ **strategisches Netz** in der **Startphase** geeignet.
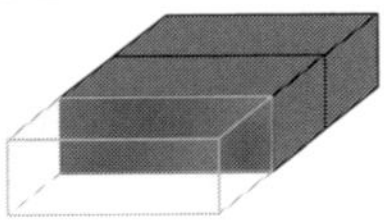	Das Werkzeug ist für ein Netzwerk vom Typ **strategisches Netz** in der **Aufbau- und in der Betriebsphase** geeignet.

Die Kriterien für diese Zuordnung beruhen auf dem Grad der Zusammenarbeit und dem Reifegrad der Kooperation. So wird ein loses Netzwerk wie der Marktplatz bzw. ein hierarchisches Netz mit Informationstransfer von oben nach unten wenig Bedarf für Werkzeuge zur engen Zusammenarbeit haben.

Diese tabellarische Einordnung finden Sie jeweils am Anfang der Beschreibung des jeweiligen Werkzeugs. Wir werden Ihnen zudem zu jedem Werkzeug eine Aufwands-/Kostenabschätzung geben. Sie sollten hier eher auf die Größenordnung als auf die exakten Kosten achten, denn oft ändern sich diese durch die technische Entwicklung schnell.

Im Folgenden behandeln wir Werkzeuge für die Bereiche:

- Kommunikation,
- zeitnahe Zusammenarbeit,
- Informations- und Wissensmanagement,
- unternehmensübergreifende Auftragsabwicklung,
- Materialfluss und Logistik,
- integrierende Infrastruktur.

7.1 Kommunikation in verteilten Umgebungen

„Man kann nicht nicht kommunizieren."

Paul Watzlawick

Einführung

Die Kommunikation – im landläufigen Sinne das sich über verschiedene Medien Austauschen – spielt zweifelsohne die wichtigste Rolle in der Unternehmenskooperation. Dies gilt insbesondere für enge Kooperationen, wie das strategische Netz oder das Clan-Kooperationsmodell.

Telefon, Brief, E-Mail sowie persönliche Treffen sind die gängigsten Kommunikationsmethoden. Aber gerade bei räumlich weit verteilten virtuellen Unternehmensnetzwerken bieten sich weitere Möglichkeiten an:

- Telefonkonferenzen,
- Videokonferenzen,
- Voice over IP/Internetbildtelefonie oder
- synchrone Kommunikation mit Instant Messaging Tools.

Telefonkonferenzen

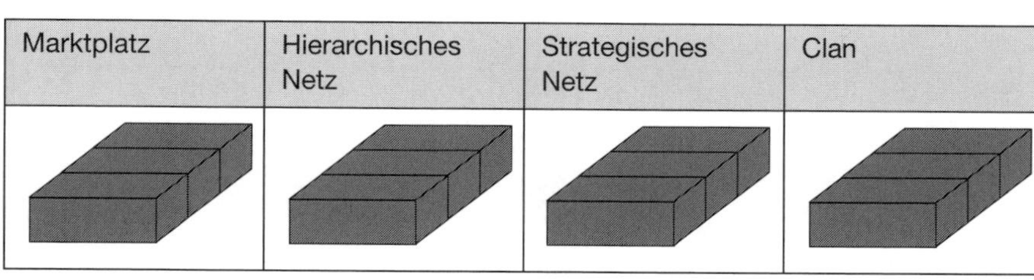

Anwendung

Gegenseitiges Vertrauen entwickelt sich in erster Linie durch persönliche Treffen. Im betrieblichen Alltag wären die Partner allerdings schnell terminlich überfordert, da der Zeitaufwand, insbesondere wenn das Netzwerk weit ausgedehnt ist, hierfür sehr hoch ist. Als kostengünstige Alternative zu einem realen Treffen aller Partner mit hohen Anreisekosten und -zeiten sind heute Telefonkonferenzen bereits eine weit verbreitete Alternative. Aufgrund der einfachen und günstigen Handhabung sind Telefonkonferenzen für alle Kooperationsmodelle gut geeignet.

Technischer Aufwand und Kosten

Telefonkonferenzen müssen mittlerweile nicht mehr teuer und umständlich über Standardanbieter angemeldet und reserviert werden, sondern können auch bequem und flexibel über Internetanbieter initialisiert werden. Der Initiator hat die Möglichkeit, über die Webplattform einen Überblick über die eingewählten Teilnehmer zu erhalten und kann weitere Funktionen wie z.B. den Präsentationsmodus zur Schaltung eines Teilnehmers als Präsentator und der anderen als Zuhörer vornehmen. In diesem Fall wählt sich jeder Partner selbst in das Telefonsystem des Anbieters ein und trägt damit die Kosten von typischerweise 0,08 €./min selbst.

Viele Unternehmen verfügen inzwischen auch über die Möglichkeit, Telefonkonferenzen über die eigene hausinterne Telefonanlage durchzuführen. Hier wählen sich die Teilnehmer in das System eines Partners ein und werden dann intern zur Telefonkonferenz zusammengeschaltet. Die „kleinste“ Lösung ist eine Telefonkonferenz mit drei Teilnehmern über einen normalen ISDN-Anschluss. Hiermit können drei Gesprächsteilnehmer zusammengeschaltet werden. Dabei fallen allerdings für den Initiator die Gebühren für die Anrufe bei den beiden anderen Teilnehmern an.

Voice over IP/Internetbildtelefonie

Marktplatz	Hierarchisches Netz	Strategisches Netz	Clan
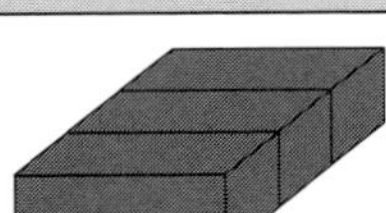	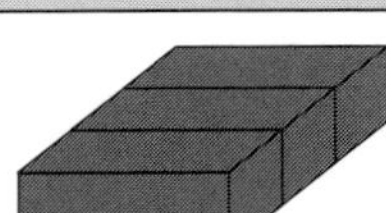	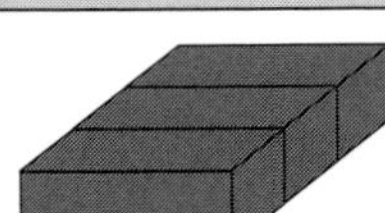	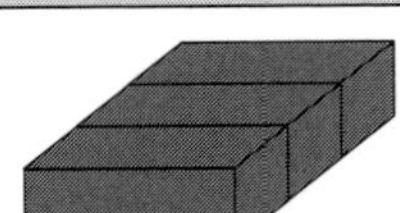

Anwendung

Voice over IP (VoIP) ist eine Technologie, um Sprache über Datennetzwerke zu übertragen. Die Übersetzung „Sprachübertragung über IP-Netze“ enthält bereits eine technische Erläuterung, wobei mit „IP“ die Abkürzung des „Internet-Protokolls“ gemeint ist, das sowohl in lokalen Computernetzen als auch im Internet zur Datenübertragung eingesetzt wird.

Bereits in den 90er Jahren hat die Technik schon einmal das Interesse der Öffentlichkeit geweckt, als sie billiges Telefonieren über das Internet versprach. VoIP entpuppte sich jedoch schnell als Flop: Das Internet war damals noch nicht auf die Übertragung von Telefongesprächen in Echtzeit vorbereitet, was dazu führte, dass Gesprächsverzögerungen von mehreren Sekunden, Sprachaussetzer und schlechte Tonqualität die Regel waren. Noch vor drei Jahren war auch an eine halbwegs zeitsynchrone Übertragung der Bilder kaum zu denken. Wollte man über das Internet telefonieren, musste man für die entsprechenden Bandbreiten sorgen oder wie im Falle der Bildtelefonie besser auf Punkt-zu-Punkt-Verbindungen zurückgreifen.

Inzwischen ist die Technologie zur Marktreife weiterentwickelt worden. Es sind Produkte verfügbar, die weltweites Telefonieren ermöglichen. Landesspezifische Technologiestandards gibt es nicht mehr, so dass sich Kompatibilitätsprobleme, wie sie bei ISDN-Netzen aufgetreten sind, nicht wiederholen werden. In dieser Hinsicht ist die Globalisierung aufgrund der Internettechnologien weit vorangeschritten. Auch die Bildtelefonie ist inzwischen so weit, dass zumindest Gespräche zwischen zwei Partnern zufriedenstellend möglich sind.

Die Experten sind sich mittlerweile einig, dass Voice over IP nicht nur eine Alternative zu den bisherigen Telefonfestnetzen darstellt, sondern diese in Zukunft in Unternehmen und in öffentlichen Netzen vollständig ablösen wird.

Im Bereich der Bildtelefonie etabliert sich neben dem SIPPS-Standard auch das proprietäre Skype-Protokoll, dessen effizientes Datenmanagement einen nächsten Meilenstein in der Bildkommunikation über das Internet eingeläutet hat.

Die Integration der Bildtelefoniedienste in Shared Collaboration-Umgebungen wird hierdurch in den nächsten Jahren ebenfalls noch deutlich beflügelt werden.

Technischer Aufwand und Kosten

Im Bereich der VoIP-Telefonie gibt es inzwischen unzählige Angebote von Internetprovidern und anderen Dienstleistern. Die Dienste reichen dabei bis hin zu den bereits erwähnten Telefonkonferenzen. Voraussetzung ist eine leistungsfähige DSL-Verbindung. Für Internettelefonie genügen bereits niedrige Datenraten; für Bildtelefonie sind Datenraten > 2 Mbit/s zu empfehlen. Als Endgerät kommen sowohl der PC mit Soundkarte, Mikrofon und Lautsprechern als auch Telefone mit Ankopplung an das Internet in Frage. Mit Letzterem erreicht man am ehesten das normale „Telefonfeeling“, wer möchte schon jedes Mal den PC starten, wenn er telefonieren will? Zur Anbindung des Telefons an das Internet gibt es einerseits spezielle Internetmodems mit integrierter „Telefonanlage“, wie z.B. die FRITZ!Box, an die Sie Ihre vorhandenen ISDN- oder Analog-Telefone anschließen können. Damit können Sie sowohl über das Internet als auch konventionell über Analog- bzw. ISDN-Leitungen telefonieren. Umgekehrt gibt es für viele Telefonanlagen DSL-Modem-Module, mit denen die Anlagen mit dem Internet verbunden und damit für VoIP-Telefonie aufgerüstet werden können.

An Kosten fallen neben geringen Gerätekosten die DSL-Gebühren an, hier empfiehlt sich eine Flatrate. Gesprächsgebühren bewegen sich um die 0,01 €/min für Anrufe ins Festnetz; oft sind Telefonate von Internet- zu Internetanschluss kostenlos.

Videokonferenzen

Marktplatz	Hierarchisches Netz	Strategisches Netz	Clan
---	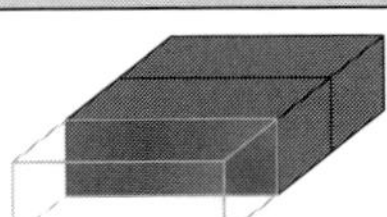	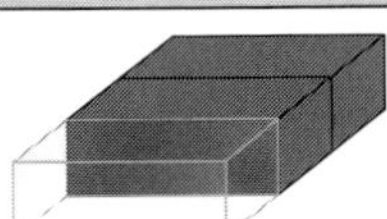	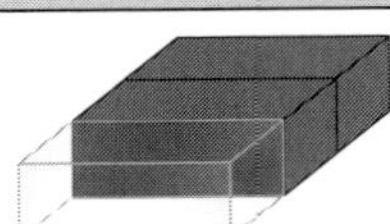

Anwendung

Wenn man in einem Netzwerk zum ersten Mal eine Videokonferenz vorschlägt, wird man sich als Koordinator vermutlich die erste Kritik aus dem Konsortium einhandeln:

„Wozu Videokonferenzen, Telefonkonferenzen tun es doch auch?“

Sie werden diese Erfahrung selbst gemacht haben. Gerade in kritischen Entwicklungs- oder auch Verhandlungsphasen wünscht man sich, sein Gegenüber oder auch das Bauteil, von dem es gerade spricht, „im Bild" sehen zu können. Oft werden Videokonferenzen noch als „Spielerei" abgetan. Viele behaupten, dass ihnen doch Telefonkonferenzen reichen, um sich mit anderen Partnern abzustimmen, wozu braucht man da noch das Bild des anderen. Bei allem gegenseitigen Vertrauen der Partner ist es wohl in der Psyche des Menschen tief verankert, dass er das Gesagte mit der Mimik des Gesprächspartners abgleichen möchte. So waren sich beispielsweise alle Partner der MikroWebFab darin einig, dass man nach einer Videokonferenz das Gefühl hatte. „Mehrwert durch indirekte Aussagen" erhalten zu haben.

Bei vertriebsorientierten „Verkaufsveranstaltungen" oder sehr kontrovers geführten Gesprächen kann ein reales Treffen mehr Sinn machen, um durch die räumliche Nähe das Vertrauensverhältnis zu stärken. Andererseits kann bei technischen Absprachen eine Videokonferenz sogar besser als ein reales Treffen sein, da jeder Partner in Kombination mit den „Shared Application"-Werkzeugen, auf die wir noch eingehen werden, an seinem Arbeitsplatz sofort auf alle relevanten Unterlagen zugreifen kann oder direkt Rücksprache mit anderen firmenintern beteiligten Personen halten kann.

Generell gilt, dass vor der Nutzung solcher Systeme mindestens ein, besser mehrere reale Treffen zum persönlicheren Kennenlernen („gegenseitigen Beschnuppern") stattfinden sollten.

Ein weiterer wichtiger Faktor ist die Zeiteffizienz: Sobald die Beteiligten mehr Zeit für die Anreise aufwenden müssen, als das eigentliche Treffen an Zeit beansprucht, steigt die Bereitschaft zur Videokonferenzalternative.

Videokonferenzen stellen ein typisches Ergänzungswerkzeug dar, welches nicht zwingend von Beginn einer Kooperation an (beispielsweise im Startmodell eines Clan-Netzwerks) vorhanden sein muss. Es kann ohne großen Anpassungsaufwand auch zu einem späteren Zeitpunkt ergänzt werden.

Technischer Aufwand und Kosten

Mit der Entwicklung des Internets (und vor allem der Bereitstellung entsprechender Ressourcen) scheint sich nun auch technisch endlich der Durchbruch einzustellen.

Eine Voraussetzung ist jedoch ein Internetzugang mit hoher Bandbreite. Falls dieser nicht bei allen Partnern vorhanden ist, ist die ISDN-Variante zu bevorzugen. Denn durch Aussetzer z. B. von Ton oder Bild, Rückkopplungen oder Firewall-Probleme genervte Teilnehmer schaden dem Gemeinschaftsgefühl.

Bei ISDN-basierten Systemen ist durch eine feste Bandbreite von mindestens 128 kbit/s (entspricht einer Standard-ISDN-Leitung mit zwei B-Kanälen zu je 64 kbit/s) derzeit noch eine wesentlich höhere Stabilität der Übertragung gegeben.

Dennoch sind gerade im Bereich der Telefonkonferenzen und der bidirektionalen Videoverbindungen Internetkonferenzen auf dem Vormarsch. Bei manchen Anbietern erhalten Sie diese Dienstleistungen zunächst testweise kostenlos.

Es lohnt sich, auch die weitere Entwicklung der Mobilfunknetze zu beobachten. Schließlich werden Videokonferenzen als eine der „Killer-Applikationen" für UMTS-Netze genannt.

Die zurzeit zum Einsatz kommenden stationären Videokonferenzgeräte werden in die drei Systemklassen Desktopsysteme, Kompakt- und Raumsysteme eingeteilt:

- Desktopsysteme
  Desktopsysteme stellen Videokommunikationssysteme dar, die in einem PC integriert sind. Dabei wird ein Rechnersystem durch eine entsprechende Steckkarte (meist PCI-basiert) sowie zugehörige Kamera, Lautsprecher usw. ergänzt (Preisklasse ca. 1000 €).
- Kompaktsysteme
  Bei der Verwendung von Kompaktsystemen (Preisklasse zwischen 4000 € und 10 000 €) ist kein zusätzlicher Computer mehr erforderlich. Man benötigt zum Betrieb nur noch einen Monitor, Fernseher oder Beamer sowie einen Netzanschluss (ISDN und/oder LAN).
- Raumsysteme
  Wer etwas mehr finanzielle Mittel (zwischen 10 000 € und 40 000 €) investiert, kann sich die ganze Videokonferenzeinheit inklusive Fernseher usw. anschaffen. Solche Raumsysteme sind flexibel und bieten auch häufig die Möglichkeit, mehrere ISDN-Doppelanschlüsse zeitgleich zu verwenden.

Falls mehr als zwei Partner über ISDN miteinander verbunden werden sollen, ist es notwendig, einen Videokonferenz-Dienstanbieter zu nutzen oder eine sogenannte Mehrpunktsteuereinheit (MCU: Multipoint Control Unit) zu verwenden.

Die Anschaffung einer eigenen MCU lohnt sich aufgrund der Anschaffungskosten von mehreren tausend Euro sowie der Notwendigkeit von mehreren ISDN-Anschlüssen (für jeden Standort mindestens zwei B-Kanäle) erst nach einigen Videokonferenzen. Deshalb empfiehlt es sich, in der ersten Ausbaustufe eher einen Dienstanbieter zu nutzen und erst bei erfolgreicher Entwicklung das System um eine eigene MCU zu ergänzen. Die Gebühren für eine Mehrpunktverbindung (mehr als zwei Teilnehmer) über ISDN mit bis zu 128 kbit/s liegen z. B. bei der Telekom bei 0,61 €/min pro Teilnehmer.

Synchrone Kommunikation mit Instant Messaging Tools

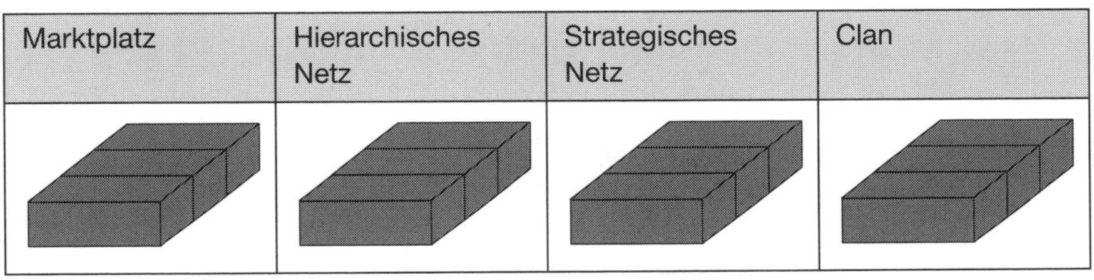

Anwendung

Im Unterschied zur Kommunikation über E-Mail stehen Instant Messaging Tools (IM) für den schnellen Austausch von Nachrichten ohne Zeitverzögerung sowie die verteilte textbasierte Teambesprechung. Ein Problem stellen derzeit die vielen unterschiedlichen Standards dar.

Der Vorteil dieser eher einfachen Anwendung liegt im hohen Verbreitungsgrad sowie in der Firewall-unabhängigen Einrichtung (aufgrund der Verwendung der Browser-Ports).

Die am meisten verbreiteten Einzelsysteme (proprietäre Systeme) sind ICQ, Yahoo! Messenger, AOL Instant Messenger (AIM), Microsoft Messenger (MSN) und Omniprise.

Mittlerweile gibt es jedoch übergeordnete Systeme, die die unterschiedlichen Standards kombinieren. Zu den sogenannten interoperablen Systemen bzw. Metamessengern gehören Miranda und Trillian.

Technischer Aufwand und Kosten

Unter der Voraussetzung, dass eine Internetverbindung vorhanden ist, entstehen keine zusätzlichen Kosten. Für die proprietären Systeme wird die Software vom Anbieter zur Verfügung gestellt, für die interoperablen Systeme genügt ein Browser.

7.2 Werkzeuge zur zeitnahen Zusammenarbeit von Teams

Allgemeines

Über die Nutzung von Kommunikationswerkzeugen hinaus benötigt ein Team auch Werkzeuge, die es in seiner Zusammenarbeit unterstützen.

Dabei unterscheidet man zwischen Werkzeugen zur Unterstützung des Prozesses der Leistungserstellung in verteilten Teams (Shared Collaboration) und Werkzeugen zum gemeinsamen Zugriff auf Arbeitsdokumente oder Arbeitsergebnisse (Shared Workspace). Während bei den Shared Collaboration Tools der Schwerpunkt auf dem gemeinsamen (online) Bearbeiten von Dokumenten, CAD-Modellen etc. liegt, geht es bei den letzteren Werkzeugen um den (offline) Zugriff auf gemeinsame Datenbestände.

Charakteristisch für beide ist jedoch, dass sich ihre Hauptfunktionen in der Unterstützung der Teamarbeit festmachen lassen. Dies unterscheidet sie von den Informations-/Wissensmanagementsystemen, deren Schwerpunkt auf der strukturierten Speicherung von Arbeitsergebnissen (im Sinne des im Kapitel 5 diskutierten impliziten und expliziten Wissens) liegt.

Shared Desktop

Marktplatz	Hierarchisches Netz	Strategisches Netz	Clan
---	---	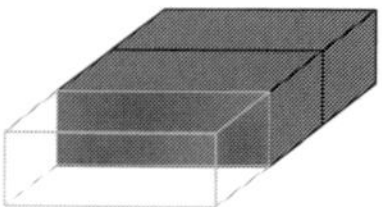	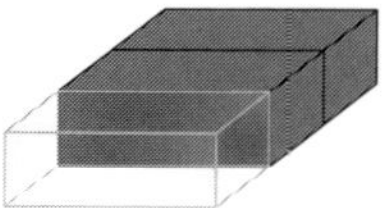

Anwendung

Das Ziel von Shared Desktop-Software ist es, mehreren örtlich verteilten Teilnehmern den Zugriff auf einen gemeinsamen Desktop zu ermöglichen. Mit Hilfe einer Client-Software wählen sie sich auf einen Rechner ein, auf dem Applikationen für die gemeinsame Betrachtung und Bedienung freigegeben sind. Diese Funktion ist gerade bei Diskussionen im Entwicklungsprozess sehr hilfreich. So z. B., wenn man anstelle einer ausführlichen Beschreibung einer Problemstelle einfach mit der Maus auf die entsprechende Stelle in einer Zeichnung zeigen kann und dies alle Teilnehmer auf ihrem

Rechner sehen. Für Office- und Whiteboard-Anwendungen bieten dies Telekommunikationsdienstleister als sogenannte „Datenkonferenz" an.

Softwarepakete wie Netviewer oder Citrix MetaFrame erweitern die Shared Desktop-Funktionen auch auf andere Anwendungen wie CAD-Systeme und Grafikprogramme.

Fallbeispiel: MikroWebFab

Der Citrix MetaFrame Application Server dient dem gemeinsamen Zugriff auf Standardanwendungen (Shared Application) oder auch auf Eigenentwicklungen. Die MikroWebFab nutzt dabei einen gemeinsamen Applikationsserver, um auf zentral gelagerte Anwendungen über die Citrix MetaFrame Application Server-Software zuzugreifen.

Daraufhin können alle auf dem Rechner installierten Anwendungen für den externen Zugriff über das Web oder einen Citrix ICA-Client freigegeben werden (Lizenzbestimmungen des jeweiligen Softwareanbieters sind dabei zu beachten!).

Mit einer sogenannten Spiegelungsfunktion kann man nun auch auf eine ganz andere Weise miteinander kommunizieren. Dies geschieht, indem man die Anzeige der Anwendung, mit der man gerade arbeitet, auch für andere Partner freigibt, so dass man „virtuell" gemeinsam an einem Desktop sitzt.

Ein typisches Praxisbeispiel ist das Vorstellen einer PowerPoint-Präsentation. Dabei öffnet der Referent seine Präsentation auf dem Server und andere Teilnehmer können gemeinsam die Präsentation am „heimischen" PC mitverfolgen.

Technischer Aufwand und Kosten

Ein Shared Desktop kann für einfache Anwendungen (z. B. Office-Software) über Dienstleister wie die Deutsche Telekom zu Kosten von z. B. 0,2 €/min pro Teilnehmer realisiert werden. Die Anwender benötigen dazu lediglich einen PC und eine entsprechende (oft kostenlose) Client-Software. Für komplexere Anwendungen, z. B. CAD-Viewer, kann eine einfache ASP(Application Service Provider)-Lösung realisiert werden. Dazu ist ein leistungsfähiger PC mit der Serversoftware z. B. Citrix MetaFrame notwendig, auf dem sich die Anwender dann über eine Client-Software einschalten. Auf solche Application Service Providing-Ansätze kommen wir im Kapitel 7.6 zurück.

Shared Modeling Tools

Marktplatz	Hierarchisches Netz	Strategisches Netz	Clan
---	---	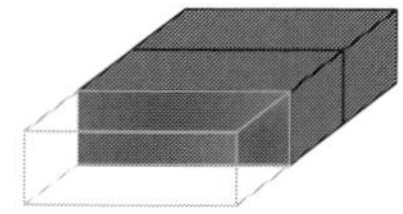	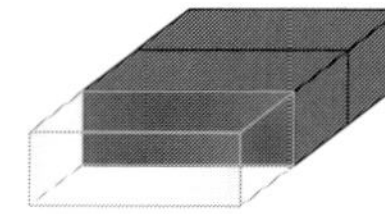

Anwendung

Nachfolgend soll aus dem Bereich der Shared Modeling Tools (gemeinsames Erstellen und Bearbeiten von CAD-Modellen) das Softwaresystem CoCreate OneSpace.net zur gemeinsamen CAD-Datenbearbeitung vorgestellt werden.

Mit CoCreate kann jeder Partner auf seinem eigenen CAD-System (beispielsweise Pro/Engineer, CATIA, SolidDesigner, I-DEAS, SolidWorks oder Unigraphics) arbeiten. Das OneSpace.net konvertiert die nativen Formate dieser Systeme in ein eigenes internes Format (OneSpace-Collaboration). Dabei werden sowohl 2-D-Zeichnungen als auch 3-D-Modelle unterstützt.

OneSpace.net dient als virtueller Konferenzraum, in den CAD-Konstruktionen von verteilt arbeitenden Personen eingebracht und bearbeitet werden können. So können Maße abgenommen, Schnitte erstellt sowie physikalische Eigenschaften wie z. B. Volumen berechnet werden. Eine Funktion zur Rücktransformation in die einzelnen CAD-Formate ist bisher allerdings aufgrund der Komplexität und Verschiedenheit der einzelnen Formate noch nicht vorhanden. Auch bei OneSpace.net ist ein ausgeklügeltes Sicherheitskonzept für den Einsatz in verschiedenen Umgebungen (Intranet, Internet) vorhanden. Um eine OneSpace.net-Infrastruktur aufzubauen, sind verschiedene Server aufzusetzen.

Technischer Aufwand und Kosten

Daraus wird schon ersichtlich, dass der Einsatz dieses Systems zwar sehr hilfreich, aber auch nicht ganz günstig ist. Deshalb ist der Aufbau einer solchen eigenen OneSpace.net-Infrastruktur für rund 10 000 € wahrscheinlich eher in einem Zielmodell bei Kooperationen realistisch. Für Einstiegsmodelle ist eine von CoCreate angebotene „on demand"-Lösung interessant. Dabei muss man nicht die Infrastruktur selbst aufbauen, sondern nutzt bei Bedarf entsprechende Server, die von CoCreate betrieben werden, und zahlt beispielsweise für einen halbjährigen Nutzungszeitraum etwa 1000 € pro Monat.

Shared Workspaces

Marktplatz	Hierarchisches Netz	Strategisches Netz	Clan
---	---	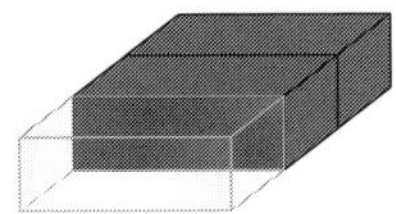	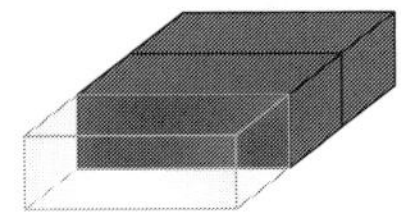

Anwendung

Zur Unterstützung des Zugriffs auf gemeinsame Daten entlang der unternehmensübergreifenden Prozesse sind die von Informationssystemen bereitgestellten Funktionen zur Zusammenarbeit oft nicht ausreichend.

Der Schwerpunkt solcher Anwendungen liegt vor allem auf Funktionen, die die Zusammenarbeit im Team unterstützen; charakteristisch hierfür sind:

- ausgeprägtes Rollenkonzept zur Sicherstellung der Vertraulichkeit,
- Versionierung von Dokumenten,
- Groupwarefunktionen zur Planung gemeinsamer Termine,
- einfacher Zugriff von verteilten Standorten (oft über webbasierte Bedienerschnittstellen),
- einfache Verschlagwortung der Dokumente zur übersichtlichen Charakterisierung der Inhalte.

Kommerzielle Softwarelösungen basieren zumeist auf Filesystemen oder auf Datenbankanwendungen, die jeweils um eine Anwendungslogik erweitert wurden. Anhand zweier Anwendungen soll hier auf den Stand der Technik etwas näher eingegangen werden:

BSCW (Basic Support for Cooperative Work) ist ein serverbasiertes Projekt- und Dokumentenmanagementsystem und ermöglicht u. a. einen flexiblen Datenaustausch bei beliebig großen Benutzergruppen. Für die asynchrone (nicht-gleichzeitige) Zusammenarbeit bietet BSCW gemeinsame Arbeitsbereiche (Shared Workspaces), in denen Benutzergruppen ihre Dokumente ablegen, verwalten, gemeinsam bearbeiten und austauschen können.

In einem BSCW-Arbeitsbereich können Arbeitsgruppen Dokumente unabhängig vom eigenen Computerbetriebssystem gemeinsam nutzen. Es muss dazu bei dem einzelnen Anwender keine Software installiert werden, da die Verbindung über Standardwebbrowser möglich ist. Über ein Benachrichtigungssystem per E-Mail können sich die Benutzer über neue oder veränderte Dokumente informieren lassen.

Ergänzend bietet BSCW zur synchronen (zeitgleichen) Zusammenarbeit Kalenderfunktionen für die Planung und Organisation von Treffen.

Das Navigieren im zentralen Dateisystem ist nicht nur über den Webbrowser möglich. Man kann sich das BSCW-Verzeichnis auch wie normale lokale Ordner im Windows Explorer anzeigen lassen. Ein Rechte- und Gruppensystem ermöglicht es, jedem Benutzer nur die für ihn relevanten Bereiche freizugeben und somit vertrauliche Dokumente zu schützen.

Eine Alternative gerade im CAD-Umfeld stellt die **Groove Desktop Collaboration Software** dar. Groove ist eine Collaboration-Plattform, die speziell auf die Bedürfnisse projektbezogener, verteilter Teamarbeit zugeschnitten ist.

Groove bietet eine komplette Umgebung und erweiterbare Plattformen für Geschäftsprozesse. Um auf die Datenbestände auch offline zugreifen zu können, werden diese bei allen Teammitgliedern redundant gehalten und abgeglichen, wenn die Teammitglieder online sind. Um auch Teammitglieder außerhalb des Firmennetzwerks anzubinden, werden sogenannte HTML-Tunneling-Technologien bereitgestellt. Dabei wird eine PKI (Public Key-Infrastruktur) eingesetzt, um die Zugangssicherheit zu gewährleisten. Durch die Sicherheitsmechanismen wird auch gewährleistet, dass die Daten vor unberechtigtem Zugriff, beispielsweise bei Verlust eines Firmennotebooks, geschützt sind.

Technischer Aufwand und Kosten

Für den Betrieb eines Shared Workspace-Servers wie Groove oder BSCW wird optimalerweise ein leistungsfähiger PC mit Serverprozessor benötigt. Die Anschaffungskosten für ein solches System liegen bei ca. 4000 €. Einjährige Softwarelizenzen für beispielsweise 20 Nutzer kosten 1500 bis 2000 €.

Wann nutze ich welchen Kommunikationsweg wie am besten?

Die Antwort darauf lautet wieder einmal: Es kommt darauf an. Ein Netzwerk sollte möglichst viele alternative Wege nutzen, um bedarfsgerecht auf optimalem Wege kommunizieren zu können.

Mit einem Telefonanruf kann man schnell Dinge klären, falls der Gesprächspartner gerade erreichbar ist. Wenn es aber um verbindliche Absprachen geht, ist ein schriftlicher Weg wie E-Mail oder Brief die sicherere Variante.

Es kommt natürlich auch auf die jeweilige Größe der Einzelunternehmen an. Wenn DaimlerChrysler mit der Deutschen Telekom (Beispiel Toll Collect) kooperiert, weichen die Anforderungen sowie die finanziellen Mittel deutlich von Kooperationen im KMU-Bereich ab.

Auch die Entwicklungsstufe der Kooperation spielt wieder eine wichtige Rolle. Häufig ist es so, dass mit wachsendem Netzwerk der steigende Abstimmungsbedarf effizientere Werkzeuge erfordert. Dann wird aber auch der finanzielle Rahmen größer, so dass man nach und nach hochintegrierte Werkzeuge einsetzen kann. Deren Verwendung wäre sicherlich auch in frühen Phasen wünschenswert, dies würde dort aber häufig keine Nutzerakzeptanz erlangen und auch den Finanzrahmen sprengen.

Insbesondere wenn viele Partner an einem Abstimmungsprozess beteiligt sind, werden Kommunikationsräume in Form von realen Treffen, virtuellen Räumen, Telefon- oder Videokonferenzen notwendig.

Fallbeispiel: MikroWebFab

Im Rahmen von MikroWebFab wurde ein Videokonferenzsystem auf ISDN-Basis eingesetzt, das durch die gleichzeitige Verwendung des Citrix Application-Servers über eine Internetverbindung ergänzt wurde.

Dadurch hat man zwei ungekoppelte Systeme aktiv und kann ohne Beeinträchtigung der Ton- und Bildqualität gemeinsam Anwendungen auf dem Server nutzen.

Die Verwendungsmöglichkeiten reichen von einfachen Anwendungen wie Whiteboard oder Word bis hin zu einer gemeinsamen Auftragsbearbeitung in einem ERP-System oder einer gemeinsamen Betrachtung eines CAD-Modells (siehe Bild 7.1).

Bei einer Befragung der Partner zählte zu den Hauptvorteilen der Virtualisierung von technischen Treffen durch eine solche integrierte Lösung die Reduktion der Kosten für Projekttreffen, insbesondere bei den Entwicklungstreffen. Zudem war der zeitliche Zusatzaufwand zum eigentlichen Meeting geringer. Statt Anreisezeiten von bis zu sechs Stunden war nur ein Vorbereitungsaufwand der Systeme von ca. 15 Minuten notwendig.

Mit dem Wegfall der Anreisezeiten sind auch kurze bzw. kurzfristig geplante Treffen möglich geworden, die den Informationsaustausch insgesamt deutlich verbessert haben.

Bild 7.1: Parallele Nutzung eines Videokonferenzsystems und eines CAD-Viewers

7.3 Informations- und Wissensmanagementsysteme

Einführung

Informations- und Wissensmanagementsysteme dienen im Kontext einer vertrauensvollen Zusammenarbeit zur gemeinsamen Nutzung von Informationen in den verteilten Teams. Während die Shared Collaboration-Werkzeuge jedoch vor allem auf den Dialog der Beteiligten entlang der Unternehmensprozesse ausgerichtet sind, dienen die Informations- und Wissensmanagementsysteme vor allem zur nachhaltigen Interpretation, Aufbereitung und Dokumentation der Informationen (im Sinne des Informationsaustauschs und der Externalisierung von Wissen, vgl. Kapitel 5).

Die meisten Informations- und vor allem Wissensmanagementsysteme basieren auf dem Prinzip, Inhalte zu strukturieren und Beziehungen zwischen Inhalten zu modellieren. Die dabei entstehenden sogenannten semantischen

Netze (oft wird auch die allgemeinere Bezeichnung „Ontologie“ verwendet) verwenden die Möglichkeiten der formalen Beschreibung von Zusammenhängen. Ein mehr oder weniger ausgeprägtes Regelwerk zur Einhaltung von bestimmten Kriterien ergänzt dabei die formale Beschreibung. Weit verbreitet sind hinsichtlich der Komplexität eingeschränkte Formen wie z. B. *Taxonomien* zur Gliederung von Dingen nach einer bestimmten Eigenschaft.

Ein bekanntes Einsatzgebiet für Taxonomien ist die Natur. So ist z. B. die Taxonomie der Insekten ein großes Thema in der Biologie. Hier ist es allerdings bis heute nicht gelungen, das oberste gemeinsame Gliederungselement zu finden ...!

Werkzeuge zur grafischen Darstellung von Wissen

Marktplatz	Hierarchisches Netz	Strategisches Netz	Clan
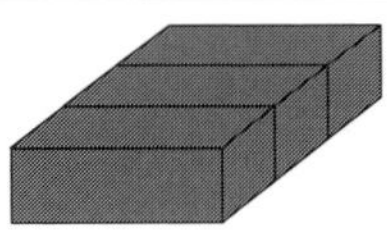	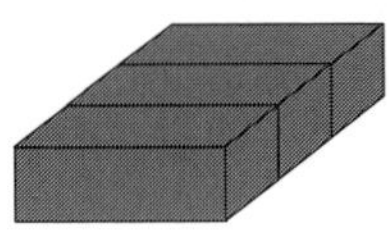	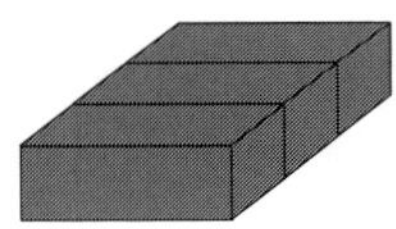	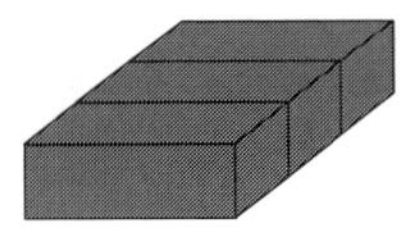

Anwendung

In der Regel wird die Darstellung von Wissen über Verknüpfungen zwischen Informationselementen realisiert. Diese Techniken sind schon aus den Zeiten der Fußnoten oder Literaturreferenzen in Büchern bekannt, haben aber seit der Erfindung des Internets eine neue Qualität und Bedeutung erhalten.

Neben der inzwischen schon „klassischen“ textorientierten Darstellung des Hyperlinks gibt es noch weitere Möglichkeiten, Relationen zwischen Daten und Informationen „benutzerfreundlich“ darzustellen. Dazu gehören vor allem grafische Darstellungen der Zusammenhänge, die sich besonders zur Übersichtspräsentation des vorhandenen Wissens eignen (Bild 7.2). So lässt sich z. B. technisches Wissen in einer Mindmap hierarchisch strukturieren und übersichtlich darstellen. An die Knoten der Baumstruktur können dabei einzelne Daten, Textnotizen, Grafiken oder Hyperlinks angehängt werden. Oftmals sind jedoch zweidimensionale Darstellungen dafür nicht ausreichend. Mehrdimensionale Verknüpfungen lassen sich nun mal nicht übersichtlich in der (Bildschirm-)Ebene darstellen. Es gibt auch hierzu Ansätze, über räumliche Darstellungen und farbliche Hervorhebungen mehr Übersicht zu schaffen.

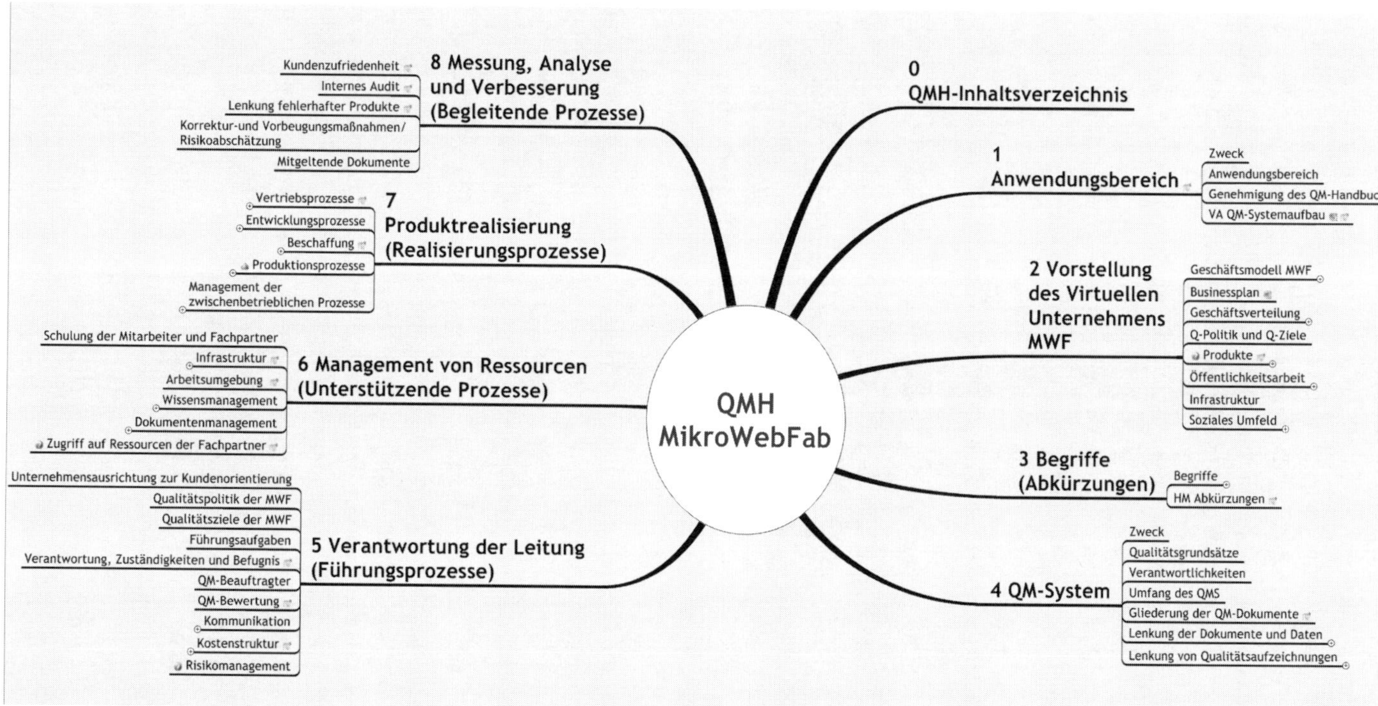

Bild 7.2: Beispiel: Mindmap zum Qualitätsmanagementsystem der MikroWebFab

Diese Systeme basieren auf unterschiedlichen Ansätzen zur Strukturierung. Lösungen reichen dabei von der Abbildung einfacher Relationen bis zu modernen Ansätzen wie Topic Maps, die kontextbezogen Beziehungen und Informationen zu einem Thema/Gegenstand in unterschiedlichen Dimensionen abbilden können.

Technischer Aufwand und Kosten

Softwarewerkzeuge zur grafischen Darstellung von Wissen in Form von Verknüpfungen zwischen Informationselementen sind heute zum Preis üblicher PC-Softwareprodukte oder gar als Freeware erhältlich. Beispiele sind The Brain (The Brain Corporation), Mindmanager, (Mindjet Corporation) oder Freemind (Open Source, GNU General Public Licence). Sie sind auf jedem handelsüblichen PC lauffähig und stellen keine besondere Anforderungen an die Hardware.

Informations- und Wissensmanagementsysteme im betrieblichen Umfeld

Marktplatz	Hierarchisches Netz	Strategisches Netz	Clan
---	---	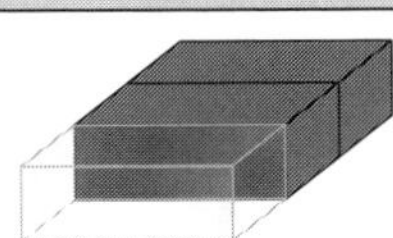	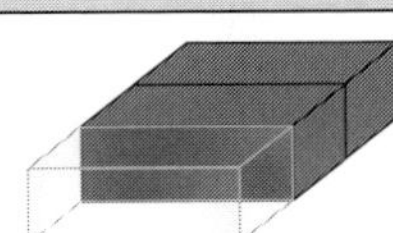

Anwendung

Wir haben oben festgestellt, dass es im Unternehmen in den unterschiedlichsten Unternehmensbereichen Bedarf an der Strukturierung von Wissen (vgl. Kapitel 5) gibt. Grundsätzlich kommen dafür die zuvor aufgeführten grafischen Werkzeuge in Frage. Die Komplexität des Wissens und seine vielfältige Nutzung von verschiedenen Akteuren entlang der Wertschöpfungskette im Netzwerk erfordern jedoch andere Ansätze.

Ein System, das nur den Anforderungen zur strukturierten Ablage von Informationen (z. B. Projektdokumentationen) dienen soll, erfordert weniger Pflegeaufwand als ein System, in dem auch komplexere Suchabfragen effizient bearbeitet werden können. Hinzu kommt noch, dass aufgrund der Vielzahl der „Wissens-Einspeiser" und „Wissensnutzer" der Einführungsprozess mindestens so wichtig ist wie die Software.

Das sollten Sie sich merken:

Auch wenn wir in diesem Buch im Kapitel 5 bereits darauf hingewiesen haben:

Die Entwicklung einer von allen am Wertschöpfungsprozess akzeptierten Vorgehensmethodik und die gemeinsame Ausarbeitung und Implementierung von Konzepten zur Explizierung des Wissens sind mehr als in allen anderen Softwarebereichen die Basis für die Akzeptanz von Wissensmanagementsoftware.

Eine Einführung ohne ein begleitendes Einführungskonzept führt in aller Regel zum Scheitern des Gesamtprojekts!

Die Aufgaben von Wissensmanagementsystemen in der Unternehmenskooperation sind vielfältig. Dementsprechend ist auch die Anzahl der Lösungen für einzelne Branchen nahezu unüberschaubar. Nach unseren Erfahrungen sollte der Schwerpunkt eines Wissensmanagementsystems im Unternehmensnetzwerk auf der strukturierten Erfassung von unternehmens- und aufgabengebietsübergreifenden Informationen liegen. Dazu gehören:

- Kundenstammdaten,
- Produkte und Märkte der Kooperation,
- Daten zu den Partnerunternehmen (Fertigungsprozesse, allgemeine Unternehmensinformationen),
- Mitarbeiterdaten, insbesondere deren Fähigkeiten und Tätigkeiten,
- Dokumentation von Projekten/Produkten bzw. die Dokumentation der Verknüpfungen.

Idealerweise erfolgt die Erfassung der Daten dabei entlang der definierten Geschäftsprozesse der Kooperation und ist in andere, spezialisiertere Softwaresysteme direkt oder zumindest über Verknüpfungen eingebunden. Die Informationserfassung im System kann dabei z. B. durch Workflow-Technologien unterstützt werden.

Fallbeispiel: MikroWebFab

Für das vertriebsorientierte Wissensmanagement der MikroWebFab wurde von der Firma Infoman GmbH das Infonection-System entwickelt (Bild 7.3, Demoversion unter http://www.infoman-systeme.de/ref/mwf). Seine Aufgabe ist es, Mitarbeitern zielgerichtet die wesentlichen Informationen über Kunden, Produkte und Projekte zur Verfügung zu stellen. Diese Komponenten bilden intelligente Verknüpfungen miteinander und erlauben eine effiziente Nutzung des Wissens innerhalb der Unternehmenskooperation (vgl. auch: Projektverfolgung).

In Infonection geht es nicht nur um Informationsspeicherung und -präsentation, sondern auch um das Management von Informationen. Bestimmte Informationsvorgänge werden in Infonection standardisiert. Dies können z. B. einzelne Recherchevorgänge sowie Planungshilfen zum organisatorischen Ablauf von Arbeitsvorgän-

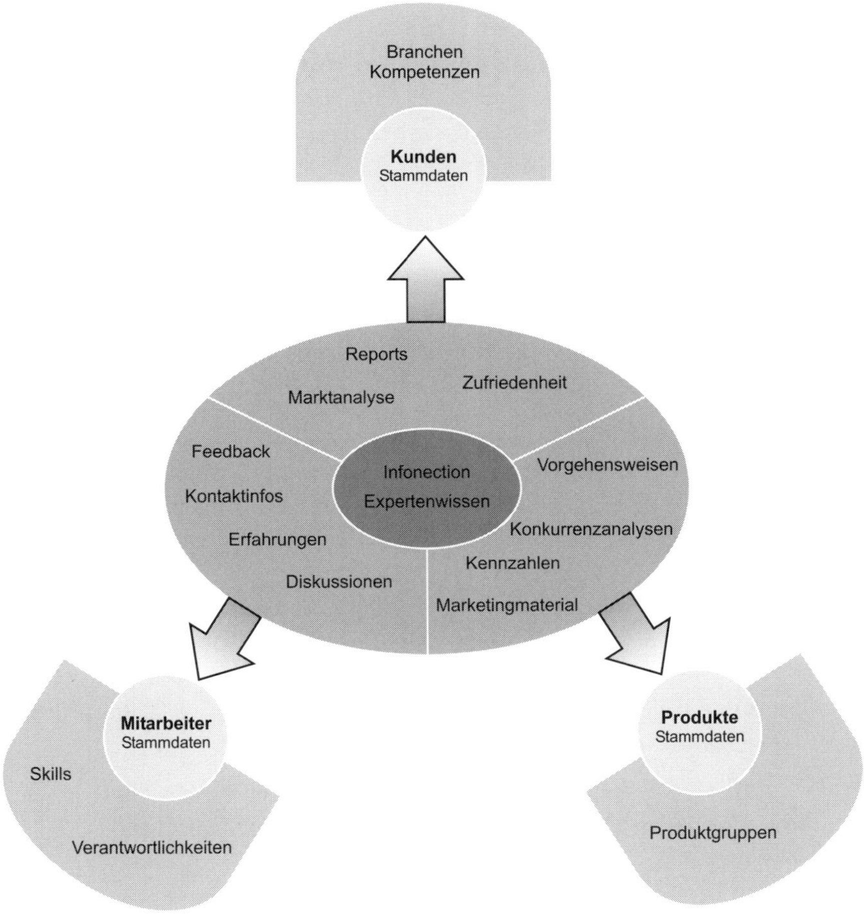

Bild 7.3: Vertriebsorientiertes Wissensmanagement mit Infonection

gen sein. Infonection ist über eine Serverschnittstelle mit der Prozesswissensdatenbank und dem ERP-System verknüpft. Dadurch können die Inhalte aus bestehenden Stammdatenbanken übernommen und synchron weitergepflegt werden. Die Entwicklungsrichtlinien der MikroWebFab sind in Infonection abgebildet und durch Kontrollfragen unterlegt. Ein im System implementierter Workflow-Mechanismus sorgt dabei für die wohldefinierte Abarbeitung der Meilensteine entlang der Kontrollfragen.

Monitoring-Funktionen erlauben dem Koordinator dabei einen grafisch unterstützten Überblick über den aktuellen Stand des Projekts.

Technischer Aufwand und Kosten

Die besonderen Anforderungen an ein Informationssystem im Unternehmensverbund gehen auf dem Gebiet der Anbindungen heterogener Software über die Grenzen des jeweiligen Unternehmensnetzwerks hinaus. Wesentliche Auswahlkriterien für die Auswahl der Systeme aus technischer Sicht sind:

- Integration verteilter Datenbestände,
- flexibler, gegebenenfalls rollenbasierter Zugriff auf die gemeinsamen Daten,
- gute Schnittstellen zu anderen Softwarepaketen,
- einfache webbasierte Bedienschnittstelle für das Erfassen und Recherchieren von Informationen.

Aufgrund der vielfältigen Verknüpfungen solcher Wissensmanagementsysteme mit anderen betrieblichen Softwaresystemen kommen hier im Allgemeinen serverbasierte Systeme zum Einsatz. Die Nutzer an den verschiedenen Standorten greifen auf diesen Server mittels Internet und Internetbrowser zu. Im Downloadbereich des Hanser Verlages zu diesem Buch finden Sie eine Zugangsadresse auf einen Server der Firma Informationsmanagement GmbH. Dort können Sie nach Anmeldung das Infonection-System testen. Systeme wie Infonection sind modular aufgebaut, daher werden die Preise im Allgemeinen projektspezifisch zusammengestellt.

Prozesswissensmanagement zur strukturierten Speicherung von Prozesswissen

Marktplatz	Hierarchisches Netz	Strategisches Netz	Clan
---	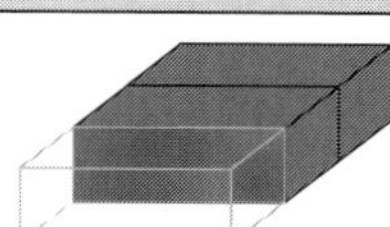	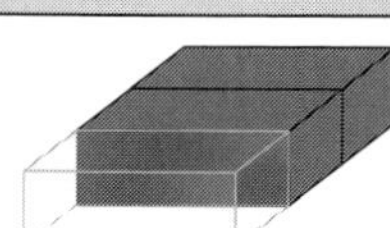	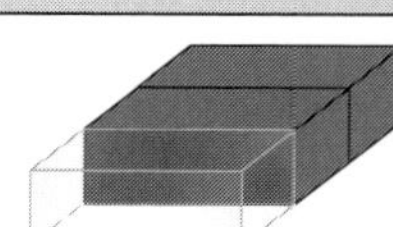

Anwendung

Prozesswissensmanagement ist für produzierende Unternehmensnetzwerke von großer Bedeutung. Es handelt sich hier um eine auf den Fertigungsbereich im Unternehmen fokussierte Form des Wissensmanagements. Für ein Unternehmensnetzwerk spielt das Prozesswissensmanagement jedoch geradezu eine vitale Rolle. Schließlich manifestiert sich der Mehrwert der Kooperation nach außen doch gerade in der Bündelung der gemeinsamen Erfahrungen über Prozesse.

Zur Beschreibung des prozessübergreifenden Wissens gehören die folgenden Aspekte:

- Fertigungsprozesse möglichst auftragsunabhängig zu modellieren,
- fertigungsrelevante Informationen so aufzubereiten, dass sie reversibel als eine Art „Vorlage“ für neue Entwicklungsprojekte herangezogen werden können.

Ansätze hierzu sind schon seit vielen Jahren bekannt. Gerade im Bereich der Geschäftsprozessmodellierung gibt es genug erfolgreiche Beispiele. Die Transformation dieser Prinzipien auf die Anforderungen der Fertigung scheiterte bislang aber an der oft zu kurz greifenden Modellierung der Einflussfaktoren eines Prozessschritts bzw. der technischen Abhängigkeiten zwischen Prozessschritten.

Bei der Projekt- bzw. Produktdokumentation werden Fertigungsdaten meist auftragsabhängig erfasst. Das Prozesswissensmanagement geht hier einen Schritt weiter und erzeugt durch „Destillation“ des auftragsunabhängigen Wissens reversibles Wissen, das auf neue Projekte übertragbar ist. Dieser „Destillationsschritt“ ist in erster Linie eine geistige Leistung der Anwender des Wissensmanagementsystems; er kann bestenfalls durch die Software unterstützt werden.

Technischer Aufwand und Kosten

Zur Modellierung von Abhängigkeiten zwischen Prozessschritten, vor allem in der Auftragsplanung und -steuerung, sind auf dem Markt eine ganze Reihe von Werkzeugen verfügbar. Die Bandbreite reicht dabei von der vergleichsweise „einfachen“ (weil wenig integrierten) Modellierung von Prozessketten (Beispiel: MS Visio) bis hin zu komplexen Systemen. Letztere erlauben auch die Definition von Ablaufregeln und verfügen über gute Schnittstellen zur Anbindung an ERP-Software (Beispiel: ARIS). Auf der Ebene der fertigungsnahen Modellierung von Fertigungsprozessen werden z. B. die Rezept-Management-Funktionalitäten im SAP-PLM-Modul angeboten, das eine Art Vorlage für fertig entwickelte Standardprozesse darstellt.

Fallbeispiel: MikroWebFab

Für die Modellierung der komplexen technischen Abhängigkeiten in der Mikrosystemtechnik wurde am Forschungszentrum Karlsruhe die Prozesswissensdatenbank ProWiDa entwickelt. Sie dient zur strukturierten Ablage von Fertigungsparametern im Kontext unterschiedlicher Materialien, Geometrien, Verfahren und

Werkzeuge und erlaubt, auch komplette MST-Prozessketten zu modellieren. Ziel dieser Datenbank ist es, dem Netzwerkkoordinator Gestaltungsrichtlinien auf der Basis bereits durchgeführter Entwicklungsprojekte an die Hand zu geben. Weiterhin soll sie ihm in der Phase der Machbarkeitsabschätzung einer Kundenanfrage einen strukturierten Zugriff auf das gemeinsame Fertigungswissen geben.

Fertigungsschritte lassen sich in der ProWiDa in sogenannten Generalisierungs-Hierarchiebäumen durch Kombinationen relevanter Einflussfaktoren, den sogenannten Fertigungsaspekten, beschreiben. In diesen Hierarchiebäumen können Klassen gebildet und Eigenschaften von oben nach unten vererbt werden. Die Kombinationen der Fertigungsaspekte führen dabei zur Bildung sogenannter Kompetenzen. Diese beschreiben ähnlich wie menschliche Kompetenzen die Fähigkeit eine Fertigungsaufgabe, z. B. Bauteile mit Stegstrukturen unter gewissen Randbedingungen (Verfahren, Maschine, Material) mit einer bestimmten Qualität (Oberflächenrauheit, Kantengüte) auszuführen (Bild 7.4).

Durch die hierarchische Strukturierung der Fertigungsaspekte (Taxonomie) und die hierarchische Anordnung von Eigenschaften bzw. Parametern (mit Methoden der Generalisierung und Vererbung) werden wiederkehrende Eingaben vermieden. Außerdem lassen sich so die Datenpflege und das Wiederfinden von Daten effizient gestalten. Kombinationen solcher Aspekte führen zu den Kompetenzen, die jede an sich die Fähigkeit eines Unternehmens zur Durchführung einer bestimmten Fertigungsaufgabe beschreiben.

Weiterhin erlaubt die ProWiDa die Strukturierung von Prozessketten in Unterabschnitte, Prozessabschnitte genannt, die wiederum in anderen Prozessketten verwendet werden können. Zur Integration in eine betriebliche Softwareumgebung ist das System mit einer XML-Schnittstelle z. B. zu ERP-Systemen ausgerüstet.

Prozesswissensmanagementsysteme wie die ProWiDa sind im Allgemeinen serverbasiert. Die Benutzer greifen über Intranet oder Internet mittels Browser darauf zu. Eine Demo des Prozesswissensmanagementsystems ProWiDa finden Sie im Downloadbereich des Hanser Verlages zu diesem Buch.

Verteilte Fehlermöglichkeits- und -einflussanalyse

Marktplatz	Hierarchisches Netz	Strategisches Netz	Clan
---	---	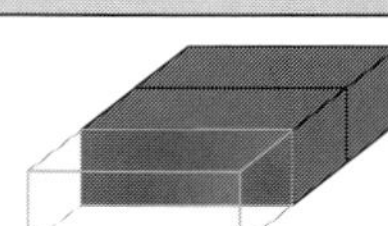	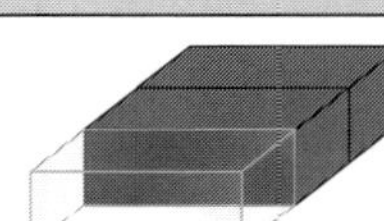

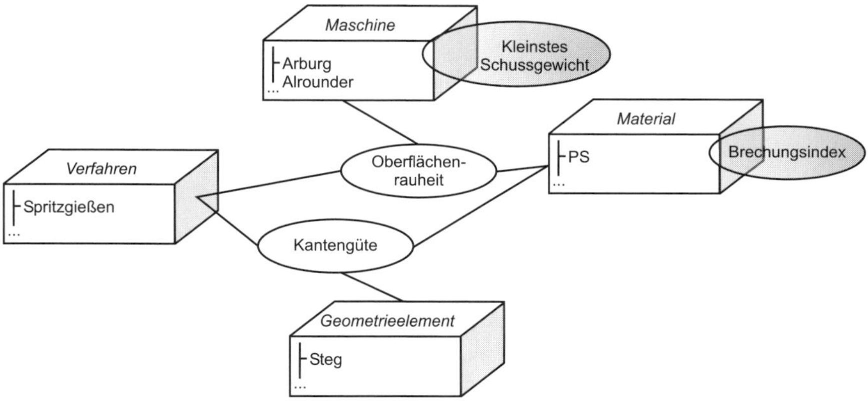

Bild 7.4: Schematische Darstellung der Kompetenz „Spritzgießen eines Bauteils aus Polystyrol (PS) mit einem Steg auf einer Arburg-Maschine"

Anwendung

Die Fehlermöglichkeits- und -einflussanalyse (FMEA) ist eine aus dem Computer Aided Quality(CAQ)-Bereich kommende Methode, um Fehlermöglichkeiten im Konstruktions- oder im Fertigungsprozess zu identifizieren. Wie im Kapitel 6 ausgeführt, bietet sie eine systematische Vorgehensweise, um potentielle Fehlermöglichkeiten (Fehler, Fehlerfolgen, Fehlerursachen) aufzuzeigen, das daraus sich ergebende Risiko zu bewerten sowie Verantwortlichkeiten und Abstellmaßnahmen zu erfassen. Im kooperierenden Unternehmensnetzwerk sollte die FMEA in das gemeinsame Informations- und Wissensmanagementsystem eingebunden sein. Für ein Netzwerk ist dieser Aspekt besonders bedeutsam, da viele Elemente der FMEA sowohl aufgaben- als auch organisationsübergreifend betrachtet werden müssen. Bei der Auswahl der Softwaresysteme für das Netzwerk sollte man daher vor allem darauf achten, dass das System

- das Arbeiten in verteilten Teams unterstützt (insbesondere was die Bewertung von Risiken angeht),
- das System über geeignete Mechanismen zur Integration/Kommunikation mit anderen Softwarepaketen verfügt (Import-/Exportschnittstellen, gegebenenfalls Zugriffsmöglichkeit auf die Inhalte über eine Programmierschnittstelle [API]).

Fallbeispiel: MikroWebFab

Für die MikroWebFab mit ihrem technologiebedingt hohen Bedarf an Risikoabschätzung wurde ein leicht einsetzbares Werkzeug namens „Net-FMEA" entwickelt.

Dabei erhält jedes beteiligte Unternehmen vom Koordinator eine FMEA-Vorlage im MS Excel-Format, in der bereits einzelne sogenannte Subsysteme des geplanten Produktes zur besseren Kategorisierung voreingestellt wurden und die Berechnungsmethoden der sogenannten Risikoprioritätszahl integriert sind.

Jeder Partner stellt dann gemäß den Geschäftsprozessen im Kapitel 6 die Risiken seines Prozesses, prozessübergreifende Risiken und potentielle Risiken bei den Partnern zusammen und schickt diese in dem Excel-Sheet wieder an den Koordinator zurück. Dieser kann daraufhin über Makro-Funktionen die einzelnen FMEAs zusammenführen, automatisch sortieren, versionieren und priorisieren lassen. Die projekt- und technologiebezogene Speicherung der Daten erfolgt über eine Anbindung an das Wissensmanagementsystem der Kooperation. Eine grafische Anzeige unterstützt die Bewertung der Risiken (vgl. Bild 7.5).

Technischer Aufwand und Kosten

Oft wird die FMEA händisch in Arbeitsblättern oder am PC mit MS Excel-Tabellen durchgeführt. Eine einfache, aber effektive Form der Net-FMEA in Form einer MS Excel-Tabelle können Sie sich im Downloadbereich des Hanser Verlages zu diesem Buch herunterladen. Dieses Arbeitsblatt ist sowohl im Produktentwurfsprozess (System-FMEA Produkt) als auch im Fertigungsprozess (System-FMEA Prozess) anwendbar.

Product Lifecycle Management und Dokumentenmanagement

Marktplatz	Hierarchisches Netz	Strategisches Netz	Clan
---	---	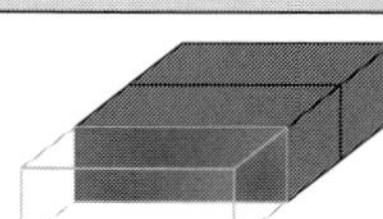	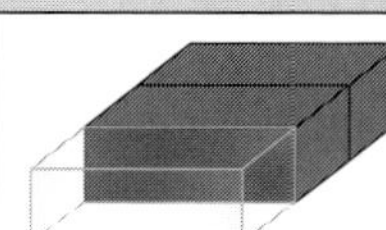

Anwendung

Gerade in Projekten mit hohem Forschungs- und Entwicklungsanteil müssen zwischen den einzelnen Unternehmen viele projektbegleitende und produktbeschreibende Dokumente ausgetauscht werden. Bei mehreren an einer Entwicklung beteiligten Firmen bietet sich daher ergänzend der Aufbau und Betrieb eines Dokumentenmanagementsystems an. Hier können Produkt-

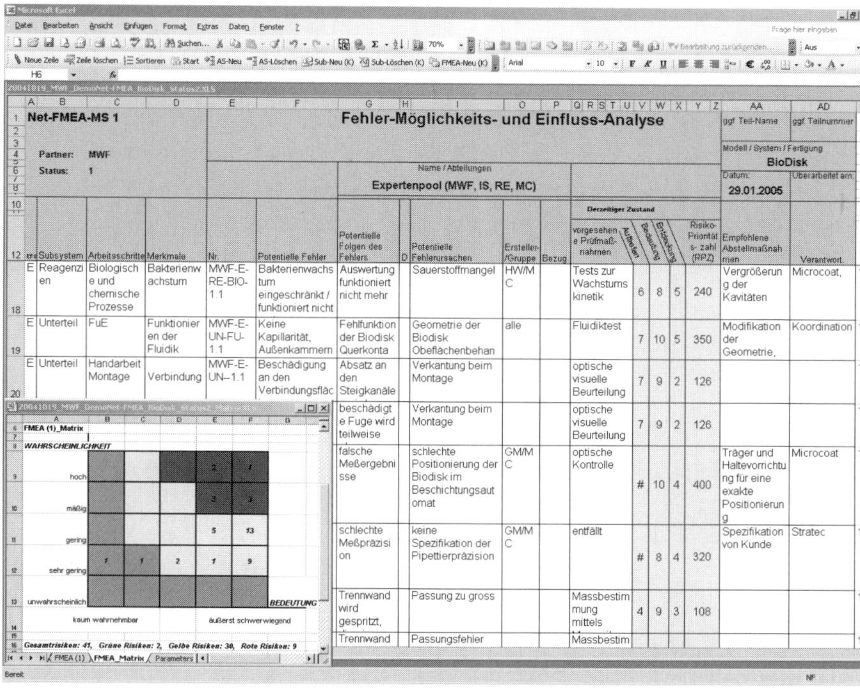

Bild 7.5: Risikobewertung mit dem Net-FMEA-Werkzeug auf MS Excel-Basis

zeichnungen, Prüfprotokolle, Ablaufpläne, aber auch Belege wie Bestellungen, Lieferscheine etc. elektronisch archiviert und versioniert werden.

Damit wird gleichzeitig die Grundlage für ein **Product Lifecycle Management (PLM)** im Unternehmensverbund geschaffen, denn die Produkte leben in den meisten Fällen länger als die Entwicklungsprojekte. Auch für die „Zeit danach" muss ein Service und eine Rückverfolgbarkeit für die entwickelten und hergestellten Produkte sichergestellt sein, für manche Branchen (z. B. in der Medizintechnik) existieren dafür teilweise sogar gesetzliche Regelungen. Sinnvollerweise sind die produktbeschreibenden und projektbegleitenden Dokumente mit den Produktstrukturen im zentralen ERP-System verknüpft, so dass direkt aus der Auftragsbearbeitung auf die relevanten Dokumente zugegriffen werden kann. Da produktbeschreibende Dokumente (CAD-Modelle, Zeichnungen etc.) oft sensibles Wissen beinhalten, das Unternehmen ungern öffentlich verfügbar machen, ist beim Aufbau eines zentralen Dokumentenmanagements besonders auf die Datensicherheit und klare Zugangsregelungen zu den archivierten Dokumenten zu achten.

Technischer Aufwand und Kosten

Ein Beispiel für ein EDM/PDM-System mit umfangreicher Dokumentenmanagementfunktionalität ist das System Pro.File der Firma PROCAD.

Oft bieten die Hersteller von CAD-Systemen bereits umfangreiche EDM/PDM-Systeme an, wobei hier der Schwerpunkt stärker im Bereich der CAD-Integration liegt, ein Beispiel hierfür ist Teamcenter der Firma Unigraphics Solutions.

Auch hier kommen bevorzugt serverbasierte Systeme in Frage, die mit den oben genannten Systemen Daten austauschen oder integriert sind.

Projektplanung und -verfolgung auf Koordinationsebene

Marktplatz	Hierarchisches Netz	Strategisches Netz	Clan
---	---	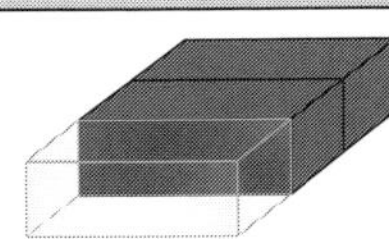	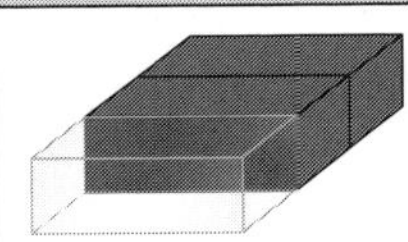

Anwendung

Im Gegensatz zur Auftragssteuerung dient die Projektplanung und -verfolgung auch in der Kooperation zur Festlegung und Verfolgung *aller* Aufgaben und zur Überwachung des Fortschritts von Projekten aller Art (vgl. Kapitel 4).

Unter Projekt verstehen wir dabei die zeitlich beschränkte Durchführung von Aktivitäten mit einem gewissen Risiko gegenüber Standardprozessen. Ein Projekt macht in der Planungs- und Durchführungsphase ein aktives Eingreifen/Steuern der Koordination notwendig. In einer Unternehmenskooperation besitzen vor allem die Entwicklungsaufgaben Projektcharakter. Üblicherweise wird im strategischen Netz immer und im Clan-Netzwerk ab der Aufbauphase die Koordination der Kooperation gleichzeitig auch das Projektmanagement übernehmen.

Im Gegensatz zu Projektmanagern in einem Einzelunternehmen ist jedoch die disziplinarische Durchgriffsmöglichkeit des Projektkoordinators in einer Kooperation sehr beschränkt. Umso wichtiger ist für ihn eine strukturierte Vorgehensmethodik bei der Planung und Durchführung der Projekte und deren Unterstützung durch Werkzeuge.

Im Rahmen der Fortschrittskontrolle wird dabei der Ist-Stand bezüglich der Projektkenngrößen (Arbeitspakete, zu liefernde Ergebnisse, Kosten, Zeiten, Ressourcen usw.) ermittelt und mit den Planwerten aus dem Prozess Projektplanung verglichen. Idealerweise sollten ihm dabei die aktuellen Status des Entwicklungsprojekts z. B. durch grafische Unterstützung aufbereitet vorliegen (diese Übersichtsfunktion wird oft auch als „Management Dashboard"-Funktion bezeichnet).

Der Koordinator analysiert zusammen mit dem Expertenteam aus den Technologiepartnern oder bei strategischen Fragen auch mit dem Lenkungsgremium die Ursachen für Abweichungen und ergreift gegebenenfalls korrigierende Maßnahmen.

Oft ist der Ablauf eines Projektes am Anfang nicht im Detail planbar (z. B. aufgrund geänderter Personalverfügbarkeit, verzögerter Erstellung einzelner Ergebnisse oder auch Änderungen des Projektumfangs). Daher ist die Anpassung der Projektplanung auf Detailebene eine weitere wichtige Aufgabe in den Prozessen der Unternehmenskooperation.

Eine solche Projektverfolgung kann auf vielfältige Weise realisiert werden. In einem einfachen Fall reicht es dem Koordinator, Werkzeuge wie z. B. MS Project zur Projektplanung einzusetzen und Projektstatus über die integrierten Teamfunktionen abzufragen. Entsprechende Überblicksansichten erlauben dabei eine schnelle Übersicht über den Projektfortschritt.

Der Nachteil solcher Einzellösungen ist die mangelnde Integration eines solchen Werkzeugs in die Systeme zur Dokumentation und zum Informationsmanagement. Es empfiehlt sich daher gerade im Sinne des Wissensmanagements und des Informationsaustausches, über eine weiter gehende Integration der Projektverfolgungssoftware in überbetriebliche Informationssysteme nachzudenken. Eine Lösung hierfür wurde z. B. im Rahmen des MikroWebFab-Projekts von der Firma Infoman entwickelt.

Fallbeispiel: MikroWebFab

Neben dem bereits oben erwähnten vertrieblichen Wissensmanagement unterstützt das Infonection-System auch die Projektsteuerung und -verfolgung der MikroWebFab.

In der Software sind die aus Kapitel 6 bekannten Checkpunkte der einzelnen Zyklen und Phasen des Entwicklungsprozesses durch Kontrollfragen unterlegt und als Vorlagen abgelegt (vgl. Ablaufdiagramme im Anhang 3 und zugehörige Kontrollfragen im Anhang 4).

Der Koordinator kann sich auf Informationssystemebene eine kunden- und produktdatenbezogene Projektverfolgung zusammenstellen. Über einen eingebauten Workflow-Mechanismus und ein Rollenkonzept lassen sich Projektteams einfach definieren und lässt sich die Terminierung der Aufgabenstellungen vornehmen. Die Status-Abfrage der Aufgaben erfolgt dabei über automatisch generierte E-Mails an die für das Projekt festgelegten Teammitglieder. Ist ein Checkpunkt abgeschlossen, so wird der Status vom zuständigen Bearbeiter im Infonection-System abgehakt und das Abschluss-Datum automatisch hinzugefügt (Bild 7.6).

Die Übersichtsfunktionen des Koordinators verändern sich in Abhängigkeit der Detaillierungsebene, in der er sich gerade bewegt. So ist es auf der Ebene des Kundenkontaktes möglich, sich auf eine einfache Art und Weise durch eine farblich unterlegte Statusanzeige Überblick über den Stand laufender Kundenprojekte zu verschaffen (Bild 7.7).

Technischer Aufwand und Kosten

Einfache Projektplanungs- und -verfolgungswerkzeuge wie MS Project laufen auf jedem handelsüblichen PC. Oft ist die Projektplanung und -verfolgung auch in Werkzeugen mit Teamfunktionen, wie Infonection, integriert (siehe oben). Die Nutzer greifen über Internetbrowser auf das serverbasierte System zu.

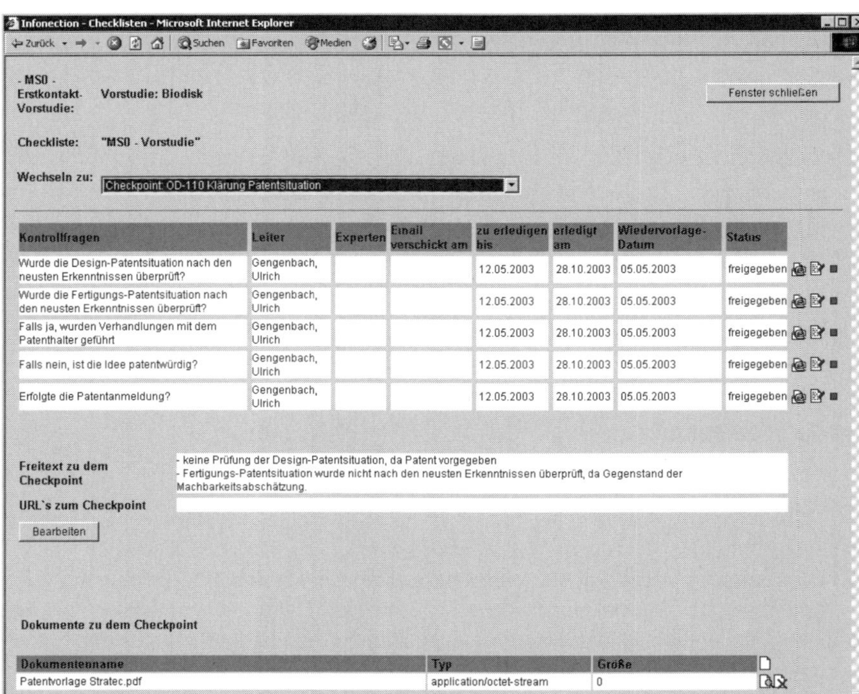

Bild 7.6: Workflow-Modul in Infonection

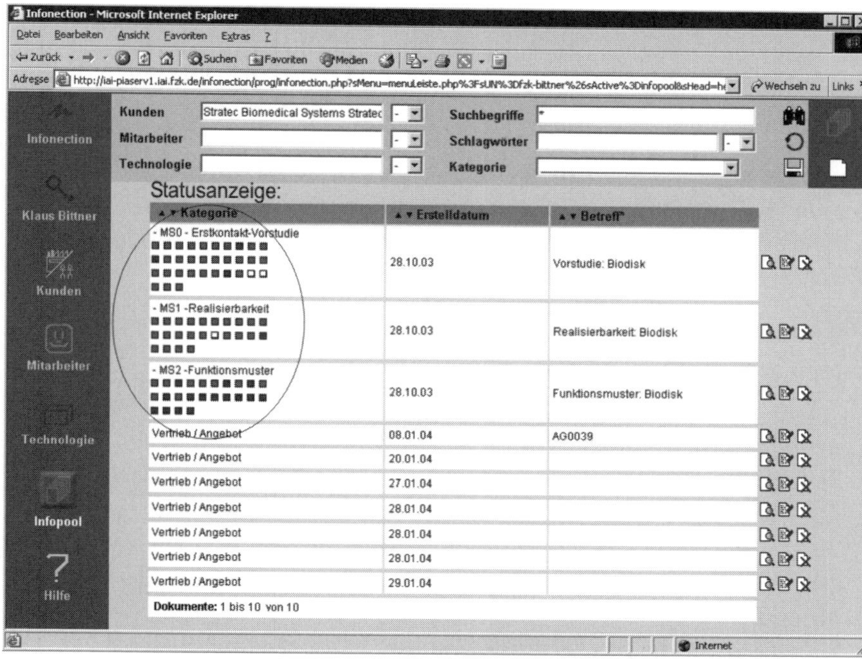

Bild 7.7: „Management Dashboard"-Funktionen in der MikroWebFab

7.4 Software für die unternehmensübergreifende Auftragsplanung, Auftragssteuerung und Fertigungsdatenerfassung

Marktplatz	Hierarchisches Netz	Strategisches Netz	Clan
---	---	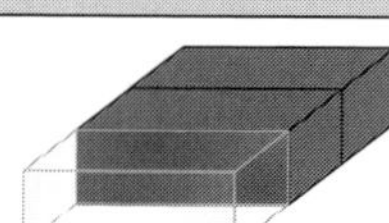	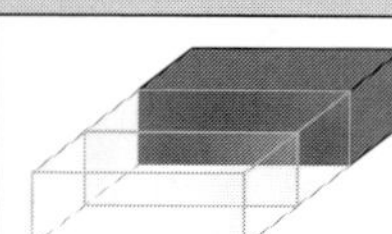

Einführung

ERP(Enterprise Resource Planning)-Systeme stellen bereits heute in vielen Unternehmen den Kern der betrieblichen Informationsinfrastruktur dar. Auch eine Unternehmenskooperation benötigt mit zunehmendem Umfang der Projekte ein geeignetes System für die vielfältigen Aufgaben der Auftragsabwicklung und damit zusammenhängender Geschäftsprozesse. Dies gilt insbesondere im strategischen Netz und im Betriebsmodell des Clans, wenn die Koordination die Verantwortung für die Produktion mit übernimmt.

Die Kernaufgaben eines ERP-Systems in Bezug auf die Zusammenarbeit liegen dabei auf der Unterstützung der vertrieblichen Prozesse und der Auftrags-/Fertigungssteuerung bzw. der Betriebsdatenerfassung entlang der verteilten Fertigungskette.

Die Ausgestaltung eines solchen Systems hängt von vielen Faktoren ab:

- Wie eng und in welchen Projektphasen (Forschung & Entwicklung, Marketing, Vertrieb, Produktion, Service, ...) kooperieren die Partner im Unternehmensverbund?
- Welchen Zugriff hat die Koordination auf die Ressourcen der Kooperationspartner?
- Welche Auftragsabwicklungssysteme gibt es bereits und wie stark sollen diese in die Gesamtarchitektur des Unternehmensverbundes integriert werden?
- Wie geschieht die Materialdisposition in den Einzelunternehmen, welche Dispositionsverfahren (bedarfsorientiert/verbrauchsorientiert) kommen zum Einsatz?
- Wie soll die Materiallogistik innerhalb der Unternehmenskooperation informationstechnisch abgebildet werden?
- Welche Rolle spielen *Trackability* und *Traceability* für die im Unternehmensverbund hergestellten Produkte?
- Welche Möglichkeiten zur Betriebsdatenerfassung und zur Verfolgung von Lagerbewegungen (Wareneingang, Warenausgang, Konsignationsläger, Fremdfertigerläger, ...) setzen die Kooperationspartner bereits ein?
- Wie zeitnah sollen Rückmeldungen über die Warenbewegungen innerhalb der Unternehmenskooperation erfasst und verarbeitet werden?

Diese und viele weitere Fragen müssen in einer *Ist-Analyse* zu Beginn der Kooperation oder bei Aufnahme neuer Partner beantwortet werden (vgl. Kapitel 2).

Fallbeispiel: MikroWebFab

In der im Anhang 1 beigefügten Checkliste der MikroWebFab wurden wesentliche Elemente des infor solution concept (isc) in die Ist-Analyse übernommen.

Grundlage des isc sind Unternehmensmodelle (sogenannte Generalkarten) für die Unternehmenstypen Einzelfertiger, Wiederholfertiger und Serienfertiger. Nahezu alle produzierenden Unternehmen lassen sich in eine dieser drei Kategorien einordnen.

Mit zunehmendem Umfang des Auftragsvolumens, das innerhalb der Kooperation bearbeitet werden muss, lohnt es sich, darüber nachzudenken, in welchem Detaillierungsgrad diese Abläufe „teilautomatisiert“ werden können. Die Frage, welche Prozesse dies sind, hängt dabei sehr stark davon ab, wie sich die Aufgaben und Rollen in der Kooperation festigen.

So macht es wenig Sinn, bei ständig wechselnden Generalunternehmern (Startmodell bzw. Aufbaumodell eines Clan-Netzwerks) über eine zentrale Auftragsplanungs- und Steuerungsarchitektur nachzudenken. Im Falle des Betriebsmodells des Clan-Netzwerks und im strategischen Netz ist die Koordinationsstelle dauerhafter Generalunternehmer. Die Zusammenarbeit unter den Netzwerkpartnern ist im Unterschied zum hierarchischen Netz vertrauensvoll und multidirektional. Hier macht die Einrichtung einer zentralen Unternehmensplanungs- und -steuerungsinfrastruktur bei entsprechendem Auftragsvolumen durchaus Sinn.

Durch die Verknüpfung mit den bei den Partnern installierten Systemen bzw. durch die Bereitstellung von Schnittstellen zur dezentralen Eingabe können wesentliche vertriebliche Prozesse beschleunigt werden. Im Extremfall kann die Integration bis hin zum automatischen Abgleich der Ressourcenplanung und Kapazitätsterminierung bei den Partnern reichen.

Fallbeispiel: MikroWebFab

In der MikroWebFab wurde aufgrund des noch wachsenden Auftragsvolumens ein Ansatz gewählt, der für jeden Partner eine eigene ERP-Systeminstanz vorsieht. Ausgegangen wird dabei zunächst von einer manuellen Eingabe der Auftragsplanungsdaten. In einer späteren Phase der Kooperationsentwicklung kann dieser Schritt durch Kopplung des beim Partner vorhandenen ERP-Systems aber auch „automatisiert“ werden.

Die Grundidee des Konzepts basiert also auf einer modularen, im Umfang anpassbaren Auftragsabwicklung für die Unternehmenskooperation durch Aufbau einer Applikationsserver-Farm.

Bild 7.8 zeigt die Verbindung mehrerer ERP-Systeme über Kopplungsmodule. Die einzelnen ERP-Systeme können dabei physikalisch komplett getrennt sein, d. h. sie müssen nicht auf dem gleichen Datenbank- oder Fileserver laufen. Dadurch ergibt sich zusätzliche Flexibilität, wenn z. B. ein räumlich getrennter Betriebsteil in die DV-Organisation mit eingebunden werden soll.

Zwischen den einzelnen ERP-Systemen werden Kunden- und Lieferantenbeziehungen definiert, der Austausch von Geschäftsobjekten wie z. B. Bestellungen und Kundenaufträgen geschieht über eigene System-Messages, die über Eingangs- und Ausgangskörbe ausgetauscht werden und von den Systemen jeweils protokolliert werden.

Im konkreten Fall der MikroWebFab wurden mehrere ERP-Systeminstanzen von Infor.COM über das Kopplungsmodul Infor Connect miteinander verbunden. Grundsätzlich können aber auch andere ERP-Systeme auf diese Weise miteinander verbunden werden.

Neben den bereits am Markt verfügbaren Lösungen einzelner Anbieter (vgl. MikroWebFab Fallbeispiele) verweisen wir auch noch auf die Initiative „myOpenFactory" [SCHUH06], in der führende Anbieter von ERP-Systemen für den Mittelstand an einem Quasi-Standard für die übergreifende Auftragsabwicklung vor allem auf der ERP-Systemebene arbeiten.

Zwei wichtige ERP-Funktionen sollen nun im Weiteren näher betrachtet werden.

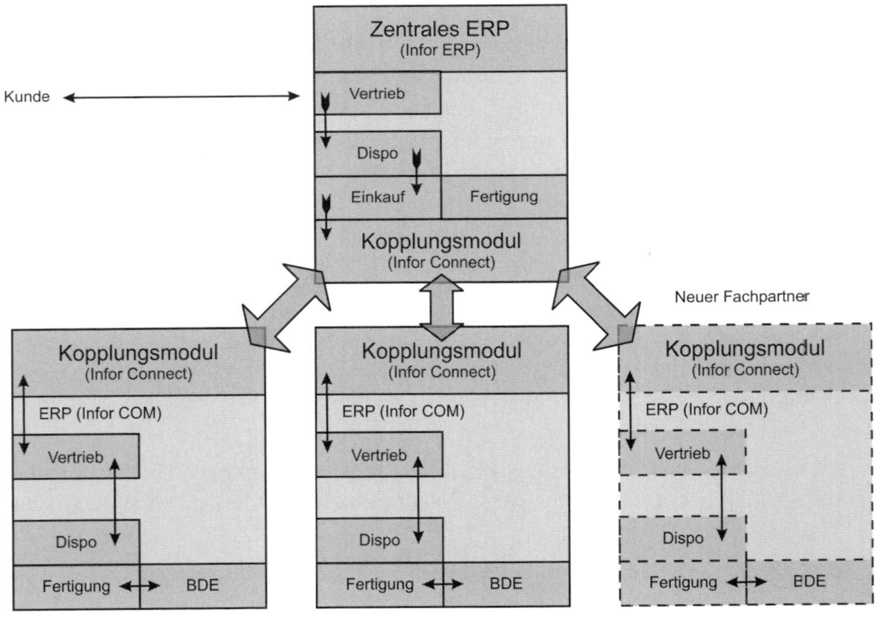

Bild 7.8: Verbindung mehrerer ERP-Systeme über Kopplungsmodule

Kalkulation und Angebotserstellung

Anwendung

Die Art und Weise, wie die Kalkulation im Unternehmensnetzwerk durchgeführt wird, ist vom vereinbarten Schema für die Gesamtkalkulation abhängig. Im Startmodell und im Aufbaumodell eines Clan-Netzwerks erfolgt die Angebotserstellung über wechselnde Generalunternehmer auf der Basis interner Angebote der anderen Partner als Unterauftragnehmer. Dieser Fall lässt sich kaum automatisieren.

Einer näheren Betrachtung wert sind jedoch die Kalkulationen im strategischen Netz und im Betriebsmodell eines Clan-Netzwerks. In diesen Fällen übernimmt immer die Koordinationsstelle die Gesamtkalkulation. Hier macht es Sinn, eine Teilautomatisierung der Kalkulation und der internen Angebotserstellung ins Auge zu fassen.

Fallbeispiel: MikroWebFab

Die Gesamtangebotserstellung für den Unternehmensverbund erfolgt in der zentralen ERP-Instanz. Nachdem die Produktstruktur und die erforderlichen Arbeitsvorgänge für die Einzelunternehmen festgelegt wurden, sind diese nun aufgefordert, konkrete Zahlen (Kosten) zu hinterlegen und an die Koordination des virtuellen Unternehmens zu geben. Dies geschieht vollautomatisch, sobald die Kosten in der eigenen ERP-Instanz erfasst wurden. Im zentralen ERP-System der Koordinationsstelle erfolgt dann die Gesamtkalkulation. Wichtig hierbei ist, dass nur die Koordinationsstelle die Kostenstruktur und die Einzelkosten aller Einzelunternehmen kennt.

Auftragssteuerung

Einen wichtigen Punkt stellt der Abgleich der von Partnern für ein Projekt zugesagten Produktionskapazitäten mit der Planung der vom Generalunternehmer bzw. der Koordination gesteuerten Aufträge dar.

Auch hier werden wir nur das strategische Netz und das Betriebsmodell eines Clan-Netzwerks betrachten. In beiden Fällen sieht das Auftragssteuerungsmodell vor, dass die Unternehmen des Netzwerks weiterhin autonom planen und agieren, dem Unternehmensverbund aber einen gewissen Prozentsatz der verfügbaren Kapazität für gemeinsame Projekte zur Verfügung stellen.

Jedes Partnerunternehmen ist selbst dafür verantwortlich, dass diese Zusage eingehalten wird.

Fallbeispiel: MikroWebFab

Aufgrund der Fülle der im Kooperationsnetzwerk MikroWebFab eingesetzten ERP-Systeme wäre bei einer direkten Kopplung des ERP-Systems der Koordination mit der jeweiligen ERP-Software des einzelnen Partners mit Anpassung und Neuprogrammierung zahlreicher Schnittstellen zu rechnen. Aus diesem Grund wurde entschieden, direkte Kopplungen zwischen dem MWF-System und einem Netzwerkpartner-ERP erst im Bedarfsfall zu realisieren.

Erst ab einem bestimmten Anteil am gesamten Auftragsvolumen wird sich eine direkte Kopplung der Aufträge und Kapazitätsdaten zwischen dem MikroWebFab-System und dem Verbundpartner lohnen.

Technischer Aufwand und Kosten

Ein ERP-System mit einzelnen Instanzen ist immer serverbasiert. Diese Lösung hat den Vorteil, dass das System leicht erweiterungsfähig ist; für jedes neue Netzwerkmitglied wird eine weitere Instanz installiert. Die Nutzer greifen über Terminal-Client oder Internetbrowser auf ihre jeweilige Instanz zu. Da Systeme wie Infor COM einen modularen Aufbau besitzen, werden die Preise je nach Anforderung projektspezifisch zusammengestellt.

Eine direkte Kopplung des zur Steuerung des Unternehmensverbundes eingesetzten ERP-Systems der Koordination mit den inhomogenen ERP-Systemen der Verbundpartner erfordert spezielle Schnittstellensoftware. Da diese oft neu entwickelt werden muss, wird sich dies nur bei größerem Auftragsvolumen und längerfristiger stabiler Kooperation rechnen.

Erfassung der fertigungsprozessbezogenen Informationen zwischen den Technologiepartnern

Einführung

Die Erfassung der fertigungsbezogenen Informationen gewinnt in der Unternehmenskooperation eine neue Qualität. Da die Koordination selbst nun nicht mehr über die Fertigungsmittel verfügt, muss sie auf die Rückmeldung von Ergebnissen zur Qualität, Ausbeute und auch auf Prüfergebnisse zurückgreifen. Auf der Ebene der ERP-Software wäre dies zu wenig detailliert, um in den Gesamtprozess lenkend eingreifen zu können.

Es besteht also eine Lücke zwischen der Auftragsplanung und der Fertigungssteuerung. In diesem Kontext erobern seit einiger Zeit Softwarelösungen unter dem Stichwort Manufacturing Execution Systems (MES) die innerbetrieblichen Umgebungen.

Als integrierendes Zwischenstück verbinden MES-Systeme die kommerzielle Auftragsbearbeitung der ERP-Ebene mit den Steuerungssystemen der Produktionswelt (Bild 7.9).

Die Aufgaben des MES im Kontext unserer unternehmensübergreifenden Fertigung sind die unternehmensübergreifende Übermittlung und Rückmeldung

- der Betriebsdatenerfassung,
- der Maschinendatenerfassung,
- des Qualitätsmanagements,
- der Chargenrückverfolgung,
- des Materialflusses der Produkte in verschiedenen Fertigungszuständen zwischen den Partnern,
- der Leistungsanalyse.

Im Bedarfsfall kommen noch die Prüfdaten der Warenausgangsprüfung bzw. Wareneingangsprüfung hinzu.

Im Einzelfall ist zu prüfen, inwieweit für die Lösung dieser Aufgaben ein weiteres Softwaresystem erforderlich ist oder ob die Funktionen nicht durch Kombination der betrieblichen/überbetrieblichen Systemfunktionen auf ERP-Systemebene bzw. auf Ebene der Materialflusssysteme angenähert werden können. Aufgrund der Vielfalt der zu berücksichtigenden Schnittstellen und

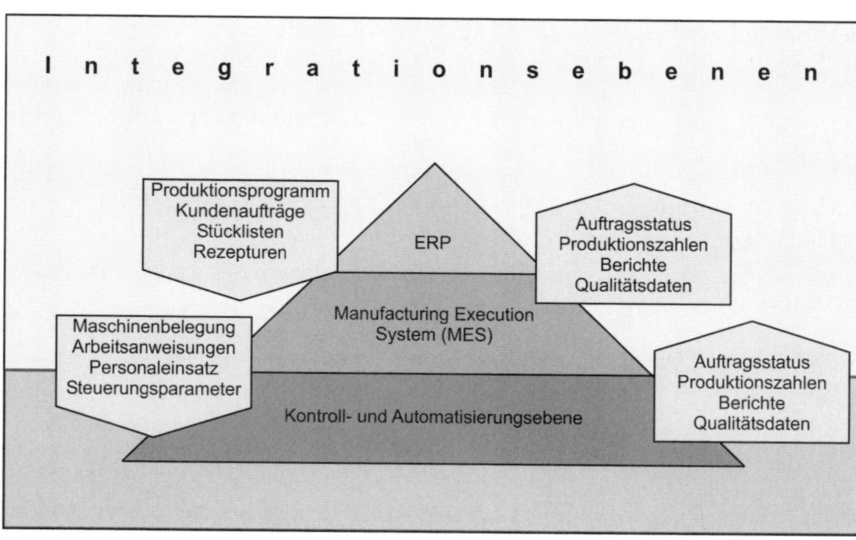

Bild 7.9: Betriebliche Integrationsebenen [HMDWI96]

Anforderungen kann man hier (noch) kein Standardlösungsmodell vorschlagen. Ein Schritt in diese Richtung sind jedoch Standardisierungsbemühungen, die zu dem Normentwurf E DIN IEC 62264-1:2004-06 „Integration von Unternehmens-EDV und Leitsystemen" geführt haben. Dieser Normentwurf unterteilt MES in Unterfunktionen, die durch einzelne Software-Module realisiert werden können. Der modulare Ansatz wird von verschiedenen Firmen in MES-Produkte, wie z. B. von Siemens in der Simatic IT, implementiert.

Materialflussbegleitende Informationssysteme

Marktplatz	Hierarchisches Netz	Strategisches Netz	Clan
---	---	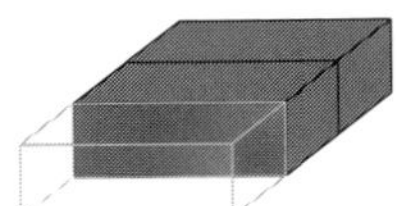	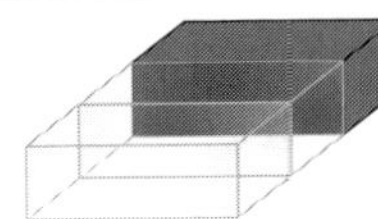

Allgemeines

Ein besonders für produzierende Unternehmensnetzwerke wichtiger Sonderfall eines MES ist die Erfassung von Logistikdaten im Netzwerk. Da der Logistikprozess eine der Schlüsselfunktionen für die Funktion des Netzwerks ist, ist neben dem gegenständlichen Transport der Güter im Netzwerk auch der begleitende Informationsfluss eminent wichtig. Die Anforderungen an die Dokumentation des Produktionsprozesses hängen von der Produktspezifikation und von der Prozesskette ab. Eine wichtige Frage ist der notwendige Detaillierungsgrad der Teileverfolgung (Traceability):

Müssen die Teile überhaupt verfolgt und die Fertigungsbedingungen dokumentiert werden? Falls ja:

- Muss die Fertigungscharge,
- das Fertigungslos oder
- gar das Einzelteil verfolgt und müssen dazu die Fertigungsparameter dokumentiert werden?

Die Identifizierbarkeit einzelner Produkte wird umso kritischer, je sicherheitsrelevanter ihre Anwendung ist. Daher bestehen für Branchen wie Luft- und Raumfahrt, Automobilindustrie und Life Sciences besonders hohe Anforderungen.

Je nach Antwort auf die obigen Fragen müssen die Einzelteile oder ein Los (i. e. eine Packung oder ein Magazin) identifiziert und damit gekennzeichnet werden.

Weiterhin müssen die Teile bzw. Lose zur Auftragssteuerung und -überwachung beim Durchlauf durch die Prozesskette von Partner zu Partner verfolgt werden (Trackability).

Anwendung

Für die Kennzeichnung von Losen oder Einzelbauteilen stehen je nach Anforderung viele verschiedene Lösungen zur Verfügung. Neben dem Informationsgehalt spielen hier insbesondere die Platzverhältnisse und die Art des Auslesens der Kennzeichnung eine wesentliche Rolle.

1. Soweit es die Platzverhältnisse zulassen, ist eine Klarschrift-Kennzeichnung immer noch die erste Wahl. Sie ist bei Anwendung geeigneter Druckverfahren sowohl maschinen- als auch menschenlesbar.
2. Bei höheren Anforderungen an die Informationsdichte und Störunempfindlichkeit (Verschmutzung) der Kennzeichnung bieten sich 1-D-Codes (z. B. Barcode) oder 2-D-Codes (z. B. Data-Matrix-Code) an.
3. Für berührungsloses Lesen ohne optischen Kontakt sind RFID(Radio Frequency Identification)-Tags im Kommen.

Zwar steigt der technische Aufwand für das Lesen der Kennzeichnung von 1 nach 3, jedoch nimmt auch die Verbreitung zu. Dadurch werden die Lesegeräte für manuelle Bedienung oder Integration in Automatisierungsanlagen zunehmend erschwinglich. Ebenso nimmt die Möglichkeit zu, größere Datenmengen in der Kennzeichnung abzulegen. In diesen Fällen übernimmt die Kennzeichnung neben ihrer Identifikationsfunktion noch Dokumentationsfunktionen. So können z. B. in einem 2-D-Code noch technische Daten oder Einstellparameter mit abgelegt werden, um dem Servicepersonal die Wartung zu vereinfachen. Es ist jedoch nur in speziellen Fällen notwendig, mehr als eine Teileidentifikation in der Kennzeichnung abzulegen.

Zu Sicherstellung des produkt- und produktionsbegleitenden Informationsflusses in einem Kooperationsnetzwerk genügt im Allgemeinen eine Kennzeichnung mit einer eindeutigen Identifikationsnummer. Je nach Platzverhältnissen wählt man dafür einen maschinenlesbaren Klarschrift-Code oder einen Barcode (Bild 7.10).

Dieser Code wird bei jedem Partner an jeder Stelle in der Prozesskette mit einem Identifikationssystem eingelesen und stellt die Verbindung zur teile- oder losspezifischen Prozessdokumentation her. Über diese Zuordnung kann jeder Partner seinen Beitrag je nach Ausbaustufe der Infrastruktur des Kooperationsnetzwerks „händisch" per E-Mail oder direkt in ein übergeordnetes ERP-System liefern (Bild 7.11).

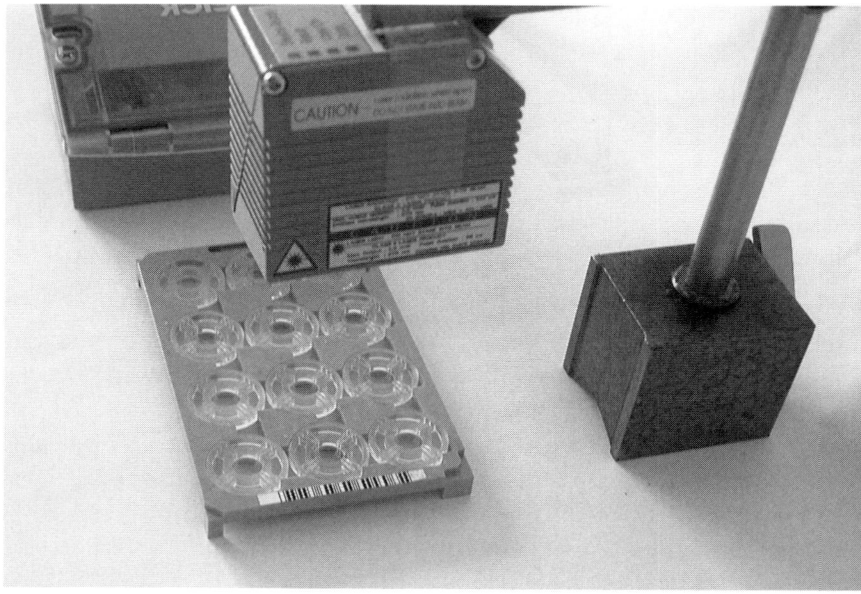

Bild 7.10: Werkstückträger für zwölf Bio-Disposables mit Barcode und Lesekopf (Quelle: Schmid Technology Systems)

Fallbeispiel: MikroWebFab

Damit die Warenbewegungen zwischen den MikroWebFab-Technologiepartnern auch ERP-seitig nachvollzogen werden können, wurde eine Schnittstelle auf ERP-Seite spezifiziert, mit der Lagerbewegungsdaten direkt vom Client (d. h. dem PC, der direkt beim Technologiepartner steht) in die auf dem Applikationsserver laufende ERP-Instanz des jeweiligen Technologiepartners importiert werden können. Diese Spezifikation wurde für sogenannte RFID-Tag-Lesegeräte prototypisch umgesetzt (Bild 7.12).

Damit ist prinzipiell folgender Ablauf möglich:

Nach Durchführung der Arbeiten am Produkt erfolgt die Warenausgangsbuchung über die eigene ERP-Instanz des Technologiepartners A. Dabei exportiert das zentrale ERP-System eine Schnittstellendatei auf den Arbeitsplatz-PC des Mitarbeiters, der die Buchung durchführt.

Die Schnittstellendatei wird von einer Software zum Schreiben/Lesen von RFID-Tags importiert, die das zum Produkt gehörende RFID-Tag beschreibt.

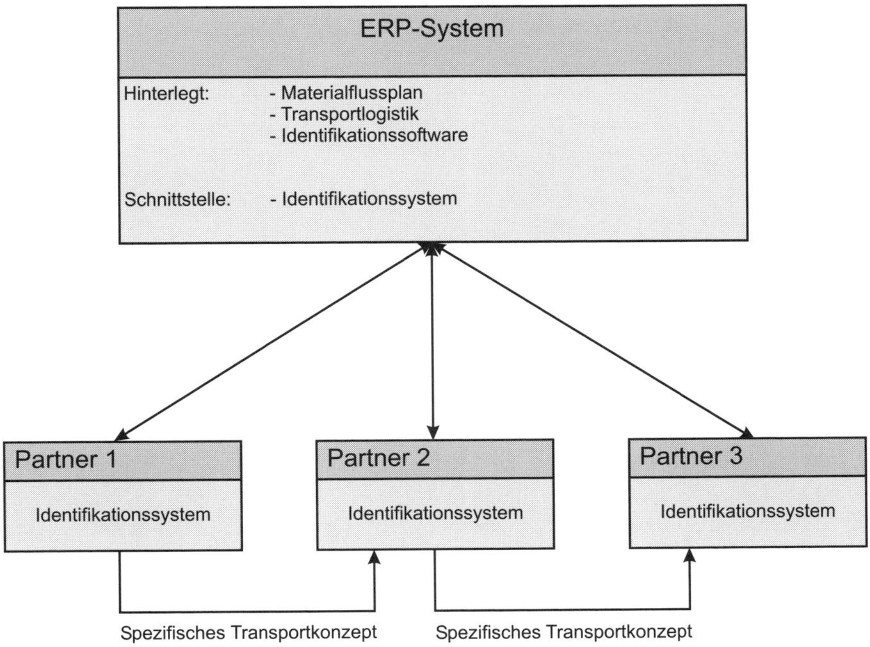

Bild 7.11: Einbindung des Identifikationssystems in das übergeordnete ERP-System des Netzwerks

Das RFID-Tag wird zusammen mit dem Produkt zum Technologiepartner B transportiert, dort eingelesen und während der Wareneingangsbuchung von der zentralen ERP-Instanz importiert.

Wesentlich für das Funktionieren dieses Ablaufs ist, dass die zentrale ERP-Instanz sogenannte „Vorgangs-Nummern“ zentral verwaltet, da diese „instanzübergreifend eindeutig“ sein müssen. Die Vorgangsnummern werden von der zentralen ERP-Instanz über die Datenkopplung (z. B. Infor Connect) an die Instanzen der Technologiepartner verteilt.

Der Ablauf ist mit geringfügigen Änderungen auch mit konventionellen Mitteln, d. h. mit ausgedruckten Lieferscheinen sowie Scannern oder Barcode-Lesern realisierbar (Bild 7.13). Die Logik der Abläufe in den ERP-Systemen ist die gleiche.

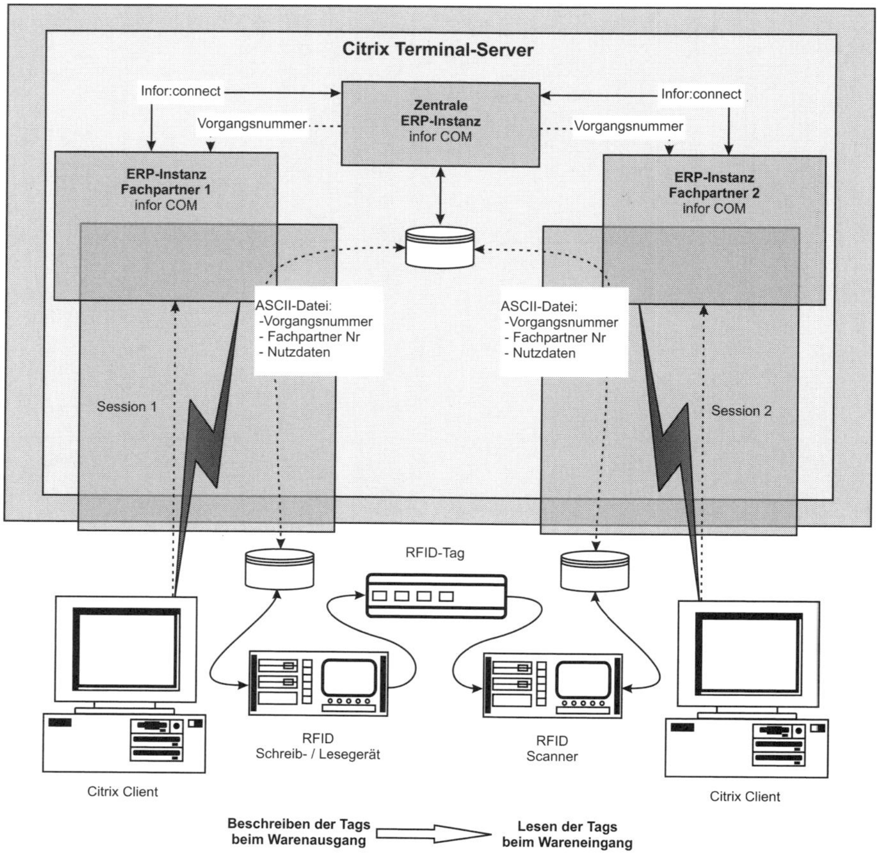

Bild 7.12: Abbildung von Warenbewegungen mit RFID-Tags (Quelle: Infor:com)

Technischer Aufwand und Kosten

Der Hard- und Softwareaufwand für Teilekennzeichnung und -identifikation ist überschaubar. Lesegeräte für Barcode und Data-Matrix-Code gibt es für wenige hundert Euro. Kennzeichnungsaufkleber kann man von Dienstleistern beziehen oder mit entsprechender Software selbst auf Aufkleber ausdrucken. Eine andere Alternative ist es, die Kennzeichnung mit einem Markierungslaser direkt auf das Bauteil zu schreiben.

RFID-Tags sind auf dem besten Weg in die Massenanwendung. Daher ist davon auszugehen, dass sie bald für wenige Cent zu erhalten sein werden.

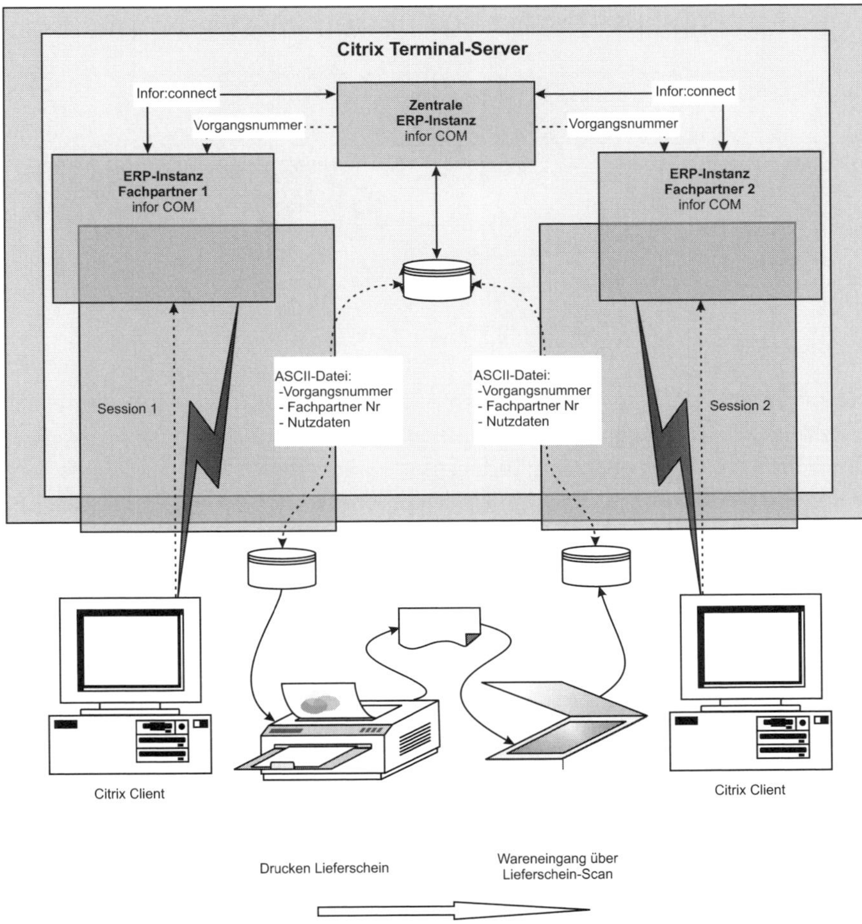

Bild 7.13: Abbildung von Warenbewegungen mit Barcodes (Quelle: Infor:com)

Die Verarbeitung dieser Daten und das Einpflegen in die Auftragssteuerung bzw. Transportverfolgung erfordern Schnittstellen zum jeweiligen ERP-System. Hier bieten die Hersteller Zusatzmodule an, die sich an Ihre Anforderungen anpassen lassen. Ob sich die Investition in diese Softwareschnittstelle rechnet, hängt vom Auftragsvolumen ab. Am Anfang ist wahrscheinlich ein händischer Abgleich sinnvoll.

7.5 Materialfluss- und Logistikwerkzeuge

Marktplatz	Hierarchisches Netz	Strategisches Netz	Clan
---	---	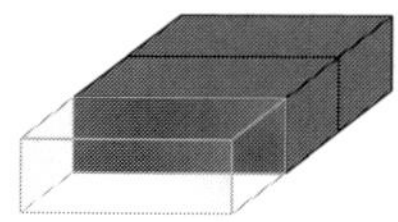	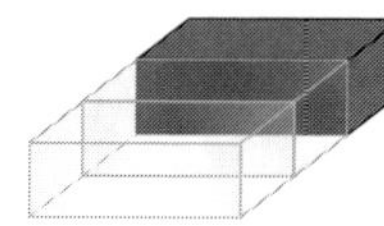

Allgemeines

Nachdem wir im Kapitel 5 die grundsätzliche Methodik zur Planung der Netzwerklogistik vorgestellt und eine Lanze für standardisierte Hilfsmittel gebrochen haben, wollen wir Ihnen hier einige Vorschläge zur Umsetzung machen. Die Wahl der Logistikhilfsmittel hängt stark von den Produkten ab, die das Netzwerk gemeinsam herstellt. So hat das Airbus-Konsortium sicher andere Anforderungen als MikroWebFab. Dennoch gibt es einige Gemeinsamkeiten, auf die es sich zu achten lohnt.

Transporthilfsmittel

Anwendung

Flugzeuge als Netzwerkprodukte sind wahrscheinlich eher die Ausnahme als die Regel. Daher werden sich die Produkte des Netzwerks meistens unterhalb der Dimensionen eines Airbus bewegen. Somit bietet es sich an, auf Logistikdienstleister am Markt zurückzugreifen. In Hochtechnologiebranchen wie der Mikrosystemtechnik und Biotechnologie sind die Produkte oft relativ kompakt, so dass für den Transport Kurierdienste wie DHL, UPS oder FedEx in Frage kommen. Die Option, „über Nacht" transportieren zu lassen, ist gerade für ein Kooperationsnetzwerk wichtig, um schnelle Durchlaufzeiten sicherzustellen. Die Kurierdienste bieten Standardpaketformate zu günstigen Konditionen an, auf die Sie Ihre Transporthilfsmittel abstimmen sollten.

Aufwand und Kosten

Die Wahl bzw. Gestaltung der Transporthilfsmittel orientiert sich an den Maßen, Volumina und Schutzanforderungen der Halbfertig- und Endprodukte. Auch hier sollten so weit wie möglich Standards zum Einsatz kommen. Während im Stückguttransport mit Europaletten und Gitterboxen Standardtransporthilfsmittel zur Verfügung stehen, ist die Wahl bei kleineren Transportgutdimensionen schwieriger.

Wenn Reinheit und/oder Elektrostatik auch nur entfernt eine Rolle spielen, bietet sich ein Blick in die Halbleiterindustrie an. Dort geht man mit diesen Fragestellungen schon sehr lange um und hat Transportmittel entwickelt, mit denen sich diese Herausforderungen in den Griff bekommen lassen. So bietet beispielsweise die Firma Entegris eine Vielzahl von Transportbehältern für empfindliche Elektronikbauteile und Siliziumwafer an (Bild 7.14).

Dies reicht von einfachen Behältern aus Kunststoff für Wafer oder Silizium-Chips bis hin zu Reinraumtransportbehältern, die es erlauben, Bauteile ähnlich einem kleinen, transportablen Reinraum in reiner Atmosphäre zu versenden. Diese Behälter werden in großen Stückzahlen gefertigt und sind als Lagerware zu beziehen. Diese oder andere am Markt vorhandenen Verpackungslösungen sollten Sie für die Logistik im Netzwerk einsetzen. Oft lässt sich auch für andere Branchen als die Halbleiterindustrie ein fertiges Produkt finden, das man direkt einsetzen oder leicht an die Aufgabe anpassen kann.

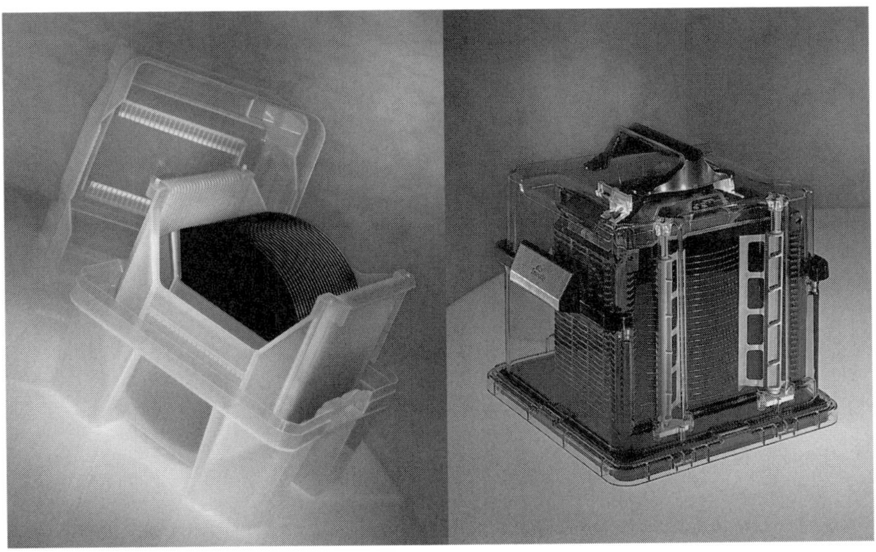

Bild 7.14: Beispiele für Standardumverpackungen aus der Halbleiterindustrie, links eine Wafer-Versandbox, rechts eine Reinraumtransportbox für hohe Reinheitsanforderungen. (Quelle: Entegris, Inc.)

Hilfsmittel zur Überwachung der Transportbedingungen

Anwendung

Für manche Produkte ist es wichtig, die Transportbedingungen zu überwachen. Es gibt eine große Anzahl von Produkten, die verschiedene Umgebungsbedingungen wie Schock, Lageänderung, Temperatur oder Luftfeuchte überwachen. Die Spanne reicht von passiven Systemen bis hin zu Sensorsystemen, die z. B. Beschleunigungen in drei Achsen aufzeichnen und per PC auslesen lassen. Passive Systeme sind meist als Chips oder Teststreifen ausgeführt, die auf die Umverpackung aufgeklebt werden. Mit Teststreifen werden Temperaturen und Feuchtegrade durch Verfärbung angezeigt, während Chips für die Überwachung von Lageänderungen oder Beschleunigungen den „Störfall" z. B. durch Verlagerung einer kleinen Kugel anzeigen.

Aufwand und Kosten

Der Einsatz solcher Systeme zur Überwachung der Transportbedingungen hängt von den Anforderungen des Produkts bzw. der Produktionsprozesse ab. Manchmal ist es billiger, ein paar Euro in solche Überwachungselemente zu investieren und damit frühzeitig Transportschäden festzustellen, anstatt beschädigte Produkte unbemerkt kostspielig weiterzuveredeln. Weiterhin sind sie ein hervorragendes Argument, um bei beschädigter Lieferung die Verursacherfrage zu klären. Generell sind die passiven Systeme weit preiswerter als Sensorsysteme.

7.6 Integrierende Infrastruktur des Unternehmensnetzwerks

Einführung

Bei der Behandlung der einzelnen Werkzeuge wurde es schon vereinzelt angesprochen: Bei zunehmender Intensität der Kooperation ist es sinnvoll, Abläufe zu automatisieren und dazu eine integrierende Infrastruktur zu schaffen. Es kann jedoch nicht das Ziel eines Unternehmensnetzwerks sein, die beteiligten Partnerunternehmen auf einen neuen Softwarestandard einzuschwören. Aus technischer Sicht muss die *Eintrittsbarriere* für Unternehmenskooperationen am Beginn der Zusammenarbeit so niedrig wie möglich gehalten werden. Königswege gibt es dabei keine, solange jedes Partnerunternehmen über eine eigene DV-Infrastruktur verfügt.

Hier sind zwei Aufgaben zu lösen:

- Bereitstellung von Softwarewerkzeugen für die Partner,
- Integration bzw. Gestaltung von Schnittstellen zwischen Softwarewerkzeugen.

Application Service Providing

Marktplatz	Hierarchisches Netz	Strategisches Netz	Clan
---	---	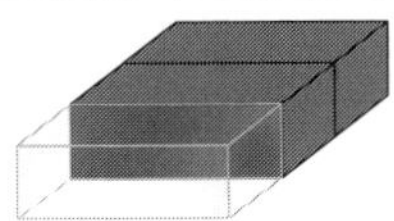	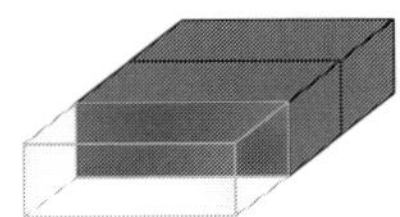

Anwendung

Bei Softwarewerkzeugen, auf die viele Nutzer eventuell auch räumlich verteilt zugreifen, bietet sich ein serverbasierter Ansatz an.

Die Anwendungen sind also nicht mehr an den einzelnen Arbeitsplatzrechner (Client) mit all den damit einhergehenden Fragen der Datenkonsistenz, Versionsverwaltung, Wartung etc. gebunden. Stattdessen sind sie auf einem zentralen Server installiert. Die Anwendungen laufen auf eigenen Applikationsservern. Sie kommen zum Einsatz, wenn eine größere Anzahl von Mitarbeitern dieselbe Anwendung benutzen sollen. Für den einzelnen Mitarbeiter ist es dabei egal, auf welchem Applikationsserver „seine" Anwendung läuft. Der Informationsaustausch mit dem zentralen Server erfolgt je nach Grad der Vertraulichkeit entweder über das Internet (z. B. mit entsprechenden Verschlüsselungsmechanismen als Virtual Private Network) oder direkt über eigene Kommunikationsverbindungen.

Ergänzt werden die Möglichkeiten durch sogenannte ThinClients, die von einem Arbeitsplatzrechner aus den Zugriff auf sogenannte Terminalserver ermöglichen, auf denen die eigentlichen Anwendungen laufen. Der Anwender besitzt im Prinzip einen eigenen „Arbeitsplatz" (Desktop) auf dem Terminalserver (z. B. Citrix MetaFrame). ThinClients können auch über ISDN oder analoge Telefonleitungen betrieben werden und können dazu verwendet werden, die Verbindungen zwischen dezentralen Einheiten herzustellen und zu betreiben. Applikationsserver, die auch einen Webserver beinhalten, erlauben sogar die Benutzung von Webbrowsern wie MS Internet Explorer oder Mozilla Firefox als Clients.

Als Ablaufumgebung für Anwendungen existieren mittlerweile eine ganze Reihe von Applikationsservern, die teilweise zum Bereich Open Source gehören (z. B. JBoss).

Der Hauptvorteil dieses Ansatzes liegt dabei in der zentralisierten Wartung und Pflege des Systems, wodurch vor allem die personellen Ressourcen der Infrastrukturabteilungen bei den Partnern geschont werden. Es kommen aber noch weitere Vorteile hinzu:

- Lokaler Installations- und Verwaltungsaufwand entfällt,
- Skalierbarkeit der Systeme,
- geringere Hardwarekosten durch Sharing von Rechnerressourcen,
- geringere Softwarekosten durch Lizenz-Pooling,
- geringerer Aufwand beim Einspielen von Service Packs und beim Releasewechsel,
- geringerer Schulungsaufwand,
- leichter Austausch gemeinsam nutzbarer Daten im Unternehmensverbund.

Bei diesem ASP-Ansatz sollten aber auch Maßnahmen zur Abgrenzung der Datenbestände der Einzelunternehmen ergriffen werden. Sie sollen einen nicht-autorisierten Zugriff durch kooperationsfremde Personen, willentlich oder versehentlich, unterbinden.

Gerade in einem zentralen System ist für eine hochverfügbare Lösung Sorge zu tragen, da im Falle der Nichtverfügbarkeit alle Firmen der Unternehmenskooperation betroffen sind.

Technischer Aufwand und Kosten

Der Betrieb eines Citrix MetaFrame-Servers erfordert einen leistungsfähigen PC mit ISDN-Karte und/oder Internetanschluss. Hierfür fallen Kosten in Höhe von ca. 5000 € an. Eine Citrix MetaFrame-Serverlizenz für 20 Nutzer kostet ca. 4000 €. Die Nutzer müssen auf ihrem PC eine kostenlose Client-Software installieren. Diese stellt jedoch keine speziellen Anforderungen an die Rechner.

Enterprise Application Integration

Marktplatz	Hierarchisches Netz	Strategisches Netz	Clan
---	---	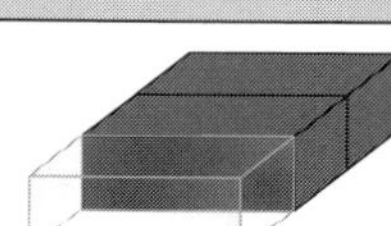	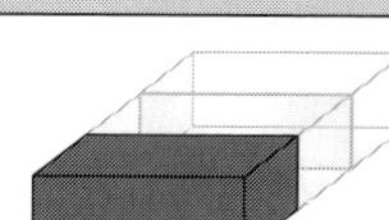

Anwendung

Enterprise Application Integration (EAI) beschreibt die Konzeption und Umsetzung einer alle Teilsoftwarelösungen integrierenden IT-Infrastruktur. Sie dient zur Kopplung von unterschiedlichen IT-Systemen, meistens betriebswirtschaftlicher Systeme, wie z. B. ERP, CRM und E-Commerce-Software.

EAI ermöglicht IT-Systemintegration mit hoher Flexibilität, leichter Erweiterbarkeit sowie einfacher Änderung des Workflows von Geschäftsprozessen und -abläufen.

Gerade in einem Unternehmensnetzwerk trägt EAI über die Erleichterung des Datenaustauschs zwischen den Softwaresystemen wesentlich zur Steigerung der Transparenz der Prozesse zwischen den Partnern bei. Im Sinne der Schaffung eines integrierten Informationsansatzes für eine hochintegrierte gemeinsame Fertigung als Endstufe des Betriebsmodells eines Clan-Netzwerks lassen sich die Vorteile wie folgt zusammenfassen:

- **Kostenreduktion** durch vermehrte Automation, weniger Fehler, verkürzte Bearbeitungszeiten, verbesserte Zusammenarbeit und flexiblere Prozesse.
- **Mehr Möglichkeiten** durch einfach einzurichtende Verknüpfungen für neue und flexibel änderbare Nutzungsmöglichkeiten und Funktionalitäten.
- **Datenkonsistenz** durch Datenaustausch und Datenintegration.
- **Herstellerunabhängigkeit** durch Kopplung trotz heterogener Softwaresysteme.
- **Vereinfachter Austausch einzelner Softwarekomponenten** durch Kommunikation der Softwaresysteme über die zentrale EAI-Middleware. Nur dort muss eine Schnittstelle angepasst werden.
- **Integration statt Migration** durch fortgesetzte Benutzung und Einbindung von Legacy-Systemen, ohne dass aufwendiges Software Reengineering, Reverse Engineering und Reimplementierung notwendig werden.
- **Flexible agile Geschäftsprozesse** durch modulare Zusammenstellung und Anpassung der Geschäftsprozesse und -abläufe an die Bedarfe des Netzwerks.

Aufwand und Kosten

Ähnlich wie bei den Manufacturing Execution Systems oder überhaupt allen Softwareintegrationsansätzen ist es auch bei der EAI-Software schwierig, genau den Punkt zu bestimmen, ab wann ihr Einsatz Sinn macht.

In der Regel sprechen für den Einsatz quantifizierbare Fragen wie die zur Datenpflege zur Verfügung stehender Kapazitäten, der Termindruck bei der

Bearbeitung von Aufträgen sowie die Vermeidung von Fehlern bei der (manuellen) Datenübertragung. Dem gegenüber steht der Preis für die Integration – sei es eine Einzellösung oder die Implementierung eines entsprechenden Softwarepakets. So etwas wollen Sie sich nicht ohne Not aufbürden.

Je nach bei den Partnern eingesetzter Software kann die Implementierung von anwendungsspezifischen Lösungen recht schnell und kostengünstig realisiert werden. Ein Beispiel dafür ist der ECC-Server.

Fallbeispiel: MikroWebFab

Der ECC-Server ist ein Hintergrundprozess, der Daten zwischen den einzelnen Anwendungen konvertiert und verteilt (Bild 7.15). Es handelt sich also um ein Programm für die Anwendungsintegration (Enterprise Application Integration – EAI).

Der ECC-Server empfängt und verteilt Nachrichten. Dabei wird im Server konfiguriert, welche Anwendung Nachrichten erhält und/oder verschickt.

Daten, die eine Anwendung exportiert, müssen in ein bestimmtes Format je nach Datenart (Entity) durch einen Konverter umgewandelt werden. Der Konverter ist dabei kein Bestandteil des ECC-Servers und kann folglich in einer beliebigen Sprache programmiert werden. Jede Anwendung, die über den ECC-Server kommuniziert, hat ihren Briefkasten (Ordner) in der Server-Verzeichnisstruktur. Dabei ist der Anwendungsordner der Eingangsbriefkasten für die Anwendung, während die untergeordneten Entity-Ordner die Ausgangsbriefkästen der Anwendung darstellen. Diese Ausgangsbriefkästen werden vom ECC-Server regelmäßig geleert, der Eingangsbriefkasten hingegen muss von der Anwendung geleert werden.

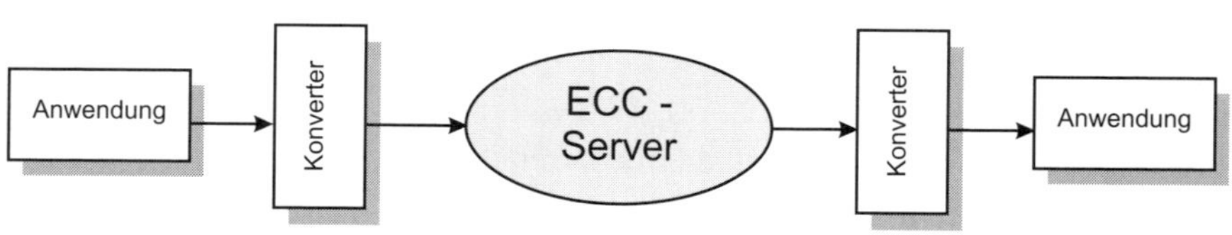

Bild 7.15: Funktionsweise des ECC-Servers

7.7 Szenario MikroWebFab: Zusammenspiel der Werkzeuge vom Startmodell bis zum Betriebsmodell des Clans

Am Ende unserer Reise durch die betriebliche Welt der Werkzeuge und Vorgehensmodelle werden wir die Werkzeuge den drei „Evolutionsstufen Startmodell, Aufbaumodell und Betriebsmodell“ eines Clan-Netzwerks zuordnen.

Alle Werkzeuge lassen sich dabei entlang der drei zu erfüllenden Grundfunktionen einordnen (vgl. Bild 7.16):

- Kommunikation,
- Information und Wissen,
- Verfolgung betrieblicher und planerischer Abläufe.

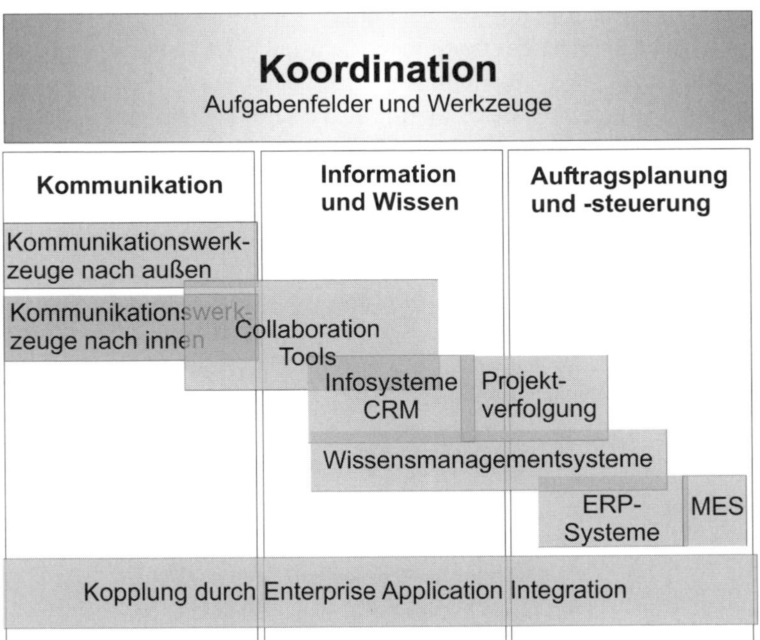

Bild 7.16: Aufgabenfelder und Werkzeuge im Unternehmensnetzwerk

Softwarewerkzeuge im Startmodell eines Clan-Netzwerks

Im Startmodell liegt der Schwerpunkt der Aktivitäten auf dem Informationsaustausch und der Kommunikation zwischen den Partnern (Bild 7.17). Bedingt durch die Verlagerung des Entwicklungs- und Produktionsprozesses an den Generalunternehmer sind die Werkzeuge vor allem auf die Unterstützung der Koordination bei der gemeinsamen Vermarktung, Akquise und Erstabschätzung von Kundenanfragen ausgerichtet. Zumeist ist in dieser Phase auch die Finanzierung der gemeinsamen Aktivitäten noch sehr gering, so dass auch keine Mittel für eine ausgeprägte eigenständige Infrastruktur bereitstehen.

Dennoch ist es schon in dieser Phase wichtig, das Prozessdenken im Netzwerk zu verankern, auch wenn die Verfolgung des gemeinsamen Vertriebsprozesses noch wenig automatisiert erfolgt. Für diese frühe Phase eignen sich zumeist internetbasierte Dienstleistungen wie gemeinsame Software, die die unternehmensübergreifende, räumlich verteilte Abwicklung von Projekten (Collaborative Work Software) unterstützt. Für Office-Anwendungen sind hier Lösungen oft auch schon für eine relativ geringe Gebühr von Internetanbietern erhältlich. Diese Werkzeuge ermöglichen den gleichzeitigen und gemeinsamen Zugriff auf Daten oder auch einfach die „gleichzeitige" Bearbeitung einer Softwareanwendung auf einer gemeinsamen Bedienoberfläche (Shared Collaboration). Eine intensive Kommunikation z. B. in Form von Telefonkonferenzen über Call-by-Call-Dienstleister oder auch zunehmend VoIP-Telefonkonferenzen ergänzen die Ausstattung der Kooperation in der Anfangsphase.

Die Koordinationsstelle kann sich bei der Verwaltung der Kundenaufträge, der Projektverfolgung und der Dokumentation der Kundenkontakte zumeist ebenfalls noch sehr gut mit einfacher Standardbürokommunikationssoftware behelfen.

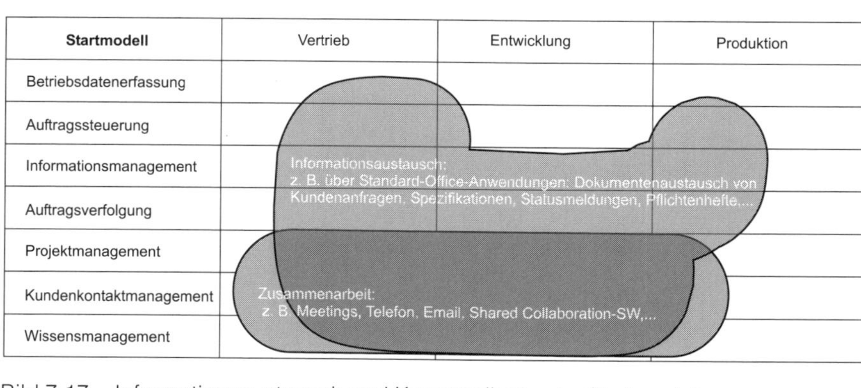

Bild 7.17 Informationsaustausch und Kommunikation im Startmodell

Softwarewerkzeuge im Aufbaumodell eines Clan-Netzwerks

Im Aufbaumodell eines Clan-Netzwerks steigt mit der Kooperationsintensität auch die Vertraulichkeit der übermittelten Daten an (Bild 7.18). Dies betrifft die Qualität der Kundendaten, aber auch die der technologischen Informationen, die wir bei der Betrachtung des Wissensmanagements bereits als eine der wichtigsten Ressourcen des Unternehmensnetzwerks kennen gelernt haben. Der Schutz der Vertraulichkeit der Kundendaten erfordert zumindest eine hinreichende Verschlüsselung oder die Einrichtung von „Virtual Private Networks“ (VPN). Diese VPN bedingen zwar einen erhöhten Aufwand zur Sicherstellung des Betriebs, beinhalten aber auch die Chance, bereits erste „dauerhafte“ gemeinsame Strukturen aufzubauen.

In dieser Phase beginnt auch parallel zur Abstimmung der unternehmensinternen Entwicklungsprozesse die Anbindung der gemeinsamen Software an die Unternehmenssoftware bei den Partnern. Die eigene Informationsinfrastruktur wird um eine qualitätsgerechte gemeinsame Dokumentations- und Projektverfolgungsinfrastruktur erweitert. Zur Vereinfachung der Abstimmungsprozesse werden Entwicklungssitzungen über Videokonferenzsysteme abgehalten.

Durch die Verlagerung der Produktionsverantwortung an einen Partner im Konsortium bleiben die Elemente der gemeinsamen Produktionssteuerung noch gering ausgeprägt. Der Koordination reichen hier in der Regel eine Statusmeldung über Auftragsbeginn und -ende sowie begleitende Informationen über den Kundenkontakt in dieser Phase. Für den Entwicklungsprozess benötigt die Koordination jedoch ein Werkzeug, das in der Lage ist, neben der Entwicklungsdokumentation auch die Zusammenarbeit dezentraler Teams zusammen mit den Kommunikationswerkzeugen zu unterstützen.

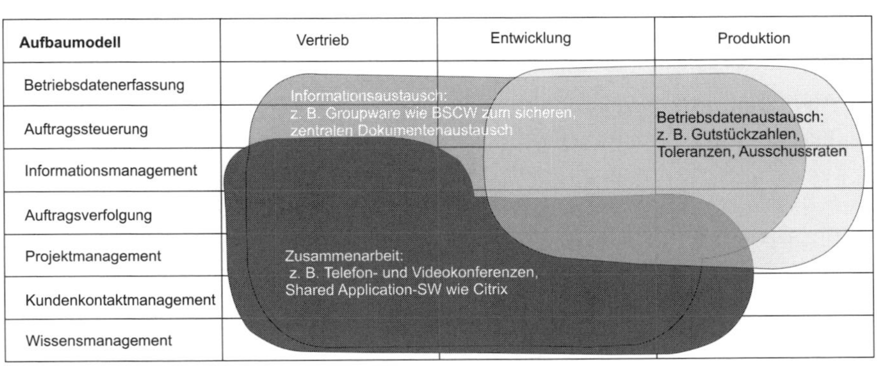

Bild 7.18: Informationsaustausch und Kommunikation im Aufbaumodell

Fallbeispiel: MikroWebFab

MikroWebFab stellt für die Kooperation einen Mix aus Systemen bereit, bestehend aus:

- einem zentral administrierten Applikationsserver unter Kontrolle von Citrix Meta-Frame XP,
- dem CRM-System Infonection,
- dem ERP-System Infor COM 6.1 sowie
- der Prozesswissensdatenbank ProWiDa.

Diese Teilsysteme werden durch einen zentralen Datenaustausch- und -konvertierungsserver (ECC-Server) gekoppelt, der Austausch selbst erfolgt über XML-Dateien.

Jeder Technologiepartner erhält auf dem zentralen Citrix-Server eine eigene ERP-Installation, im Folgenden mit „Instanz“ bezeichnet. Der Zugriff der Technologiepartner auf den Applikationsserver geschieht über Citrix-Zugangsclients. Durch den gewählten Ansatz ist eine Erweiterung der den Technologiepartnern zu Verfügung stehenden Anwendungen jederzeit möglich.

Jedes Unternehmen kann über einen eigenen Benutzerzugang die eigenen Kompetenzen in der Prozesswissensdatenbank pflegen, die über den ECC-Server an die zentrale ERP-Instanz übertragen werden. In der eigenen ERP-Instanz können zu den Kompetenzen Kosten hinterlegt werden, die für die Gesamtkalkulation benötigt werden. Das Aufbaumodell stellt erhöhte Anforderungen an die Zusammenarbeit der Partner. Entwicklungsprojekte werden anhand der definierten Standardprozesse mit Hilfe von Checklisten und Werkzeugen zur Risikoanalyse durchgeführt. Die zentrale Bearbeitung von Kundenanfragen durch die Koordination wird dabei vom Informationsmanagementsystem der Firma Infoman unterstützt. Mit Hilfe dieses Infonection-Systems erfolgt eine ganzheitliche Dokumentation von Kundenkontakten sowie der internen Abwicklung von kundenspezifischen Entwicklungsprojekten anhand der Entwicklungsrichtlinien und der Entwicklungsprozesse, die in den Infonection-Workflows abgelegt sind. Das ebenfalls unterlegte Rollenkonzept erlaubt zudem die Bildung von Projektteams und die Delegation von Aufgaben direkt an die Partner. Übersichtlich gestaltete Übersichtsanzeigen erlauben zudem den Abruf des momentanen Bearbeitungszustands einer Entwicklungsstufe.

Die Kooperation befindet sich in dieser Phase schon im Festigungsprozess. Daher kann man bereits über die Anmietung oder den Betrieb eigener Applikationsserver nachdenken, auf denen die oben genannten Anwendungen installiert und von allen Partnern gemeinsam genutzt werden können. Dies reduziert (nach der Anschaffung) die Betriebskosten und erhöht die mögliche Intensität der Vertraulichkeit im Netzwerk.

Softwarewerkzeuge im Betriebsmodell eines Clan-Netzwerks

Im Betriebsmodell eines Clan-Netzwerks liegt der Schwerpunkt der Aktivitäten neben der Abwicklung von Kundenaufträgen auf der Produktionssteuerung und Auftragsverfolgung (Bild 7.19). In diesem Kontext kann man das Unternehmensnetzwerk von der Softwareseite her wie ein eigenständiges, über verschiedene Standorte verteiltes Unternehmen betrachten. Die Anforderungen an die Effizienz der Prozesse, die Abstimmung der Ressourcen und Kapazitäten der Partner würden zu viele Ressourcen in der Koordinationsstelle binden. Daher sollte man zumindest mittelfristig die Kernprozesse der Kooperation automatisieren. Auch hier gilt: „Form follows function." Erst wenn die Notwendigkeit durch die Auftragslage gegeben ist, sollte man diesen kostenintensiven Punkt angehen.

Die Software deckt in diesem Fall nahezu die gesamte Bandbreite der betrieblichen Funktionen ab. Zur Steuerung und Überwachung der gemeinsamen Produktion macht es bei zunehmender Auslastung der Kooperation Sinn, eine Vernetzung der einzelnen ERP-Systeme anzugehen. Da nicht davon auszugehen ist, dass einer der Partner aufgrund seiner Mitarbeit in der Kooperation seine betriebliche Software zugunsten einer gemeinsamen „Einheitslösung" umstellen wird, ist auf eine flexible ERP-Architektur zu achten. Flexibel bedeutet hierbei „offen" hinsichtlich der Anbindung an die unterschiedlichen Softwaresysteme in den einzelnen Unternehmen.

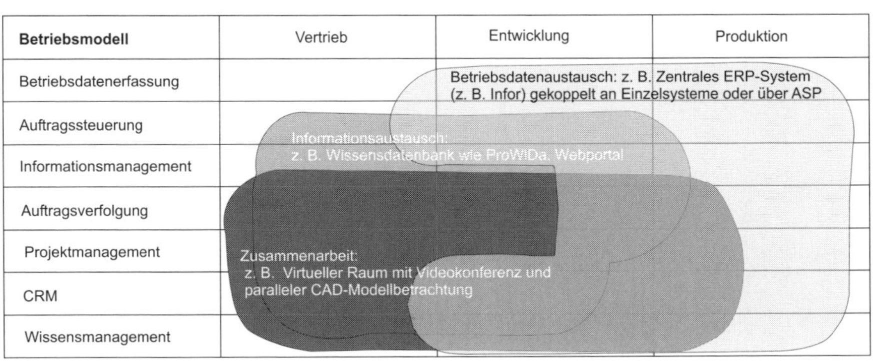

Bild 7.19: Informationsaustausch und Kommunikation im Betriebsmodell

Fallbeispiel: MikroWebFab

Vorbemerkung: Die MikroWebFab-Kooperation hat dieses Stadium bislang nur theoretisch in einem Forschungsprojekt durchgespielt. Die Erfahrungen in diesem Projekt zeigten, dass eine Lösung, wie die hierbei vorgeschlagene, funktionieren kann – der Praxistest steht dabei bislang aber noch aus.

Die Firma Infor bietet ihr Softwareprodukt als sogenannte Application Server Farm an. Bei dieser Lösung können flexibel zentral auf einem Server installierte oder auch dezentral bei den Partnern installierte Instanzen der Software so miteinander verknüpft werden, dass ein reibungsloser Austausch relevanter Daten mit dem Leitsystem gegeben ist. Über Import-/Exportschnittstellen kann das System mit lokalen Installationen bei den Partnern Prozessparameter austauschen. Über eine integrierende Infrastruktur tauscht das Gesamtsystem zudem Daten mit dem Informationssystem Infonection und der Prozesswissensmanagementsoftware ProWiDa sowie auch lokal mit den Betriebsdatenerfassungsgeräten am Wareneingang und -ausgang aus. Die Modularität der Systeme sowie die weitgehende Vernetzung von Standardsoftware über einen Datenaustauschmechanismus erlauben dabei ein hohes Maß an Flexibilität unter weitgehender Vermeidung von Speziallösungen.

8 Zusammenfassung

„Alles ist schwierig, bevor es leicht wird."

Sadi

Im Buch „Kooperationen flexibel und einfach gestalten" haben wir eine Lanze für Kooperationsnetzwerke gebrochen. Sie sind für klein- und mittelständische Unternehmen ein Weg, im immer härter werdenden globalen Wettbewerb zu bestehen. Kooperationsnetzwerke erlauben es, firmenübergreifende Synergien zu realisieren, um damit komplexe Produkte und Dienstleistungen am Markt anzubieten.

Wir haben den Weg zum Aufbau eines Kooperationsnetzwerks aufgezeigt. Dazu wurden zunächst die Vorteile dieser Organisationsform betrachtet und verschiedene Netzwerktypen vorgestellt. Ein besonders wichtiger Netzwerktyp für entwickelnde und produzierende Netzwerke ist das sogenannte Clan-Netzwerk. Als Kooperation gleichberechtigter Partner bietet es für KMU besondere Chancen in Systemprodukt-/-dienstleistungsmärkten. Dieser Typ stellt aber auch besondere Anforderungen an die Art und Qualität der Zusammenarbeit.

Wie bei jedem neuen unternehmerischen Vorhaben ist der erste Schritt zum Aufbau eines Kooperationsnetzwerks die Erarbeitung der gemeinsamen Vision und Mission. Immer mehr dringt durch, dass der Mehrwert für den Markt nicht die Organisation, also das Netzwerk an sich ist. Es sind die neuen Produkte und Dienstleistungen, die durch diese Zusammenarbeit möglich werden.

Damit hatten wir die Grundlagen zur Festlegung des Netzwerktyps geschaffen. Der nächste Schritt war, wie bei einem Einzelunternehmen, die Formulierung des Geschäftsplans. Hier müssen sich die potentiellen Kooperationspartner zum ersten Mal zusammenraufen, um konkret die Grundlagen zur strategischen Umsetzung zu definieren. Ein Weg dahin sind die Definition der Zielmärkte und die Planung des Marktzuganges für das Netzwerk. Hierzu dienen die klassischen Marketingwerkzeuge, leicht angepasst auf die Verhältnisse in einem Netzwerk.

Auf der Grundlage des Netzwerktyps, des Geschäftsplans und der Planung des Marktzugangs konnten nun die Aufbau- und Ablauforganisation und die Rechtsform des Netzwerks definiert werden. Sie sollen möglichst schlank sein, um den Overhead und damit die Zusatzkosten für den Betrieb des Netzwerks zu minimieren.

Die Anforderungen an den Netzwerktyp und damit auch an die Aufbauorganisation und Rechtsform ändern sich im Lauf der Zeit. Wie das Konsortium diese Abläufe organisatorisch bewältigen kann, wurde im nächsten Schritt behandelt.

Oft zu wenig beachtet wird ein Einflussfaktor auf das Kooperationsnetzwerk, der gerade in Fertigungsnetzwerken oft unterschätzt wird – die Menschen, die in und mit dieser Kooperation zusammenarbeiten. Für die effiziente Nutzung des wichtigsten Guts eines Netzwerks, des Wissens, wurden Strategien zum Wissensmanagement vorgestellt. Zum Aufbau und zur Pflege der Zusammenarbeit spielt kontinuierliches Vertrauens- und Teammanagement eine große Rolle.

Zum effizienten Management der „hardwarenahen“ Zusammenarbeit in produzierenden Unternehmensnetzwerken wurden entsprechende Aspekte des Qualitätsmanagements erörtert. Für Entwicklung und Vertrieb in produzierenden Clan-Netzwerken schlugen wir firmenübergreifende Geschäftsprozesse vor. Abschließend wurden Werkzeuge zur Unterstützung der Zusammenarbeit im Netzwerk und zur Unterstützung der Geschäftsprozesse präsentiert. Sie wurden im Hinblick auf ihre Eignung für die verschiedenen Netzwerktypen in unterschiedlichen Phasen ihres Lebenszyklus klassifiziert.

All dies beschreibt scheinbar einen langen, steinigen Weg, der zum Aufbau und nachhaltigen Betrieb eines Netzwerks zu gehen ist. Er ist zweifellos lang, aber wir haben versucht, Ihnen aus unserer eigenen Erfahrung beim Aufbau eines solchen Netzwerks eine Karte für diesen Weg an die Hand zu geben. Wir sind der Meinung, mit dem hier vorgestellten Vorgehen können auch Sie diesen Weg gehen.

Dennoch möchten wir noch ein letztes Mal hervorheben: Das Herz und die Seele eines Kooperationsnetzwerkes sind die Menschen. Wenn es nicht auf allen Ebenen, wie Steuerungsgremium, Expertenpool, Koordination, Fachpartner etc., die richtigen Menschen gibt, die die Netzwerkidee mit Leben füllen und umsetzen, hilft das beste Konzept nichts. Das sind die entscheidenden Erfolgsfaktoren. Wie in einer Familie sollten Sie die Beziehungen und das Vertrauen im Netzwerk pflegen.

Wir wünschen Ihnen viel Erfolg!

Literatur

[BELLAN04] *Bellanti, G.*: Die Mafia. http://www.bellanti.de/die_mafia.htm, 2004, Abruf vom 13. 3. 2006

[BOEHM88] *Boehm, B.*: A Spiral Model of Software Development and Enhancement, Computer No. 5 Vol. 21, 1988

[BRAUE02] *Brauer, J.-P.*: DIN EN ISO 9000:2000 ff. umsetzen. Carl Hanser Verlag, 2002

[GADAT02] *Gadatsch, A.*: Management von Geschäftsprozessen. Vieweg Verlag, 2002

[HEISIG01] *Heisig, P.*: Report Wissensmanagement in Wissensmanagement, Hrsg. C. H. Antoni. Symposion Verlag, 4. Auflage 2001

[HMDWI96] HMD – Theorie und Praxis der Wirtschaftsinformatik. Heft 200, April 1998

[HOCHH02] *Hochheimer, N.*: Das kleine QM-Lexikon. Wiley-VCH Verlag, 2002

[KOSIO68] *Kosiol, E.*: Einführung in die Betriebswirtschaftslehre. Gabler Verlag, 1968

[KOTTK99] *Kottkamp, R.; Rademacher, L.*: Kommunikations- und Kooperationsplattformen für Unternehmensnetzwerke. Verlag Praxiswissen, 1999

[KÜHNL98] *Kühnle, H.; Sternemann, K.-H.; Harz, K.*: Herausforderung Geschäftsprozesse. LOGIS Verlag, 1998

[LACOU80] *Lacoursiere, R. B.*: The Life Cycle of Groups: Group Development Stage Theory. Human Science Press, 1980

[NEUEN05] *Neuendorf, H.; Ott, B. (Hrsg.)*: Unternehmensübergreifende Prozesse und ganzheitliche Kompetenzentwicklung.

[NONAK97] *Nonaka, I.; Takeuchi, H.*: Die Organisation des Wissens. Campus Verlag, 1997

[NORTH98] *North, K.*: Wissensorientierte Unternehmensführung. Gabler Verlag, 1998

[PICOT96] *Picot, A.; Reichwald, R.; Wigand, R. T.*: Die grenzenlose Unternehmung – Information, Organisation und Management. Gabler Verlag, 1996

[SCHEE97] *Scheer, A.-W.*: Wirtschaftsinformatik. Springer-Verlag, 1997

[SCHME04] *Schmelzer, H.; Sesselmann, W.*: Geschäftsprozessmanagement in der Praxis. Carl Hanser Verlag, 2004

[SCHNE99] *Schnetzer, R.*: Business Process Reengineering kompakt und verständlich. Vieweg Verlag, 1999

[SCHOL94] *Scholz, C.*: Die virtuelle Organisation als Strukturkonzept der Zukunft? Arbeitspapier Nr. 30 des Lehrstuhls für Betriebswirtschaftslehre, Universität des Saarlandes Saarbrücken, 1994

[SCHUH05] *Schuh, G.; Friedli, T.; Kurr, M.*: Kooperationsmanagement. Carl Hanser Verlag, 2005

[SCHUH06] *Schuh, G.; Narr, C.;* „Aufträge ohne Grenzen" - myOpenFactory überwindet Grenzen der ERP Systeme, in Karlsruher Arbeitsgespräche 2006 Hrsg. I. Bey, Forschungszentrum Karlsruhe, Wissenschaftliche Berichte, FZKA-PFT 213

[SCHUH98] *Schuh, G.; Millarg K.; Göransson, A.*: Virtuelle Fabrik. Carl Hanser Verlag, 1998

[SCHUL98] *Schulz von Thun, F.*: Miteinander reden. Bd. 1–3, Rowohlt Verlag, 1998

[VERBA03] *Verband der Automobilindustrie e. V. (VDA)*: Qualitätsmanagement-Systemaudit. 2003

[VERST02] *Versteegen, G.*: Management-Technologien. Springer-Verlag, 2002

Anhang 1 Checkliste Aufnahmeprozedur

1. Phase: Vorbereitung

Strategie

- Welche Strategien in Bezug auf Technologien und die langfristige Positionierung am Markt verfolgt der neue Partner?
- Kann das Unternehmen über diese Strategien selbständig entscheiden oder sind andere Instanzen (Muttergesellschaft, Venture-Capital-Geber o. Ä.) zu konsultieren? In letzterem Fall, wie sehen diese eine Mitgliedschaft in einem Netzwerk?
- Passen die Strategien des neuen Partners zu den Netzwerkstrategien?

Kompetenz

- Welche Kernkompetenzen hat das Unternehmen?
- Welches Know-how/Technologieportfolio (zusätzlich zu den Kernkompetenzen) hat das Unternehmen?
- Gibt es Technologien/Kompetenzen, die sich mit dem Netzwerk-Technologieportfolio überschneiden? Wenn ja, wie kann mit dieser Überschneidung umgegangen werden?

Kooperationskultur

- Wie steht der neue Partner grundsätzlich zu Kooperationen in seinem Geschäftsbereich?
- Bestehen bereits Erfahrungen mit Kooperationen? Wenn ja, welche? Existiert in diesem Unternehmen bereits eine Kooperationskultur?
- Wie ist das Unternehmen in Bezug auf den Grad der Kommunikation organisiert (viele Hierarchieebenen oder flache Hierarchie)?
- Besteht Bereitschaft, bei der Abstimmung sowohl der firmeninternen als auch der Netzwerkstrategie mit dem Netzwerk offen zu kommunizieren?
- Besteht Bereitschaft, mit kooperationsrelevantem, firmenspezifischem Know-how im Netzwerk offen umzugehen?
- Besteht Bereitschaft, die Kalkulationsgrundlagen dem Netzwerk offen zu legen, um gemeinsame Angebote erstellen zu können?
- Besteht Bereitschaft, Regelungen/Verpflichtungen einzugehen, die spätere Schutzrechte (IPR) aufgrund der Zusammenarbeit im Netzwerk betreffen?

Nutzen

- Welchen Nutzen erhofft sich das Unternehmen durch diese Kooperation (speziell auch in den Bereichen Entwicklung, Produktion und Vertrieb)?
- Welchen Nutzen hat das Netzwerk durch seine Beteiligung?
- Ist auf beiden Seiten ein Kooperationsnutzen ersichtlich bzw. vorhanden?

Voraussetzung:
Neben einer erforderlichen Übereinstimmung in der *Strategie* und der *Kooperationskultur* muss auch der Kooperationsnutzen insbesondere in Form einer *fertigungstechnischen Kompetenz* auf beiden Seiten vorhanden sein.

Wenn ja, weiter, wenn nein, Abbruch!

Maßnahmen zur Aufnahme:

- Abstimmung des gemeinsamen Finanzierungsmodells (Aufwand des Netzwerks und des neuen Partners in Form von Sach-, Personal- oder Geldbeiträgen).
- Unterzeichnung der netzwerkübergreifenden Vertraulichkeitsvereinbarung.
- Abschluss des Kooperationsvertrages.
- **„Aufnahmefest“ als erste team- und vertrauensbildende Maßnahme und gegenseitige Werksführungen zum Kennenlernen.**

2. Phase: Ist-Analyse

Maßnahmen:

- Zu Beginn der Ist-Analyse müssen dem neuen Partner die Netzwerk-Geschäftsprozesse vorgestellt und detailliert erläutert werden.
- Als interne Maßnahme für den neuen Partner müssen alle netzwerkrelevanten Daten und Prozesse für die Kooperation erfasst werden (s. u. „Wesentliche Punkte der Ist-Erfassung“).
- Weiterhin müssen alle direkt und indirekt beteiligten Personen innerhalb des neuen Partnerunternehmens über die neue Situation informiert und hinsichtlich der netzwerkrelevanten Aspekte sensibilisiert werden (Kooperationsfähigkeit).

Wir empfehlen, zur Ist-Analyse den folgenden separaten Gesamtfragebogen (siehe auch im Downloadbereich des Hanser Verlages zu diesem Buch) zu verwenden und auf Ihre Bedürfnisse anzupassen.

3. Phase: Umsetzung

Organisationsrelevante Aspekte:

Festlegung folgender Ansprechpartner im Unternehmen für das Netzwerk:
- Entscheidungsträger Strategie
- Entscheidungsträger Netzwerkrelevante Finanzen (Budgetplanung)
- Produkt-/Technologieverantwortliche
- Technologieexperten (für Mitwirkung in firmenübergreifenden Expertenpools)
- Vertriebs- und Angebotswesen
- Qualitätsmanagement

Wichtig: Alle diese Ansprechpartner müssen mit all ihren Aufgaben, Kompetenzen und Verantwortungen sowohl im eigenen Unternehmen als auch im Netzwerk explizit benannt werden.

Interne Maßnahmen:
Abgleich der internen Vorgänge mit denen des Netzwerks und bei Bedarf Schulung/Einweisung der betroffenen Mitarbeiter (z. B. bei der Auftragserstellung, Kostenrechnung usw.). Hierbei können die einzelnen Partner des Netzwerks durchaus unterstützend beistehen und aus eigenen Erfahrungen berichten.

Technische Randbedingungen und Schnittstellenanpassungen:

Hier müssen die technischen Randbedingungen geschaffen werden, damit die Zusammenarbeit im Netzwerk reibungslos klappt. Da dies von Netzwerk zu Netzwerk unterschiedlich ist, können hier nur Beispiele angegeben werden.
- Welche Prozess- bzw. Reinheitsanforderungen setzt die Zusammenarbeit im Netzwerk als Mindestanforderung voraus, um gemeinsame Produkte herstellen zu können?
- Welche Prozess- bzw. Reinheitsanforderungen erfüllt Ihr Unternehmen (Abgleich mit den Anforderungen des Netzwerks)?
- Welche Anpassungen müssen an das bisherige Qualitätsmanagement in Ihrem Unternehmen (z. B. Qualitätsprüfung bei unternehmensübergreifenden Prozessketten, Netzwerk-FMEA usw.) umgesetzt werden (s. Netzwerkschnittstellen)?
- Welche Anpassungen müssen beim Materialfluss bzw. in der Logistik umgesetzt werden, um mit dem Netzwerk kompatibel zu sein (s. Netzwerkschnittstellen)?
- Welche Datenformate müssen zusätzlich eingeführt werden, um mit dem Netzwerk Daten austauschen zu können (Abgleich mit den im Netzwerk üblichen Datenformaten)?
- . . .

Zu beachten:
Auch wenn der neue Partner im Netzwerk einiges für die Kooperation anpassen bzw. übernehmen muss, können sich durch den Neuzugang auch neue oder alternative Möglichkeiten/Vorgehensweisen ergeben, die durchaus wiederum vom Netzwerk übernommen werden können – etwas Neues bzw. Anderes muss nicht unbedingt schlechter sein.

4. Phase: Betrieb

Maßnahmen für den laufenden Betrieb:

- Zustimmung des neuen Partners zur aktuellen Budgetplanung.
- Einbindung des neuen Partners in das im Netzwerk transparente Kalkulationsschema.
- Neue Definition von Zielgruppen (Kunden) des Netzwerks.
- Neue Abstimmung über Marketingmaßnahmen des Netzwerks (wie z. B. die Bekanntmachung über den Zuwachs).
- **Definition und Durchführung von team- und vertrauensbildenden Maßnahmen.**

Gesamtfragebogen zur Ist-Analyse

Jede weitere Frage ist mit der Angabe des gewünschten Ansprechpartners (bzw. Funktion) ergänzt:

GF: Geschäftsführung
PV: Projektverantwortlicher
EK: Einkauf
P: Produktion
E: Entwicklung
IT: Informationstechnik
V: Vertrieb
VV: Vorab-Versendung: Steht für die vorherige Versendung der Frage

Hinweis: Dieser Fragebogen ist sehr umfangreich und geht stellenweise sehr ins Detail. Sie sollten ihn als Materialsammlung verstehen und an Ihre Bedürfnisse anpassen!

Themenblock „Allgemeine Informationen zum Unternehmen"

Das Unternehmen

1. (GF, PV) Vollständiger Unternehmensname (Gesamtunternehmen):

____

ggf. die zuständige Abteilung (Geschäftsbereich) des Unternehmens:

____

2. (GF, PV) Bitte entscheiden Sie, für welchen Bereich Sie die folgenden Fragen beantworten:

O Gesamtunternehmen
O Geschäftsbereich

3. (GF, PV) Branche, in der das Unternehmen bzw. der Geschäftsbereich tätig ist:

____

4. (GF, PV) Standorte:

____

5. (GF, PV) Kurzbeschreibung der Kerngeschäftsfelder und Hauptprodukte, die Ihr Unternehmen anbietet, produziert oder entwickelt:

____

____

____

____

6. (GF, PV) Sehen Sie sich eher als Dienstleister, Entwickler oder Fertiger?

____

Kennzahlen (ca.):

7. (GF, PV) Wie liegen (in etwa) folgende Kennzahlen?

	Jahr 1	Jahr 2	Jahr 3	Jahr 4
Zahl der Mitarbeiter:				
Umsatz (in Mio. €):				
Gewinn (in Mio. €):				

Ansprechpartner:

8. (GF, PV) Bitte geben Sie die ggf. vorhandenen Ansprechpartner an:

   Projektverantwortlicher: ____________________

   Geschäftsführung: ____________________

   Vertrieb: ____________________

   Einkauf: ____________________

   Entwicklung: ____________________

   Produktion: ____________________

   Qualitätsmanagement: ____________________

   EDV/IT: ____________________

Themenblock „Informationstechnologie"

DV-Infrastruktur Allgemein:

1. (VV: IT) Ist eine zentrale DV-Abteilung vorhanden?

   ____

2. (VV: IT) Haben Sie einen Ansprechpartner in der EDV?

   Name: ______________________________

   E-Mail: ______________________________

   Tel.-Nr.: ______________________________

3. (VV: IT) Ist eine Internetstandleitung vorhanden?

   ____

4. (VV: IT) Welche Betriebssysteme (z. B. Windows XP, Windows 2000, Linux) verwenden Sie (in welchen Bereichen)?

   ____

   ____

5. (VV: IT) Welche Standardbürosoftware (z. B. MS Office) verwenden Sie (mit Release-Angabe)?

   ____

   ____

6. (VV: IT) Welche Datenbanksysteme (z. B. Oracle) verwenden Sie (mit Release-Angabe)?

   ____

   ____

7. (VV: IT, E) Welche technische Software (z. B. CAD/CAM) verwenden Sie (mit Release-Angabe)?

   ____

   ____

8. (VV: IT, E) Welche Schnittstellen verwenden Sie zum Austausch von CAD-Daten (z. B. IGES, STEP, DXF)? Welche könnten Sie verwenden?

___

___

9. (VV: IT) Nutzen Sie ein Dokumentenmanagementsystem? Wenn ja, welches?

___

10. (VV: IT) Welches Mailsystem (z. B. MS Outlook) nutzen Sie? Verwenden die Mitarbeiter dies auch zur internen Kommunikation?

___

___

11. (VV: IT) In welcher Größenordnung liegen Ihre jährlichen Ausgaben für Software?

___

Netzwerk:

12. (VV: IT) Welche Netzwerke existieren firmenintern (Ethernet, Token Ring, ATM, . . .)?

___

13. (VV: IT) Setzen Sie das TCP/IP-Protokoll ein?

___

14. (VV: IT) Wie viele Arbeitsplatzrechner verwenden Sie? Sind diese vernetzt? Besitzen diese einen Internetzugang?

___

___

15. (VV: IT) Welche Bandbreite steht für den Internetzugang zur Verfügung? Haben Sie eine Firewall?

___

16. (VV: IT) Welche Webbrowser verwenden Sie (mit Release-Angabe)?

___

ERP/PPS-System:

17. (VV: IT) Haben Sie ein ERP(Enterprise Ressource Planning)/PPS(Produktionsplanungs- und Steuerungs)-System im Einsatz?

Wenn ja: Welches System (mit Release-Angabe)?

____

An wie vielen Arbeitsplätzen und in welchen Unternehmensbereichen?

____

Welche Hardware, welches Netzwerk, welches Betriebssystem?

____

Wenn nein: Ist eine Anschaffung geplant? Wann (Zeitraum)?

____

Welches System, wenn bekannt?

____

An wie vielen Arbeitsplätzen und in welchen Unternehmensbereichen?

____

Welche Hardware, welches Netzwerk, welches Betriebssystem?

____

BDE-System:

18. (VV: IT) Haben Sie ein BDE(Betriebsdatenerfassungs)-System im Einsatz?

Wenn ja: Welches System (mit Release-Angabe)?

____

An wie vielen Arbeitsplätzen und in welchen Unternehmensbereichen?

____

Welche Hardware, welches Netzwerk, welches Betriebssystem?

____

Wenn nein: Ist eine Anschaffung geplant? Wann (Zeitraum)?

____

Welches System, wenn bekannt?

____

An wie vielen Arbeitsplätzen und in welchen Unternehmensbereichen?

____

Welche Hardware, welches Netzwerk, welches Betriebssystem?

____

Materialfluss/Lagerverwaltungssystem:

19. (VV: IT) Haben Sie ein Materialfluss/Lagerverwaltungssystem im Einsatz?

Wenn ja: Welches System (mit Release-Angabe)?

____

An wie vielen Arbeitsplätzen und in welchen Unternehmensbereichen?

____

Welche Hardware, welches Netzwerk, welches Betriebssystem?

____

Wenn nein: Ist eine Anschaffung geplant? Wann (Zeitraum)?

____

Welches System, wenn bekannt?

____

An wie vielen Arbeitsplätzen und in welchen Unternehmensbereichen?

____

Welche Hardware, welches Netzwerk, welches Betriebssystem?

____

Verwenden Sie Identifikationssysteme (z. B. Barcode, RFID)?
Wenn ja, welche?

____

CAQ-System:

20. (VV: IT) Haben Sie ein CAQ-System (rechnergestützte Qualitätssicherung) im Einsatz?

Wenn ja: Welches System (mit Release-Angabe)?

____

An wie vielen Arbeitsplätzen und in welchen Unternehmensbereichen?

____

Welche Hardware, welches Netzwerk, welches Betriebssystem?

____

Wenn nein: Ist eine Anschaffung geplant? Wann (Zeitraum)?

____

Welches System, wenn bekannt?

____

An wie vielen Arbeitsplätzen und in welchen Unternehmensbereichen?

____

Welche Hardware, welches Netzwerk, welches Betriebssystem?

____

21. (VV: IT) Welche weitere, bisher nicht genannte Anwendungssoftware kommt bei Ihnen zum Einsatz (und zu welchem Zweck)?

____

Themenblock „Informations- und Wissensmanagement“

Allgemeine Fragen an die GF

1. (GF) Sind die Informationsflüsse und Arbeitsabläufe im Unternehmen schon dokumentiert (ex. Prozessabläufe)?

___

___

2. (GF) Gibt es Schwachstellen bei den Abläufen der Auftragsabwicklung und/oder -verfolgung?

___

___

3. (GF) Gibt es Überlegungen zu einer Optimierung der Arbeitsabläufe?

___

___

Fragen an die Abteilungen

Informationserstellung

4. (VV: GF) Welche Dokumente verwalten Sie und welche speziellen Inhalte haben diese. In welcher Abteilung werden die Dokumente gepflegt bzw. genutzt?

Dokumente	vorhanden (ja/nein)	DV-Form oder Papier	Abteilung(en)
Kundenanfrage			
Angebot			
Auftrag			
Verträge			
Reklamationen			
Produktblatt			
Wettbewerbsinfo			
Kundeninfo			
...			

Lebenslauf eines Dokumentes

5. (IT, GF, V, EK, E, P) Wann werden die Informationen erstmalig erstellt und von wem?

___

6. (IT, GF, V, EK, E, P) Wer ist an der Pflege der Informationen beteiligt? (Welche Geschäftsbereiche bzw. Abteilungen wirken bei der Erstellung der Inhalte mit?)

___

7. (IT, GF, V, EK, E, P) Bei welchem Anlass sind Änderungen erforderlich und wer initiiert diese?

___

___

8. (IT, GF, V, EK, E, P) Besteht eine Änderungsberechtigung bezogen auf einzelne Dokumente?

___

9. (IT, GF, V, EK, E, P) Wie oft werden die Inhalte aktualisiert und von wem?

___

10. (IT, GF, V, EK, E, P) Wer ist für die Endredaktion/Fertigstellung zuständig?

___

11. (IT, GF, V, EK, E, P) Wo treten Probleme/Engpässe auf?

___

12. (IT, GF, V, EK, E, P) Wie viele Dokumente werden im Schnitt wöchentlich/monatlich erstellt?

___

13. (IT, GF, V, EK, E, P) Wie ist die logische Ablagestruktur der Dokumente?

___

14. (IT, GF, V, EK, E, P) Wie lange ist die Gesamtaufbewahrungsdauer?

___

15. (IT, GF, V, EK, E, P) Wie erfolgt die Langzeitarchivierung?

    Welche Bedeutung hat die Langzeitarchivierung (z. B. haftungsrechtlich)?

    ___

16. (IT, GF, V, EK, E, P) Wo treten Probleme/Engpässe auf?

    ___

Informationsnutzung und -verteilung

17. (IT, GF, V, EK, E, P) Wer nutzt wann welche Informationen intern/extern und aus welchem Anlass?

    ___

    i. Wer greift intern auf die Daten zu und wie?

       ___

       Aus welchem Anlass?

       ___

    ii. Wer greift extern auf die Daten zu und wie?

       ___

       Aus welchem Anlass?

       ___

    iii. Welche Schnittstellen werden dazu benutzt?

       ___

    iv. Wo treten Problem/Engpässe auf?

       ___

18. (IT, GF, V, EK, E, P) Wer ist für die Bereitstellung der Dokumente bei den Nutzern zuständig?

    ___

19. (IT, GF, V, EK, E, P) Wem und inwieweit werden bestimmte Zugriffsrechte ausgegeben?

    ___

20. (IT, GF, V, EK, E, P) Wo treten Probleme/Engpässe auf?

    ___

Wissensmanagement allgemein

21. (GF, PV, IT) Welche Bereiche sind bei Ihnen in den Innovations- bzw. Produktentstehungsprozess eingebunden?

☐ Produktdefinition ☐ Produktentwicklung ☐ Unternehmensleitung

☐ Produktion ☐ Vertrieb ☐ Service

☐ Alle Mitarbeiter ☐ Wichtige Kunden ☐ Wichtige Lieferanten

☐ Sonstiges: ______________________________

22. (VV: GF, PV, IT) Zwischen welchen betrieblichen Funktionen entlang der Wertschöpfungskette sehen Sie bedeutende Wissensflüsse für Ihr Unternehmen bzw. Ihren Geschäftsbereich? Bitte markieren Sie die wichtigsten drei mit Pfeilen.

Produktdefinition	Produktdefinition
Produktentwicklung	Produktentwicklung
Produktion	Produktion
Marketing/Vertrieb	Marketing/Vertrieb
Service	Service

23. (GF, PV, IT) Für wie wichtig halten Sie Wissensmanagement für Ihr Unternehmen bzw. Ihren Geschäftsbereich?

unwichtig wichtig

☐ ☐ ☐ ☐ ☐

24. (VV: GF, PV, IT) Wie versuchen Sie, unternehmens- bzw. bereichsintern Wissensbestände zu identifizieren? Wie oft wenden Sie Wissensmanagement an? Wie schätzen Sie die Eignung dieses Instrumentes ein?

		Einsatzhäufigkeit nie – oft	Eignung/Qualität gering – hoch
Betriebliches Vorschlagswesen		☐ ☐ ☐ ☐ ☐	☐ ☐ ☐ ☐
Controlling-Instrumente, Kennzahlen		☐ ☐ ☐ ☐ ☐	☐ ☐ ☐ ☐
Formale Dokumentationen		☐ ☐ ☐ ☐ ☐	☐ ☐ ☐ ☐
Formeller Austausch mit Fach- und Führungskräften		☐ ☐ ☐ ☐ ☐	☐ ☐ ☐ ☐
Informeller Austausch		☐ ☐ ☐ ☐ ☐	☐ ☐ ☐ ☐
Mitarbeiterbefragung (Gespräch, Fragebogen)		☐ ☐ ☐ ☐ ☐	☐ ☐ ☐ ☐
Mit Hilfe von Beratungsunternehmen		☐ ☐ ☐ ☐ ☐	☐ ☐ ☐ ☐
Mit Hilfe von Informationstechnik		☐ ☐ ☐ ☐ ☐	☐ ☐ ☐ ☐
Sonstiges: ____________________		☐ ☐ ☐ ☐ ☐	☐ ☐ ☐ ☐

25. (VV: GF, PV, IT) Wie versuchen Sie, neues Wissen in Ihr Unternehmen bzw. Ihren Geschäftsbereich zu bringen?

		Einsatzhäufigkeit nie oft	Eignung/Qualität gering hoch
Benchmarking		☐ ☐ ☐ ☐ ☐	☐ ☐ ☐ ☐
Fortbildung		☐ ☐ ☐ ☐ ☐	☐ ☐ ☐ ☐
Joint Ventures		☐ ☐ ☐ ☐ ☐	☐ ☐ ☐ ☐
Kongresse, Foren		☐ ☐ ☐ ☐ ☐	☐ ☐ ☐ ☐
Kooperation mit Kunden		☐ ☐ ☐ ☐ ☐	☐ ☐ ☐ ☐
Kooperation mit Lieferanten		☐ ☐ ☐ ☐ ☐	☐ ☐ ☐ ☐
Kooperation mit Hochschulen		☐ ☐ ☐ ☐ ☐	☐ ☐ ☐ ☐
Marktforschung		☐ ☐ ☐ ☐ ☐	☐ ☐ ☐ ☐
Neueinstellungen von Experten		☐ ☐ ☐ ☐ ☐	☐ ☐ ☐ ☐
Recherche Fachliteratur		☐ ☐ ☐ ☐ ☐	☐ ☐ ☐ ☐
Internetrecherche		☐ ☐ ☐ ☐ ☐	☐ ☐ ☐ ☐
Sonstiges: ________________________		☐ ☐ ☐ ☐ ☐	☐ ☐ ☐ ☐

26. (VV: GF, PV, IT) Welche Methoden/Konzepte setzen Sie zur Explizierung von Wissen und zum Wissenstransfer ein?

	Einsatzhäufigkeit unternehmens-intern nie oft	Einsatzhäufigkeit mit externen Partnern gemeinsam nie oft	Eignung/Qualität für unternehmens-übergreifenden Transfer gering hoch
Bekanntmachungen	☐ ☐ ☐ ☐ ☐	☐ ☐ ☐ ☐ ☐	☐ ☐ ☐ ☐ ☐
Erfahrungsvorträge, Gruppensitzungen, Work-shops	☐ ☐ ☐ ☐ ☐	☐ ☐ ☐ ☐ ☐	☐ ☐ ☐ ☐ ☐
Mail-Aktionen über doku-mentiertes Wissen	☐ ☐ ☐ ☐ ☐	☐ ☐ ☐ ☐ ☐	☐ ☐ ☐ ☐ ☐
Berichte (z. B. Projekt-dokumentationen, Lessons-learned-Berichte)	☐ ☐ ☐ ☐ ☐	☐ ☐ ☐ ☐ ☐	☐ ☐ ☐ ☐ ☐
Netzwerk formeller und informeller Beziehungen	☐ ☐ ☐ ☐ ☐	☐ ☐ ☐ ☐ ☐	☐ ☐ ☐ ☐ ☐
Spezielle Organisationsein-heiten (z. B. Wissensbroker)	☐ ☐ ☐ ☐ ☐	☐ ☐ ☐ ☐ ☐	☐ ☐ ☐ ☐ ☐
Sonstiges: ________________	☐ ☐ ☐ ☐ ☐	☐ ☐ ☐ ☐ ☐	☐ ☐ ☐ ☐ ☐

27. (GF, PV, IT, E) Wie wird das Wissen über Produkte, Kunden, Projektaufträge, Entwicklung, Verfahren bewahrt, weitergegeben und nutzbar gemacht? Gibt es hier feste Regeln und wenn ja, welche?

Produkte: ______________________

Kunden: ______________________

Projektaufträge: ______________________

Entwicklung: ______________________

Verfahren: ______________________

Sonstiges: ______________________

28. (VV: GF, PV, IT) Welche informations- und kommunikationstechnischen Werkzeuge setzen Sie für das Wissensmanagement ein?

	Einsatzhäufigkeit nie … oft	Eignung/Qualität nie … oft	Handlungsbedarf gering … hoch
Dokumentenmanagement-systeme	□ □ □ □ □	□ □ □ □ □	□ □ □ □ □
E-Mail	□ □ □ □ □	□ □ □ □ □	□ □ □ □ □
Product-Data-Management-Systeme (PDM)	□ □ □ □ □	□ □ □ □ □	□ □ □ □ □
Erfahrungsdatenbanken	□ □ □ □ □	□ □ □ □ □	□ □ □ □ □
Expertensysteme	□ □ □ □ □	□ □ □ □ □	□ □ □ □ □
Internet	□ □ □ □ □	□ □ □ □ □	□ □ □ □ □
Know-how-Profile; Skills	□ □ □ □ □	□ □ □ □ □	□ □ □ □ □
Datenbanken	□ □ □ □ □	□ □ □ □ □	□ □ □ □ □
Kundendatenbanken	□ □ □ □ □	□ □ □ □ □	□ □ □ □ □
Telefon/Telefax	□ □ □ □ □	□ □ □ □ □	□ □ □ □ □
Sonstiges: ________	□ □ □ □ □	□ □ □ □ □	□ □ □ □ □

Aspekte Prozesswissen

29. (GF, PV, IT) In welcher Form sind Informationen/Wissen über Design Rules, Arbeits-, Prüfanweisungen etc. vorhanden?

____

30. (GF, PV, IT, E, P) Bitte geben Sie Schätzwerte bzgl. des Grades des dokumentierten Prozesswissens in Prozent an:

Bezüglich	DV-Form	Papierform	nicht abgelegt
Verfahren/Prozesse			
Maschinen			
Werkstoffe			

31. (GF, PV, E, P) Wie weit und in welcher Form ist bei Ihnen Wissen über die Vernetzung der Technologien dokumentiert?

---

32. (GF, PV, E, P) Werden Prozesse bei Ihnen vollständig gegenüber anderen Prozessen abgegrenzt? Inwieweit hängen sie miteinander zusammen?

---

33. (VV: GF, IT) Verwenden Sie Wissenslandkarten? Wenn ja, in welchen Bereichen?

---

34. (VV: GF, IT, PV) Ist Ihr Betrieb zertifiziert? Welche Zertifizierungen?

---

35. (VV: GF, PV, P, E) Erläuterungen zu den vorhandenen Prozessen:

Fragen / Prozesse	Sind bei Ihnen in den jeweiligen Prozessen Design Rules (Gestaltungsregeln) vorhanden? Wenn ja, in welcher Form?	Würden Sie die Design Rules in das Netzwerk einbringen?	Bitte nehmen Sie eine Einschätzung der jeweiligen Prozessbeherrschung vor (in Prozent)?	Wie hoch liegt die Fehlerrate bei den Prozessen (in Prozent)?
...				
...				

36. (GF, PV, P, E) Wo liegen (prozessübergreifende) Schwierigkeiten/Probleme in Ihrer Fertigung? Welche Lösungsansätze/-möglichkeiten sind Ihnen bekannt?

Probleme	Lösungen

Wissensmanagement für Kooperationen

37. (VV: GF, PV, E) Welche Art von Kooperationen bestehen zurzeit bei Ihnen?

		Anzahl Kooperationen <3 3–10 11–19 >20	Prozent erfolgreich
Unternehmensübergreifende Zusammenarbeit gleichberechtigter Partner		☐ ☐ ☐ ☐ ☐	
Unternehmensübergreifende Zusammenarbeit mit einem dominierenden Partner, in dem Sie das „dominierende“ Unternehmen sind		☐ ☐ ☐ ☐ ☐	
Unternehmensübergreifende Zusammenarbeit mit einem dominierenden Partner, in dem Sie das teilnehmende Unternehmen sind		☐ ☐ ☐ ☐ ☐	
Unternehmens- bzw. konzerninterne Zusammenarbeit		☐ ☐ ☐ ☐ ☐	

38. (VV: GF, PV) Für wie wichtig halten Sie Wissensmanagement in Kooperationen?

unwichtig wichtig

☐ ☐ ☐ ☐ ☐

39. (VV: GF, PV) Welcher Partner ist Eigentümer des Wissens, das innerhalb bzw. durch eine unternehmensübergreifende Kooperation entstanden ist?

		Häufigkeit der Regelung nie oft
Ein (definierter) Partner		☐ ☐ ☐ ☐ ☐
Jeder Partner der Kooperation kann es frei verwenden		☐ ☐ ☐ ☐ ☐
Jeder an der Wissensgenerierung Beteiligte kann es frei nutzen		☐ ☐ ☐ ☐ ☐
Situation ist vertraglich geregelt		☐ ☐ ☐ ☐ ☐
Es gibt keine konkreten Regelungen		☐ ☐ ☐ ☐ ☐
Sonstiges: ______________________		☐ ☐ ☐ ☐ ☐

40. (VV: GF, PV) Welche Befürchtungen haben Sie beim IT-gestützten Wissenstransfer innerhalb unternehmensübergreifender Kooperationen?

		Befürchtung vorhanden nein ja
Abfluss von eigenem Know-how		☐ ☐ ☐ ☐ ☐
Ausfall von wichtigen Diensten (Denial of Service)		☐ ☐ ☐ ☐ ☐
Missbräuchliche Nutzung von Systemen und Anwendungen		☐ ☐ ☐ ☐ ☐
Verlust von Daten		☐ ☐ ☐ ☐ ☐
Zugriff von unberechtigten Personen auf das Unternehmensnetz		☐ ☐ ☐ ☐ ☐
Sonstiges: ______________________		☐ ☐ ☐ ☐ ☐

41. (VV: GF, PV) Existieren definierte Regeln, wie und welches Wissen bei Kooperationen an Kooperationspartner weitergegeben werden darf und welches nicht?

Wenn ja, welche?

____

42. (VV: GF, PV, E, P) Wie bewerten Sie folgende Aussagen bei bestehenden Kooperationen bezüglich der Ausrichtung Ihrer Organisation an Geschäftsprozessen?

		trifft nicht zu trifft zu
Die Prozesse im Unternehmen bzw. Geschäftsbereich sind erfasst und modelliert		☐ ☐ ☐ ☐ ☐
Die Prozesse wurden optimiert		☐ ☐ ☐ ☐ ☐
Zur Unterstützung der Prozesse/Organisation werden Workflow-Managementsysteme (Vorgangssteuerungssysteme) eingesetzt		☐ ☐ ☐ ☐ ☐
Informationen über die Prozesse der Kooperationspartner sind verfügbar		☐ ☐ ☐ ☐ ☐
Durchgängige Prozesse (über alle Partner hinweg) sind definiert		☐ ☐ ☐ ☐ ☐
Der Aufwand zur Modellierung und Umsetzung von durchgängigen Prozessen (über alle Partner hinweg) ist angemessen		☐ ☐ ☐ ☐ ☐

Themenblock „Fertigungstechnologien“

Produkte

1. (P, E) Welche Produkte stellen Sie her bzw. welche Dienstleistungen bieten Sie an?

 ____

2. (P, E) Sehen Sie sich als Entwicklungsdienstleister, Fertigungsdienstleister, Produzent oder füllen Sie mehrere dieser Rollen aus?

 ____

3. (P, E) Beschreiben Sie die Prozessketten, Kombinationen von Fertigungsverfahren, die Sie zur Herstellung Ihrer Produkte einsetzen?

 ____

 ____

Fertigungsprozesse/Fertigungsverfahren

4. (E) Welche Fertigungsprozesse/Fertigungsverfahren sind in Ihrer Firma verfügbar? (z.B. mechanische Mikrobearbeitung, Mikrospritzguss, Beschichtungsverfahren, Laser-Mikrostrukturierung)

 ____

5. (E) Bei welchen dieser Fertigungsprozesse/-verfahren sind Sie „nur“ Anwender, welche gehören zu Ihrer Kernkompetenz und wie bewerten Sie Ihre Kompetenz (1–6 wie Schulnoten)?

Fertigungsprozesse/-verfahren	Anwender	Kernkompetenz	Bewertung
	☐	☐	
	☐	☐	
	☐	☐	

6. (E) Kennen Sie die Grenzen „Ihrer“ Fertigungsprozesse/-verfahren und wie können Sie die technologischen Möglichkeiten detailliert beschreiben (z.B. durch Konstruktionsregeln, Design Rules)?

 ____

7. (E, P) Für welche Fertigungsprozesse/-verfahren arbeiten Sie fest mit externen Partnern (Zulieferern) zusammen? Können Sie auch diese technologischen Möglichkeiten detailliert beschreiben (z.B. durch Konstruktionsregeln, Design Rules)?

 ____

8. (P, E, Q) Wie sind diese Konstruktionsregeln bzw. Design Rules beschrieben (neutral, maschinenabhängig, personenabhängig)?

___

9. (E) Welche technologischen Trends und Entwicklungen halten Sie für Ihre Unternehmensentwicklung für wesentlich?

___

10. (E) Führen Sie derzeit neue Fertigungsprozesse/-verfahren ein oder planen Sie, demnächst neue Fertigungsprozesse/-verfahren zu implementieren? Welche?

___

11. (E) Was ist die Motivation dafür, für welche Prozessketten, Produkte benötigen Sie diese neuen Fertigungsprozesse/-verfahren?

___

12. (E) Welche der neuen Fertigungsprozesse/-verfahren wollen Sie zur Kernkompetenz aufbauen, welche wollen Sie „nur" als Anwender nutzen?

___

13. (P, E) Welche Schwierigkeiten/Hindernisse sehen Sie dabei (z. B. Finanz-, Personalbedarf, -qualifikation, wissenschaftliche Unterstützung, Infrastruktur)?

___

14. (P, E) Könnten Sie sich dabei Unterstützung von Partnern (Unternehmen [netzwerkintern, -extern], Forschungseinrichtung) vorstellen?

___

Prozess-/Fertigungsanlagen

15. (VV, P) Welches sind Ihre für das Netzwerk verfügbaren Fertigungs- und Prozessanlagen (Typ, technische Daten, Fertigungskapazität)?

___

16. (P) Welchen Anteil Ihrer Fertigungskapazität können Sie für das Netzwerk voraussichtlich zur Verfügung stellen (bei mehreren Anlagen bitte aufschlüsseln)?

___

17. (P) Welche Standards (Werkzeuge, Halbzeuge, Substrate, Formate etc.) wenden Sie an?

___

18. (P) Welche Standards (Werkzeuge, Halbzeuge, Substrate, Formate etc.) setzen Sie bei Partnern in einer firmenübergreifenden Prozesskette voraus?

---

19. (VV, P, E, Q) Welche produktions- und entwicklungsbegleitenden Messmöglichkeiten stehen im Haus zur Verfügung (Typ, technische Daten)?

---

20. (P) Nach welchen Standards/Richtlinien (z. B. ISO 9000261ff., MPG, GMP, FDA etc.) produzieren Sie?

---

21. (P, E, Q) Sind entwicklungslastige Arbeiten (Herstellung von Prototypen, Testmuster) außerhalb der Produktion auf separaten Maschinen durchführbar oder müssen Entwicklungsarbeiten in die Produktion eingetaktet werden?

---

22. (P, E, Q) Unter welchen Voraussetzungen ist dies möglich?

---

23. (P, E, Q) Können Entwicklungsarbeiten vor Ort von einem externen Entwicklungsteam begleitet werden?

---

24. (P, E, Q) Wo sehen Sie generell materielle Engpässe (Verfügbarkeit von Personal, Maschinen, Werkzeugen, Vorrichtungen, Halbzeugen, Material)?

---

25. (P, E, Q) Wo sehen Sie generell immaterielle Engpässe (z. B. Know-how, Lizenzrechte)?

Themenblock „Organisation (Hard Facts)“

Unternehmensklassifizierung

1. (VV: GF, P) In welche Unternehmenslandkarte würden Sie Ihre Kernprozesse der Fertigung einordnen (siehe Anlage)?

   - ☐ Serienfertigung
   - ☐ Einzelfertigung
   - ☐ Wiederholfertigung

Geschäftsprozesse der Auftragsabwicklung

2. (EK) In welcher Form erfolgt die Auftragsabwicklung mit den Lieferanten?

   - ☐ Über Bestellung mit Einzelaufträgen
   - ☐ Über Bestellung mit Rahmenverträgen (mengenbezogen/wertbezogen)
   - ☐ Über Bestellung per Abrufauftrag

---

3. (V) In welcher Form erfolgt die Auftragsabwicklung mit den Kunden?

   - ☐ Über kundenauftragsbezogene Endproduktion für Einzelaufträge
   - ☐ Über kundenauftragsbezogene Endproduktion für Rahmenverträge
   - ☐ Über kundenauftragsbezogene Abrufaufträge
   - ☐ Über kundenanonyme Vorproduktion auf Lager

---

4. (EK, V) Erfassung des Mengengerüsts zur Auftragslage (Daten pro Jahr/Monat/Woche/Tag):

   - ☐ Wie viele Angebote? ....
   - ☐ Wie viele Bestellungen? ....
   - ☐ Wie viele Kundenaufträge? ....
   - ☐ Wie viele Fertigungsaufträge? ....
   - ☐ Wie viele Rechnungen? ....

---

5. (P) Erfolgt die Auftragsfortschrittsmeldung über BDE?

   - ☐ Ja
   - ☐ Nein

---

6. (P) Werden in der Auftragsfortschrittsmeldung Qualitätskriterien miterfasst? Wenn ja, welche?

---

7. (GF, EK) Werden zu Auftragsanfragen Angebotskalkulationen erstellt? Wenn ja, auf welcher Basis? Beispielsweise über:

   ☐ die Herstellkostenkalkulation auf Basis von Plandaten (Ist-Daten)
   ☐ per Excel

---

8. (V, P) Ist ein Kundenbezug bereits im Fertigungsauftrag vorhanden (Bestimmung für das Endprodukt darin festgelegt)?

---

9. (EK, V, P) Werden Informationen zu Serien und Chargen in Fertigung, Einkauf und Vertrieb verwendet? Beispielsweise durch eine Nummer?

Qualitätsprüfungen

10. (P, EK, V) An welchen Stellen werden qualitätsrelevante Merkmale erfasst?

   ☐ Im Wareneingang:
      ○ QS-Plan
      ○ ....
   ☐ In der Fertigung:
      ○ nach bestimmten Arbeitsschritten
      ○ ....
   ☐ Nach der Fertigung:
      ○ Endprüfung
      ○ ....
   ☐ Im Warenausgang:
      ○ Produkt erhält Prüfzertifikat
      ○ ....

---

11. (P, EK, V) Es fallen qualitätskritische Teile an. Was geschieht mit diesen Teilen?

   ☐ Im Wareneingang:
      ○ Reparatur
      ○ Rücklieferung
      ○ Verschrottung
      ○ Reklamation
      ○ ....
   ☐ In der Fertigung:
      ○ Reparatur
      ○ ....

---

12. (EK) Wie erfolgt die Kostenverbuchung zu gelieferten qualitätskritischen Teilen? Werden die Aufwände dem Kunden in Rechnung gestellt?

---

13. (P) Werden Reparaturen vorgenommen, wenn beispielsweise die Endprüfung fehlerhaft ist? Was geschieht mit produzierten Ausschussteilen?

---

14. (P) Gibt es bestimmte Merkmale, Richtlinien, die eingehalten werden müssen, bei

☐ Transport:
- ○ Schlagfestigkeit
- ○ Temperatur
- ○ Feuchtigkeit
- ○ ....

☐ Lagerung:
- ○ Lagerdauer
- ○ Temperatur
- ○ Feuchtigkeit
- ○ ....

Geschäftsprozesse der Fertigung

15. (GF, P) Wie ist die Fertigungsstruktur?

☐ Komplex
☐ Einfach
☐ Baugruppen

---

16. (P) Wie werden die Teile gefertigt?

☐ Reihenfertigung
☐ Fließfertigung
☐ Inselfertigung
☐ Werkstattfertigung

---

17. (P) Unterliegen einige Endprodukte einer hohen Ausschussrate oder sind die Fertigungsabläufe stabil?

---

18. VK, P) Wie gestaltet sich die Wiederbeschaffungszeit für ein gefertigtes Teil?

---

19. (P) Wird im Bereich der bestehenden Stücklisten und Arbeitspläne mit Varianten gearbeitet?

Geschäftsprozesse der Disposition

20. (EK, P) Wie erfolgt die Disposition für Materialien und Kapazitäten?

- ☐ Volldisposition
- ☐ Engpassdisposition
- ☐ ....

---

21. (EK, P) Werden Bestände mindestüberwacht, beispielsweise über:

- ☐ Bestellpunkt variable/fixe Mengen
- ☐ Bestellrhythmus variable/fixe Mengen
- ☐ ....

Themenblock „Organisation (Soft Facts)“

Kultur

1. (GF) Unternehmerisches Selbstbild (Was zeichnet uns aus, wie sieht der „Charakter“ unseres Unternehmens aus? Wo kommen wir her? Auf was sind wir stolz? Was soll so bleiben, wie es ist?)

____

2. (GF) Wie definieren Sie unternehmerischem Erfolg, was sind die Faktoren, an denen Sie Ihren unternehmerischen Erfolg messen (nach innen und außen)?

____

3. (GF) Gibt es für Ihr Unternehmen eine Zukunftsvision, d. h. eine ausdrückliche Vorstellung davon, wo Sie Ihr Unternehmen in 5–10 Jahren sehen wollen?

____

4. (GF; PV oder E) Gibt es eine Lernkultur, werden entsprechende Normen auch konkret gefördert (PE-Maßnahmen)?

   Geschäftsführung ______________________________

   Mitarbeiter ______________________________

5. (GF; PV oder E) Gibt es eine Kultur der kontinuierlichen Optimierung (periodische Selbstanalysen o. Ä.)? Wie erfassen Sie die Qualität Ihrer Kernprozesse? Gibt bzw. gab es Versuche der Prozessoptimierung?

   Geschäftsführung ______________________________

   Mitarbeiter ______________________________

6. (GF; PV oder E) Wird hier viel im Team oder eher alleine gearbeitet? Wird darüber ausdrücklich kommuniziert, gibt es offen kommunizierte Begründungen für Team- bzw. Einzelarbeit?

   Geschäftsführung ______________________________

   Mitarbeiter ______________________________

7. (GF; PJ oder E) Gibt es eine Kultur der Offenheit nach außen, holen Sie regelmäßig und strukturiert Informationen aus der Unternehmensumwelt (z. B. der Konkurrenz) ein (Innovationsanstöße von außen erlaubt vs. „not invented here“-Symptom)?

   Geschäftsführung ______________________________

   Mitarbeiter ______________________________

Arbeitsstruktur

8. (GF; PV oder E) Aufgabenklarheit: Gibt es präzise Stellen- bzw. Rollenbeschreibungen (im Sinne von Aufgaben, Kompetenzen und Verantwortlichkeiten) für die einzelnen Funktionen in Ihrem Unternehmen? Richtet sich Ihre Personalauswahl danach?

   Geschäftsführung ______________________________

   Mitarbeiter ______________________________

9. (GF) Entsprechen die Arbeitsanforderungen den Qualifikationen Ihrer Mitarbeiter? Wenn ja, woran machen Sie das fest? Gibt es so etwas wie Mitarbeitergespräche?

____

10. (GF; PV oder E) Inwieweit sind Ihre Mitarbeiter mit Routineaufgaben beschäftigt bzw. inwieweit handelt es sich um stark wechselnde, immer neue Anforderungen?

    Geschäftsführung ______________________________

    Mitarbeiter ______________________________

11. (GF; PV oder E) Wie hoch schätzen Sie das Ausmaß an Überstunden und Mehrarbeit in Ihrem Unternehmen ein?

    Geschäftsführung ______________________________

    Mitarbeiter ______________________________

12. (GF; PV oder E) Was haben Sie für Erfahrungen mit Vertrauen (nach außen und nach innen)? Gibt es noch das Handschlagprinzip oder sind für alles Verträge nötig?

____

13. (GF; PV oder E) Wie wird in Ihrem Unternehmen mit Konflikten umgegangen (z. B. konstruktiv, offen, verdeckt)? **Beispiel!**

    Geschäftsführung ______________________________

    Mitarbeiter ______________________________

Erfahrungen/Einstellungen zur Kommunikation

Definition des Begriffs Kommunikation

14. (GF; PV oder E) Wo ist Kommunikation wichtig für einen reibungslosen Arbeitsprozess (intern und extern)?

    Geschäftsführung ______________________________

    Mitarbeiter ______________________________

15. (GF; PV oder E) Wer kommuniziert hier mit wem über was und wie geschieht dies? Gibt es diesbezüglich explizite Normen und wenn ja, welche (Regelkommunikation)?

    Geschäftsführung ______________________________

    Mitarbeiter ______________________________

16. (GF; PV oder E) Was heißt für uns gute bzw. schlechte Kommunikation (Beispiele)? Wird bei uns offen kommuniziert? Gibt es hier Kommunikationsexperten?

    Geschäftsführung ______________________________

    Mitarbeiter ______________________________

17. (V) Rückmeldebeziehungen zwischen Fachpartnern und jeweiligen Kunden: Ist Wissen um die Zufriedenheit der Kunden mit eigenen Produkten/Dienstleistungen vorhanden? Wie wird es eingeholt, dokumentiert?

    Mitarbeiter Vertrieb ______________________________

Führung

18. (GF, PV) Welche Aufgaben, Kompetenzen, Verantwortungen haben unsere unterschiedlichen Führungsebenen? Sind diese eindeutig und von allen betroffenen Akteuren gleichermaßen definiert?

____

19. (GF; PV oder E) Gibt es explizite Normen des Führungsverhaltens und wenn ja, welche? Entsprechen unsere FP diesen Normen? Wie werden wir geführt?

    Geschäftsführung ______________________________

    Mitarbeiter ______________________________

20. (GF; PV oder E) Wie kommen bei uns Entscheidungen (bzgl. Unternehmensstrategie, Personal, Technik) zustande (Beispiele inkl. des dazugehörigen kommunikativen Prozesses sowie der wichtigsten Schnittstellen)?

    Geschäftsführung ______________________________

    Mitarbeiter ______________________________

21. (GF; PV oder E) Welcher Führungsstil herrscht vor (Weisung vs. Partizipation), gibt es darüber ausdrückliche Kommunikation (im Sinne eines Führungsleitbilds)? Was wird top-down kommuniziert? Wo wird Partizipation ermöglicht?

    Geschäftsführung ______________________________

    Mitarbeiter ______________________________

22. (GF; PV oder E) Zielorientierung (es werden konkrete, überprüfbare Ziele definiert und verbindliche Verantwortlichkeiten vereinbart): Wer initiiert diesen Zielorientierungsprozess, wer definiert Ziele, wer ist für Zielerreichung verantwortlich, wie wird Zielerreichung sichergestellt (Qualitätsmanagement)?

    Geschäftsführung ______________________________

    Mitarbeiter ______________________________

23. (GF; PV oder E) Verbindlichkeit (betroffene Personen/Abteilungen halten sich an Absprachen): Wie wird mit Nichteinhaltung umgegangen?

    Geschäftsführung ______________________________

    Mitarbeiter ______________________________

24. (GF; PV oder E) Gibt/gab es Diskussionen über alternative Führungsmodelle (Beispiele)?

    Geschäftsführung ______________________________

    Mitarbeiter ______________________________

25. (GF) Welche Kompetenzen sind wir bereit, an das Netzwerk abzugeben? Wie sollten diesbezügliche Entscheidungen im Netzwerk idealerweise getroffen werden?

____

Erfahrungen/Einstellungen zu Veränderungen

26. (GF) Was bedeuten für uns Veränderungsprozesse? (Welche Befürchtungen, Herausforderungen bzw. Chancen verbinden wir damit?)

____

27. (GF) Welche Erfahrungen haben wir mit Veränderungsprozessen gemacht (Beispiele)?

____

28. (GF; V) Wie nehmen Sie Ihr Unternehmen wahr hinsichtlich Reaktionsfähigkeit bzw. -geschwindigkeit auf sich verändernde Kundenwünsche?

    Geschäftsführung ____

    Mitarbeiter Vertrieb ____

29. (GF) Gibt es bei uns Veränderungsexperten? Was zeichnet diese aus?

____

30. (GF) Welche Veränderungen wird die Mitarbeit für unser Unternehmen mit sich bringen? Wie sollte dieser Veränderungsprozess idealerweise gestaltet sein?

____

Themenblock „Kooperationserfahrung“

Erfahrungen/Einstellungen zu Kooperation

1. (GF, PV) Wo ist Kooperation wichtig für einen reibungslosen Arbeitsprozess (intern und extern)?

---

2. (GF, PV) Wer kooperiert hier mit wem bzgl. wessen und wie geschieht dies? Gibt es dafür explizite Normen und wenn ja, welche?

---

3. (GF, PV) Was heißt für Sie gute bzw. schlechte Kooperation (Beispiele)? Gibt es bei Ihnen „Kooperationsexperten“?

---

4. (GF, PV) Welche Erfahrungen haben Sie mit externen Kooperationen gemacht (repräsentatives Beispiel)? Warum lief dies gut und jenes schlecht?

4.1 (GF, PV) Geben Sie bitte die Art der gewählten Kooperation an.

☐ Unternehmensübergreifende Zusammenarbeit gleichberechtigter Partner

☐ Unternehmensübergreifende Zusammenarbeit mit einem dominierenden Partner, in dem Sie das dominierende Unternehmen sind

☐ Unternehmensübergreifende Zusammenarbeit mit einem dominierenden Partner, in dem Sie das teilnehmende Unternehmen sind

4.2 (GF, PV) Geben Sie bitte die Dauer der ausgewählten Kooperation an.

☐ kurzfristig (< 1 Jahr) ☐ mittelfristig (1–3 Jahre) ☐ langfristig (> 3 Jahre)

4.3 (GF, PV) Bitte geben Sie die geografische Ausdehnung der ausgewählten Kooperation an.

☐ regional ☐ national

☐ international/europaweit ☐ international/weltweit

4.4 (GF, PV) Wurden innerhalb dieser Kooperation mit anderen Unternehmen auf elektronischem Wege Informationen ausgetauscht? Wenn ja, welche und in welchem Format?

---

5 (GF, PV) Was versprechen Sie sich von der Kooperation im Netzwerk? Wo sehen Sie Probleme?

---

6. (GF, PV) Welche Maßnahmen zur Sicherstellung effektiver Kooperation im Netzwerk können Sie sich vorstellen?

Themenblock „Logistik"

Analyse der vorhandenen Fertigungs- und Prozessanlagen:

1. (P) Wie wird beladen?

2. (P) Welche speziellen Fertigungsmittel werden benötigt (Werkstückträger, Carrier)?

3. (P) Wie sind die Umgebungsbedingungen (Reinheit) bezüglich fester, flüssiger und gasförmiger Verunreinigung?

   Mikroorganismen?

   Klima?

Produktverfolgung

4. (P) Welche Systeme (z. B. Barcode, RFID) sind vorhanden bzw. werden eingesetzt?

5. (P) Sind die Systeme prozesstauglich?

6. (P) Inwieweit sind diese für die geforderte Produktverfolgung geeignet?

7. (P) Welche Daten werden/können mitgeführt werden?

8. (P) Welche Daten könnten bei der Produktverfolgung erforderlich sein?

---

9. Kommentare:

Die voranstehende Checkliste sowie den Gesamtfragebogen finden Sie auch im Downloadbereich des Hanser Verlages zu diesem Buch.

Anhang 2 Musterfragebogen Kooperationsqualität

Fragebogen zur Kooperationsqualität innerhalb der Kooperation

1. Ganz generell: Durch welche Eigenschaften, Verhaltensweisen und Prozesse zeichnet sich Ihrer Meinung nach ein vertrauensvolles Verhältnis der Zusammenarbeit zwischen den Mitgliedern eines firmenübergreifenden Arbeitsteams aus?

---

2. Wie hoch würden Sie Ihr eigenes Vertrauen – so, wie Sie es unter Punkt 1 selbst definiert haben – in die Koordination und in die Partner einschätzen?

   O sehr niedrig   O eher niedrig   O mittelmäßig   O eher hoch   O sehr hoch

---

3. Woran machen Sie das fest?

---

4. Was müsste sich an den Arbeitsbeziehungen bzw. dem Verhalten Ihrer Partner ändern, damit das Vertrauen innerhalb der Kooperation noch gesteigert wird?

---

5. Wie hoch würden Sie Ihr eigenes Vertrauen speziell in die Vertreter der Fachpartner in der Kooperation einschätzen?

   O sehr niedrig   O eher niedrig   O mittelmäßig   O eher hoch   O sehr hoch

---

6. Woran machen Sie das fest?

---

7. Wie hoch schätzen Sie die bisher erbrachte organisationsbezogene Leistung der Kooperation ein (bezogen auf die Aufbau- und Ablauforganisation)?

   Hinsichtlich Qualität

   O sehr niedrig   O eher niedrig   O mittelmäßig   O eher hoch   O sehr hoch

   Hinsichtlich Zeit

   O sehr niedrig   O eher niedrig   O mittelmäßig   O eher hoch   O sehr hoch

   Hinsichtlich Kosten

   O sehr niedrig   O eher niedrig   O mittelmäßig   O eher hoch   O sehr hoch

---

8. Welche Leistungsziele legen Sie persönlich an die Arbeit der Kooperation an? Oder anders formuliert: Wann würden Sie (aus Sicht Ihrer Firma) von einem erfolgreichen Projekt sprechen?

---

9. Für wie hoch halten Sie die Erfolgswahrscheinlichkeit, die unter Punkt 8 formulierten Leistungsziele innerhalb der nächsten 1–2 Jahre zu erreichen?

   O sehr niedrig O eher niedrig O mittelmäßig O eher hoch O sehr hoch

---

10. Was müsste Ihrer Ansicht nach geschehen, um die Erreichung der Leistungsziele sicherzustellen?

Den voranstehenden Musterfragebogen finden Sie auch im Downloadbereich des Hanser Verlages zu diesem Buch.

Anhang 3 Ablaufdiagramm Geschäftsprozesse

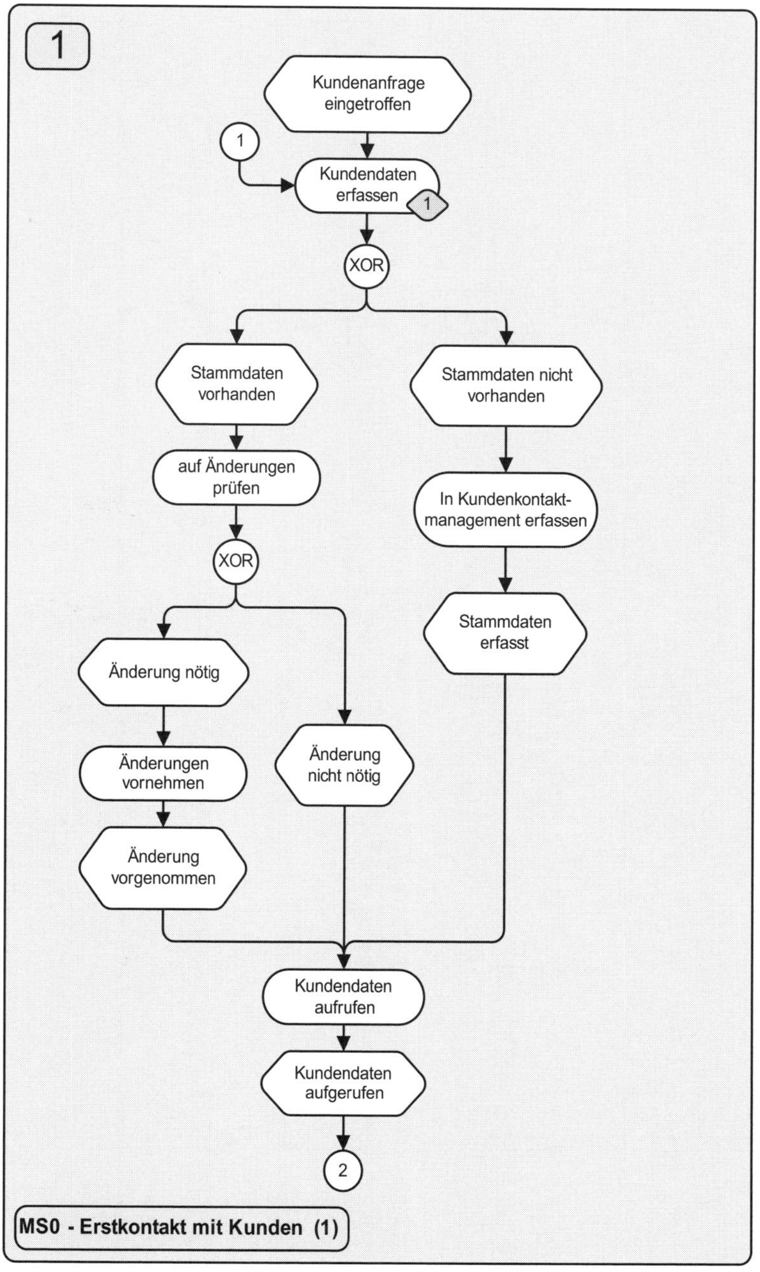

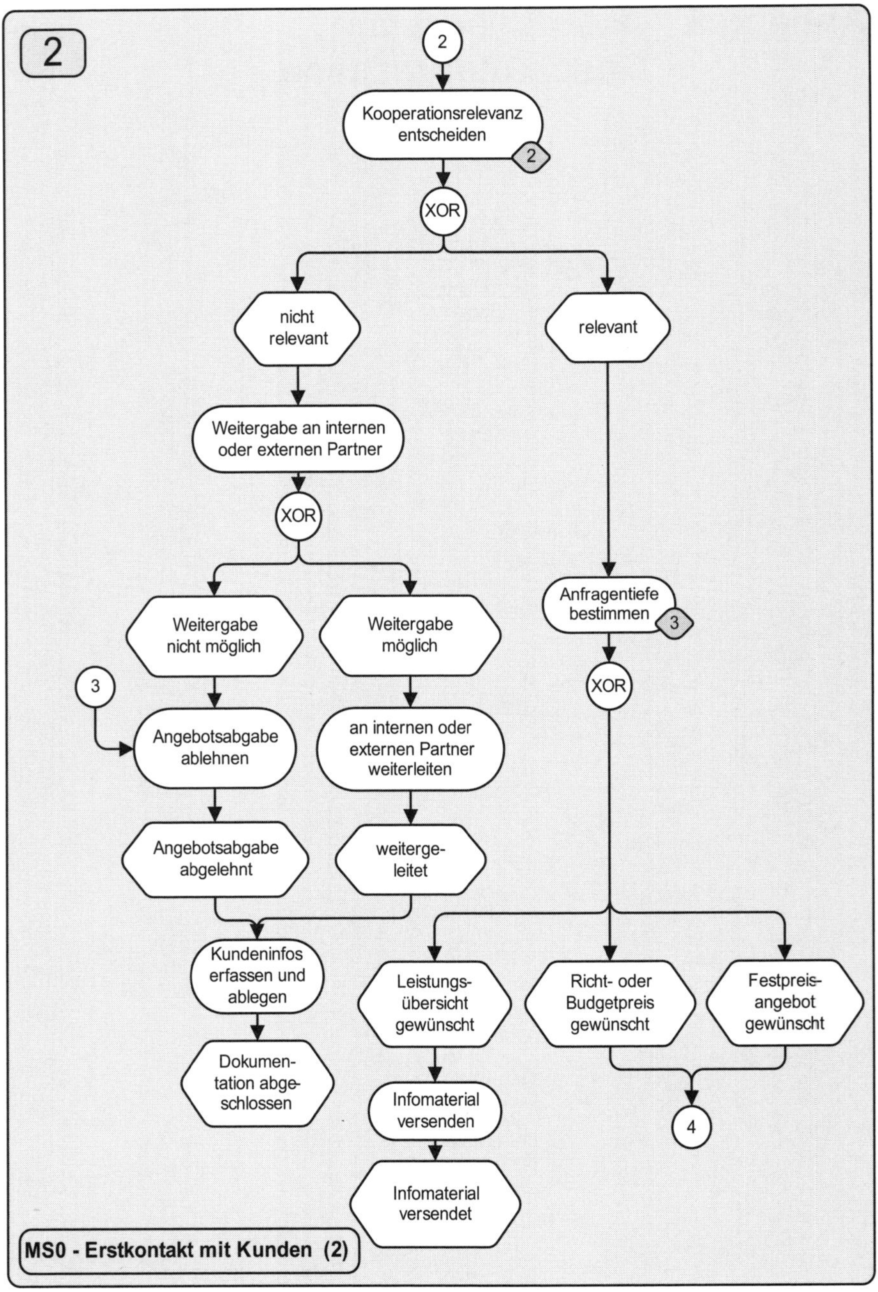
2
2
Kooperationsrelevanz entscheiden
2
XOR
nicht relevant
relevant
Weitergabe an internen oder externen Partner
XOR
Weitergabe nicht möglich
Weitergabe möglich
Anfragentiefe bestimmen
3
XOR
3
Angebotsabgabe ablehnen
an internen oder externen Partner weiterleiten
Angebotsabgabe abgelehnt
weiterge-leitet
Kundeninfos erfassen und ablegen
Leistungs-übersicht gewünscht
Richt- oder Budgetpreis gewünscht
Festpreis-angebot gewünscht
Dokumen-tation abge-schlossen
Infomaterial versenden
4
Infomaterial versendet
MS0 - Erstkontakt mit Kunden (2)

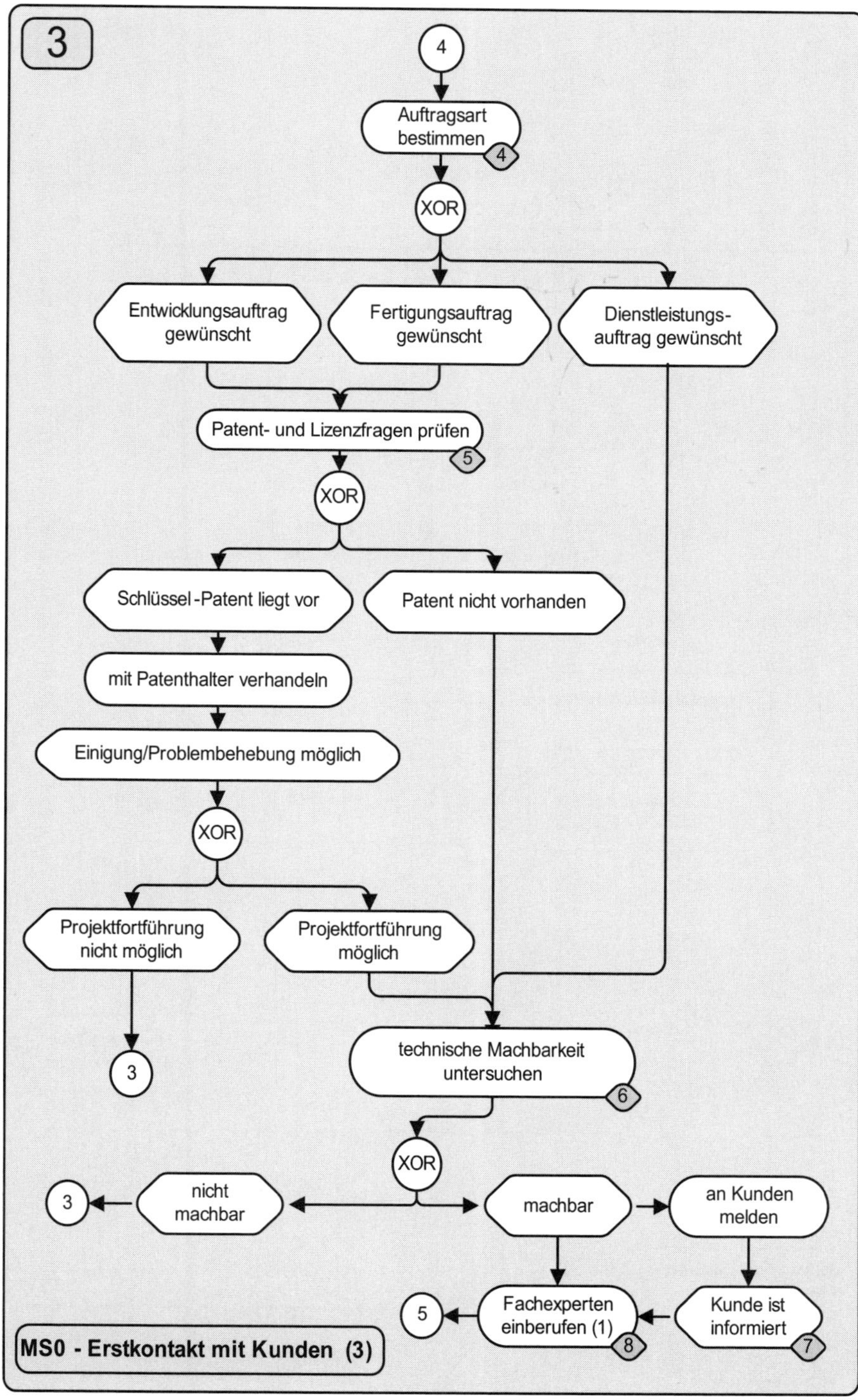
3
4
Auftragsart bestimmen
4
XOR
Entwicklungsauftrag gewünscht
Fertigungsauftrag gewünscht
Dienstleistungs-auftrag gewünscht
Patent- und Lizenzfragen prüfen
5
XOR
Schlüssel-Patent liegt vor
Patent nicht vorhanden
mit Patenthalter verhandeln
Einigung/Problembehebung möglich
XOR
Projektfortführung nicht möglich
Projektfortführung möglich
3
technische Machbarkeit untersuchen
6
XOR
3
nicht machbar
machbar
an Kunden melden
5
Fachexperten einberufen (1)
8
Kunde ist informiert
7
MS0 - Erstkontakt mit Kunden (3)

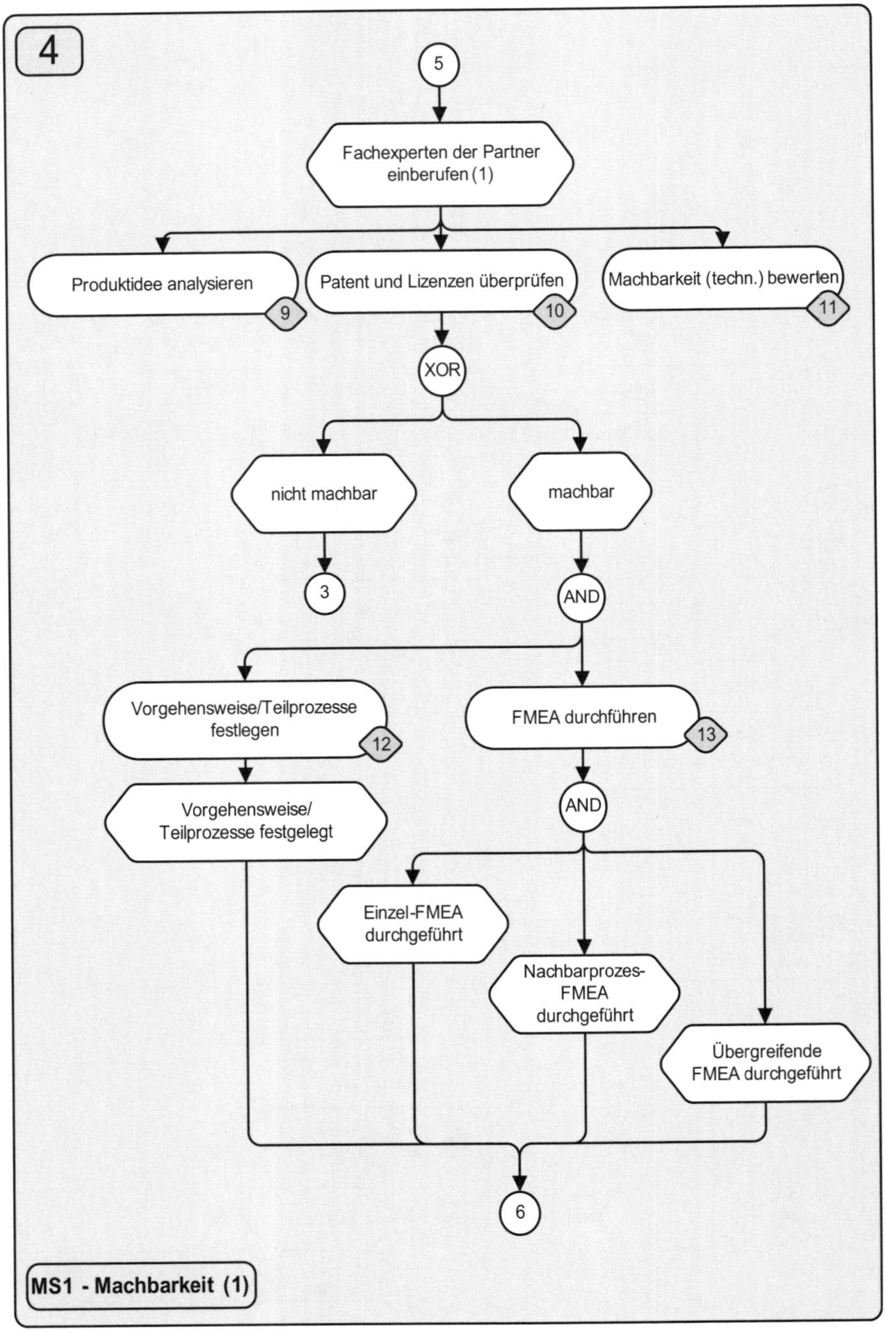
4
5
Fachexperten der Partner einberufen (1)
Produktidee analysieren
9
Patent und Lizenzen überprüfen
10
Machbarkeit (techn.) bewerten
11
XOR
nicht machbar
machbar
3
AND
Vorgehensweise/Teilprozesse festlegen
12
FMEA durchführen
13
Vorgehensweise/ Teilprozesse festgelegt
AND
Einzel-FMEA durchgeführt
Nachbarprozes-FMEA durchgeführt
Übergreifende FMEA durchgeführt
6
MS1 - Machbarkeit (1)

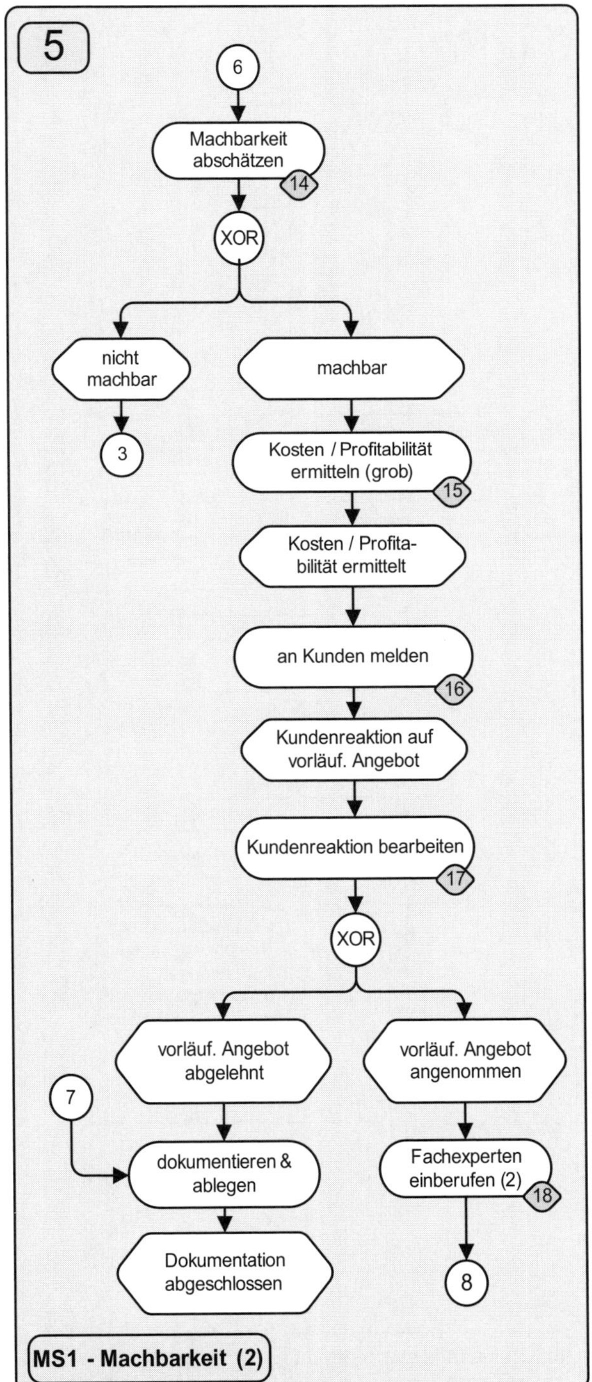
5
6
Machbarkeit abschätzen
14
XOR
nicht machbar
machbar
3
Kosten / Profitabilität ermitteln (grob)
15
Kosten / Profitabilität ermittelt
an Kunden melden
16
Kundenreaktion auf vorläuf. Angebot
Kundenreaktion bearbeiten
17
XOR
vorläuf. Angebot abgelehnt
vorläuf. Angebot angenommen
7
dokumentieren & ablegen
Fachexperten einberufen (2)
18
Dokumentation abgeschlossen
8
MS1 - Machbarkeit (2)

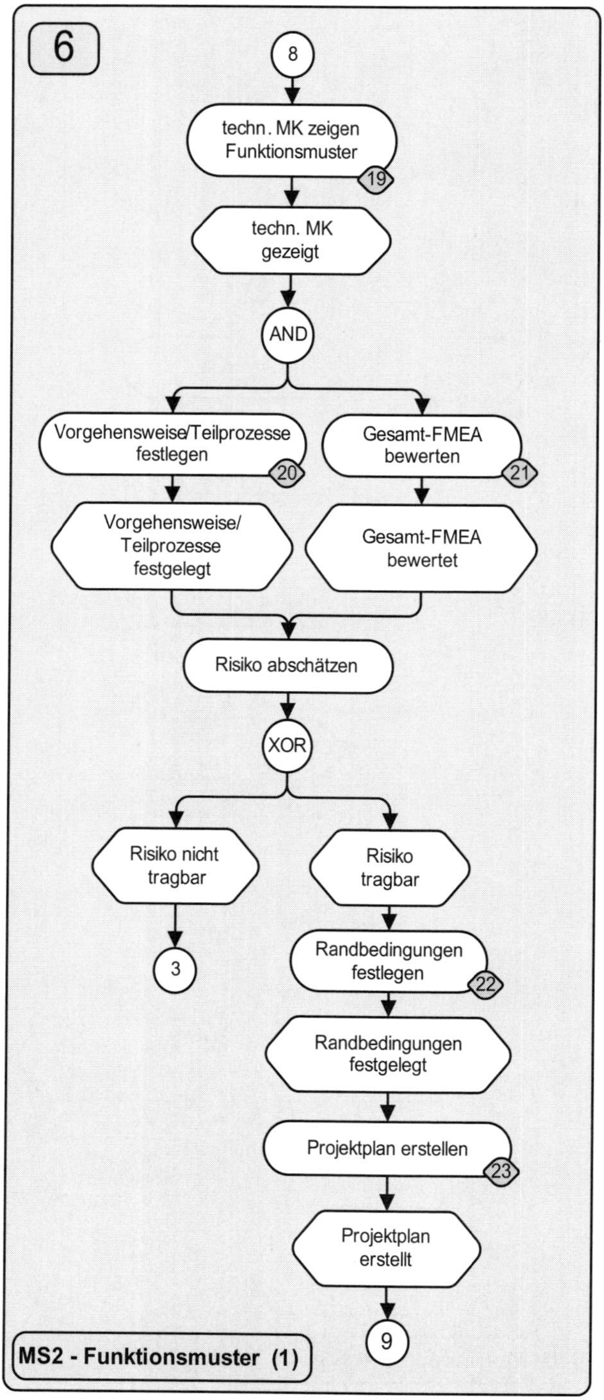
6
8
techn. MK zeigen Funktionsmuster
19
techn. MK gezeigt
AND
Vorgehensweise/Teilprozesse festlegen
20
Gesamt-FMEA bewerten
21
Vorgehensweise/ Teilprozesse festgelegt
Gesamt-FMEA bewertet
Risiko abschätzen
XOR
Risiko nicht tragbar
Risiko tragbar
3
Randbedingungen festlegen
22
Randbedingungen festgelegt
Projektplan erstellen
23
Projektplan erstellt
9
MS2 - Funktionsmuster (1)

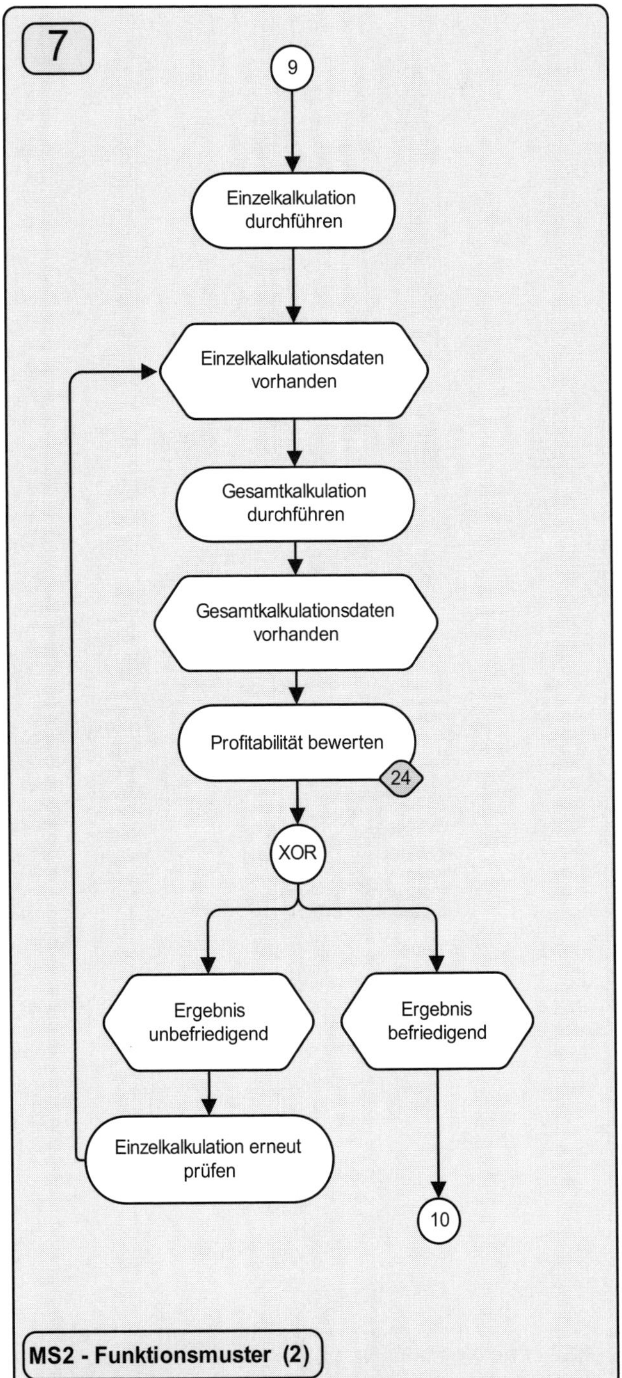
7
9
Einzelkalkulation durchführen
Einzelkalkulationsdaten vorhanden
Gesamtkalkulation durchführen
Gesamtkalkulationsdaten vorhanden
Profitabilität bewerten
24
XOR
Ergebnis unbefriedigend
Ergebnis befriedigend
Einzelkalkulation erneut prüfen
10
MS2 - Funktionsmuster (2)

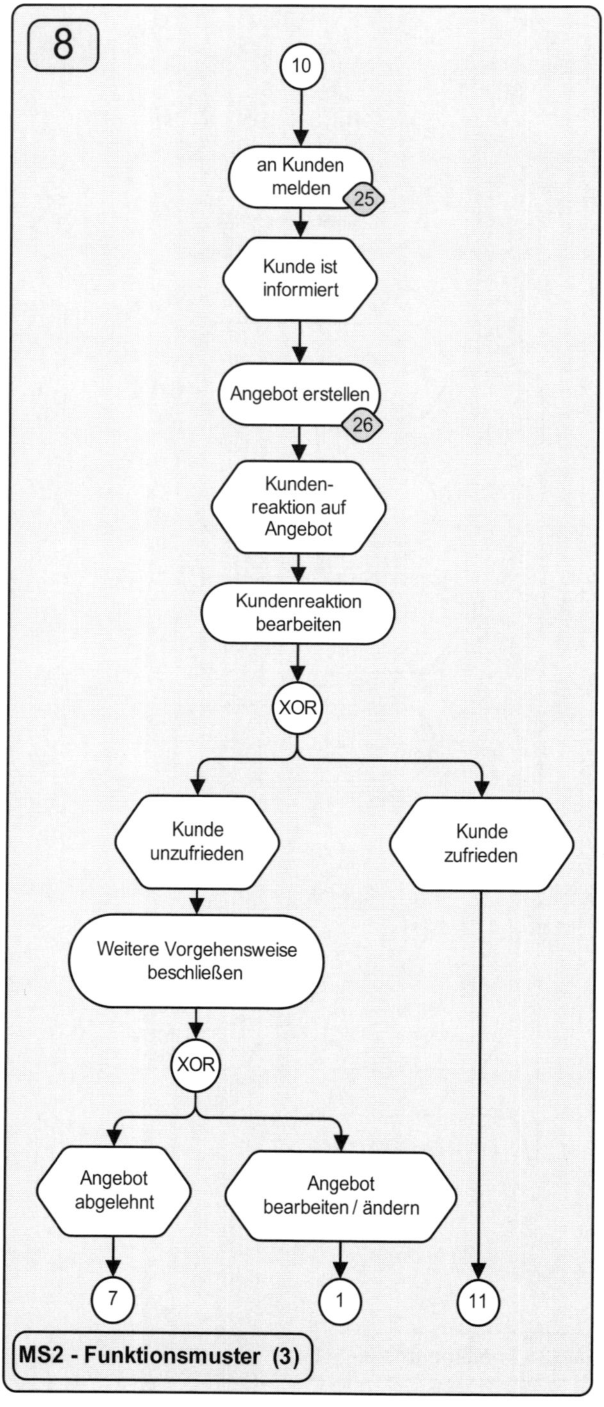
8
10
an Kunden melden
25
Kunde ist informiert
Angebot erstellen
26
Kunden-reaktion auf Angebot
Kundenreaktion bearbeiten
XOR
Kunde unzufrieden
Kunde zufrieden
Weitere Vorgehensweise beschließen
XOR
Angebot abgelehnt
Angebot bearbeiten / ändern
7
1
11
MS2 - Funktionsmuster (3)

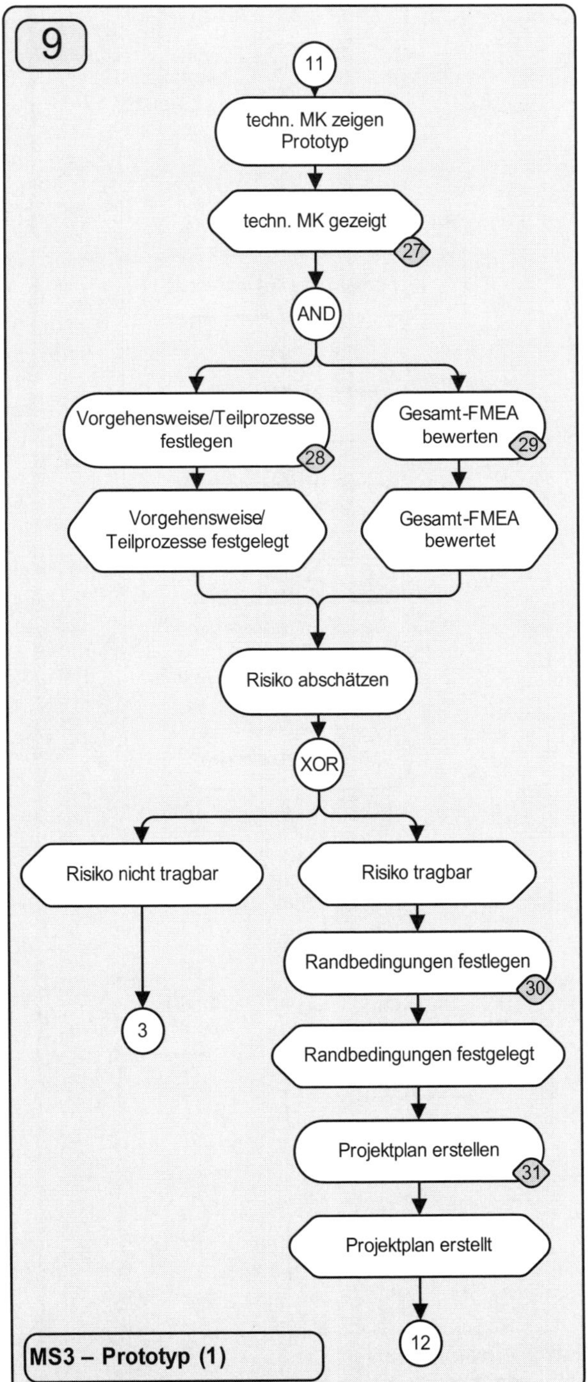
9
11
techn. MK zeigen Prototyp
techn. MK gezeigt
27
AND
Vorgehensweise/Teilprozesse festlegen
28
Gesamt-FMEA bewerten
29
Vorgehensweise/ Teilprozesse festgelegt
Gesamt-FMEA bewertet
Risiko abschätzen
XOR
Risiko nicht tragbar
Risiko tragbar
3
Randbedingungen festlegen
30
Randbedingungen festgelegt
Projektplan erstellen
31
Projektplan erstellt
12
MS3 – Prototyp (1)

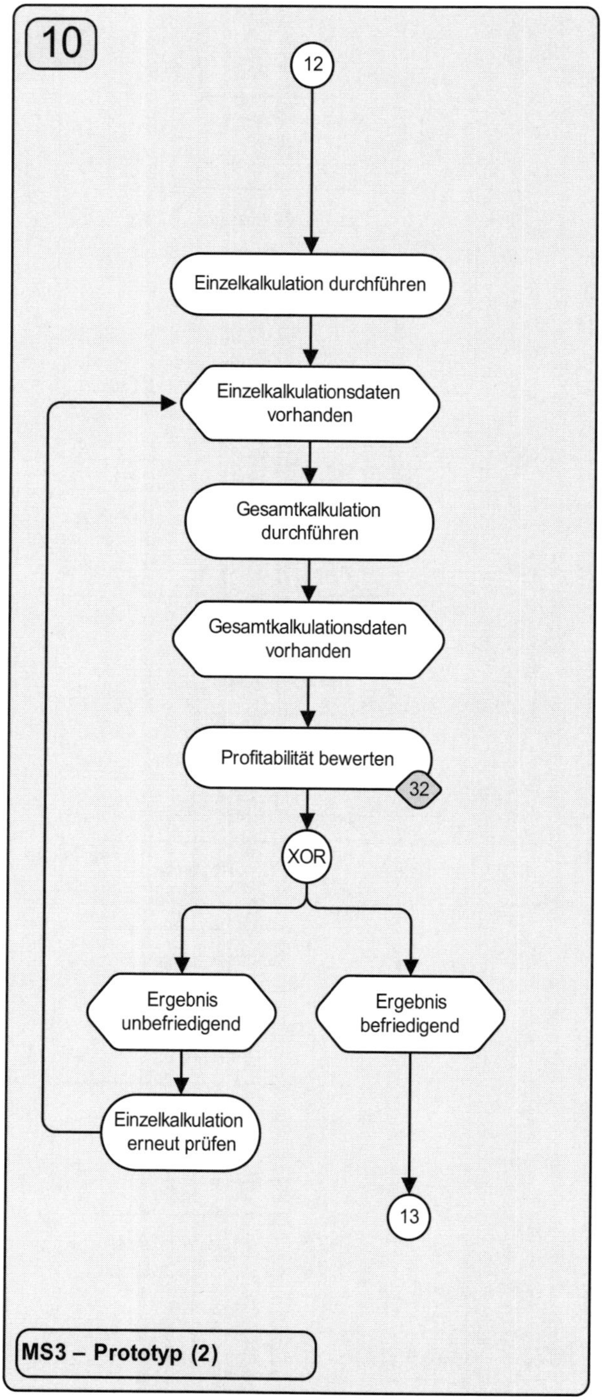
10
12
Einzelkalkulation durchführen
Einzelkalkulationsdaten vorhanden
Gesamtkalkulation durchführen
Gesamtkalkulationsdaten vorhanden
Profitabilität bewerten
32
XOR
Ergebnis unbefriedigend
Ergebnis befriedigend
Einzelkalkulation erneut prüfen
13
MS3 – Prototyp (2)

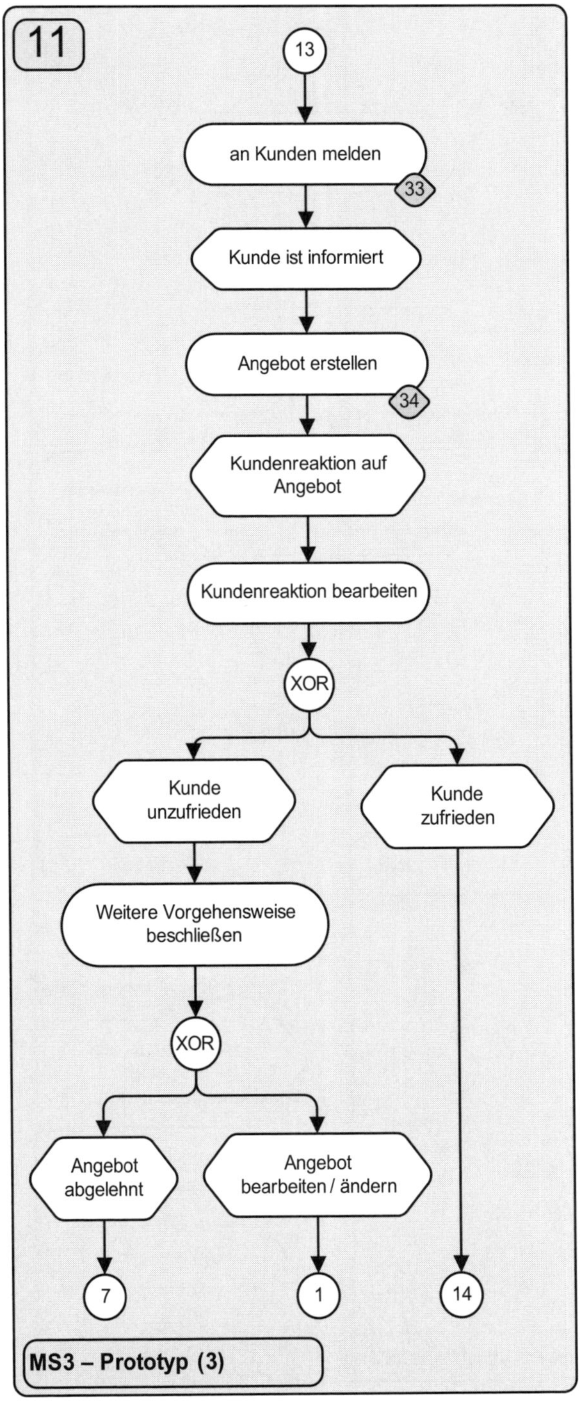
11
13
an Kunden melden
33
Kunde ist informiert
Angebot erstellen
34
Kundenreaktion auf Angebot
Kundenreaktion bearbeiten
XOR
Kunde unzufrieden
Kunde zufrieden
Weitere Vorgehensweise beschließen
XOR
Angebot abgelehnt
Angebot bearbeiten / ändern
7
1
14
MS3 – Prototyp (3)

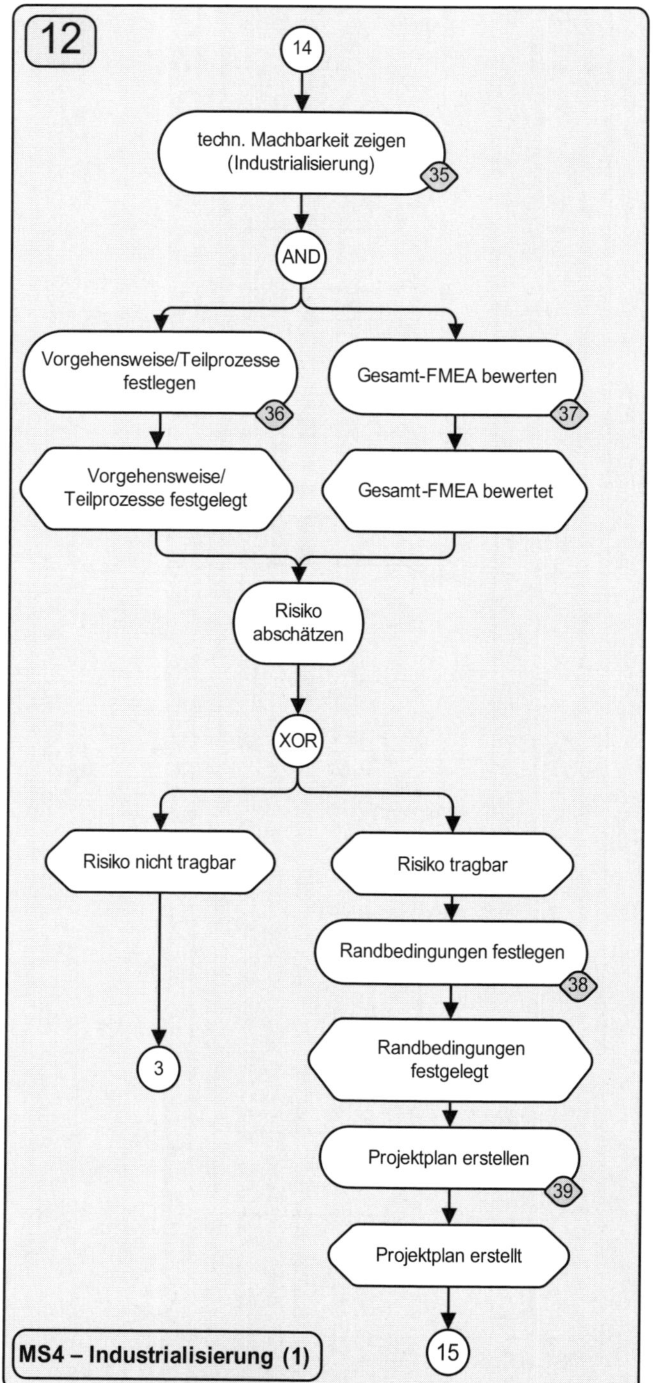
12
14
techn. Machbarkeit zeigen (Industrialisierung)
35
AND
Vorgehensweise/Teilprozesse festlegen
36
Gesamt-FMEA bewerten
37
Vorgehensweise/ Teilprozesse festgelegt
Gesamt-FMEA bewertet
Risiko abschätzen
XOR
Risiko nicht tragbar
Risiko tragbar
Randbedingungen festlegen
38
3
Randbedingungen festgelegt
Projektplan erstellen
39
Projektplan erstellt
15
MS4 – Industrialisierung (1)

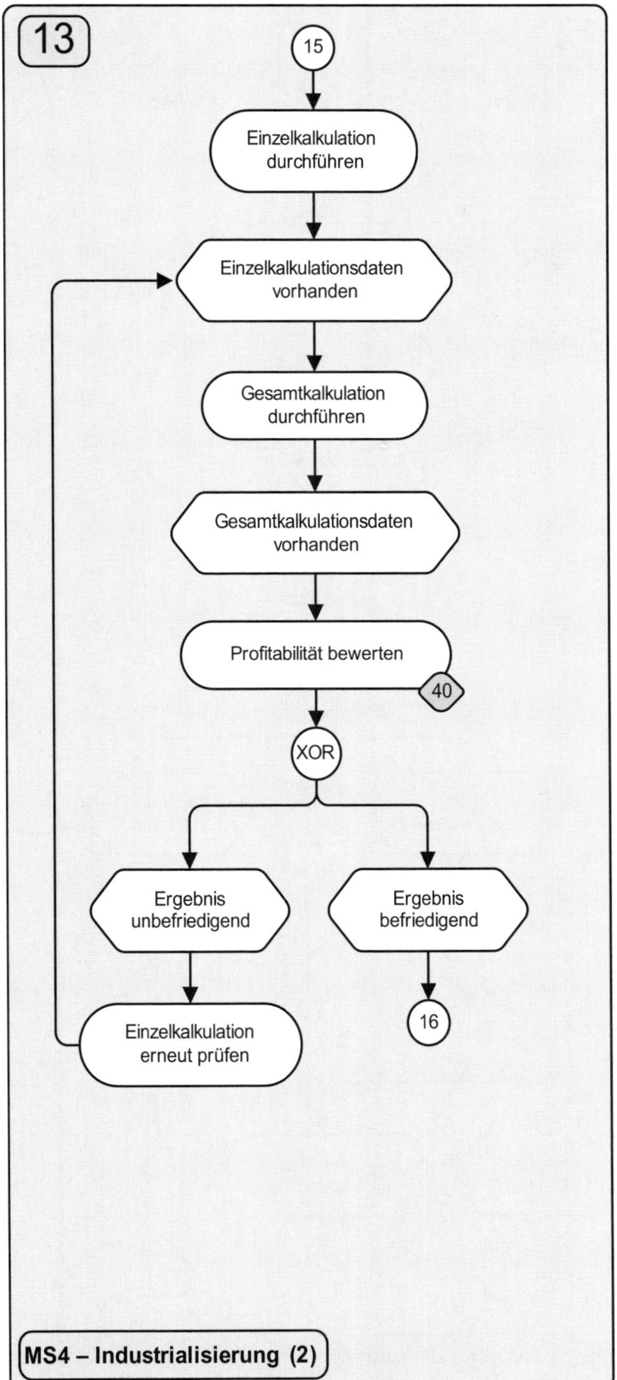
13
15
Einzelkalkulation durchführen
Einzelkalkulationsdaten vorhanden
Gesamtkalkulation durchführen
Gesamtkalkulationsdaten vorhanden
Profitabilität bewerten
40
XOR
Ergebnis unbefriedigend
Ergebnis befriedigend
Einzelkalkulation erneut prüfen
16
MS4 – Industrialisierung (2)

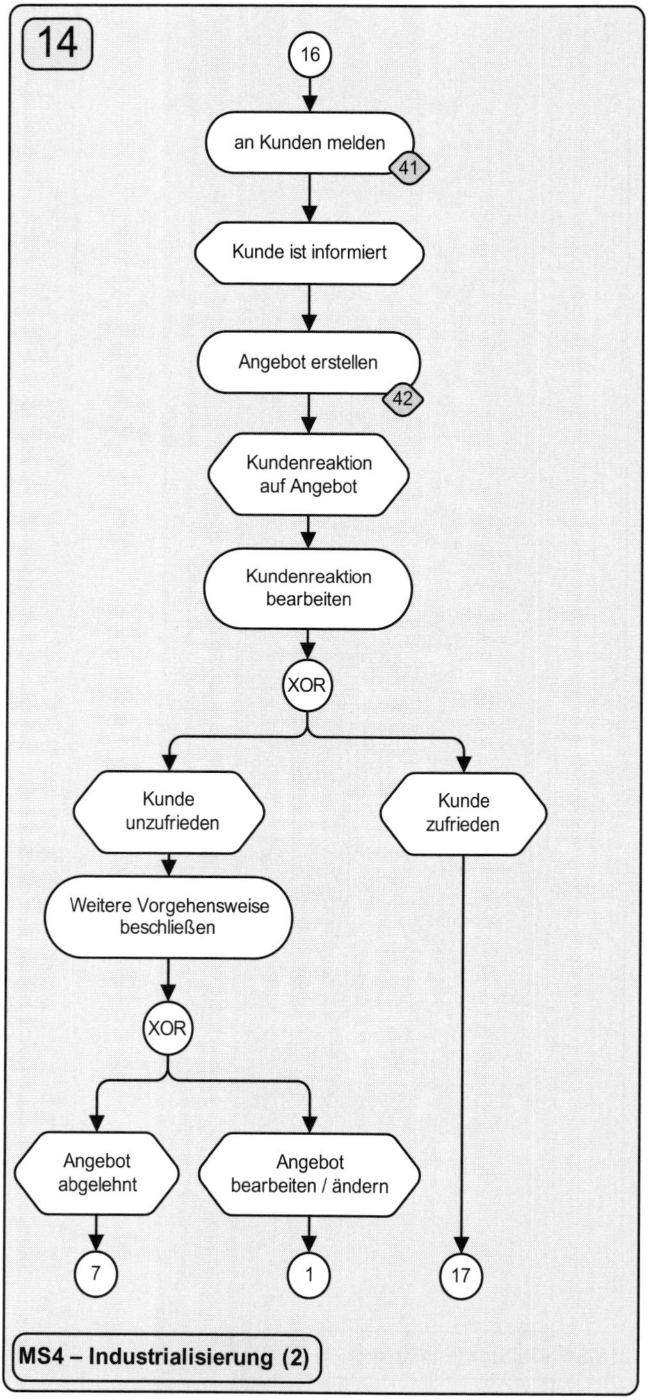
14
16
an Kunden melden
41
Kunde ist informiert
Angebot erstellen
42
Kundenreaktion auf Angebot
Kundenreaktion bearbeiten
XOR
Kunde unzufrieden
Kunde zufrieden
Weitere Vorgehensweise beschließen
XOR
Angebot abgelehnt
Angebot bearbeiten / ändern
7
1
17
MS4 – Industrialisierung (2)

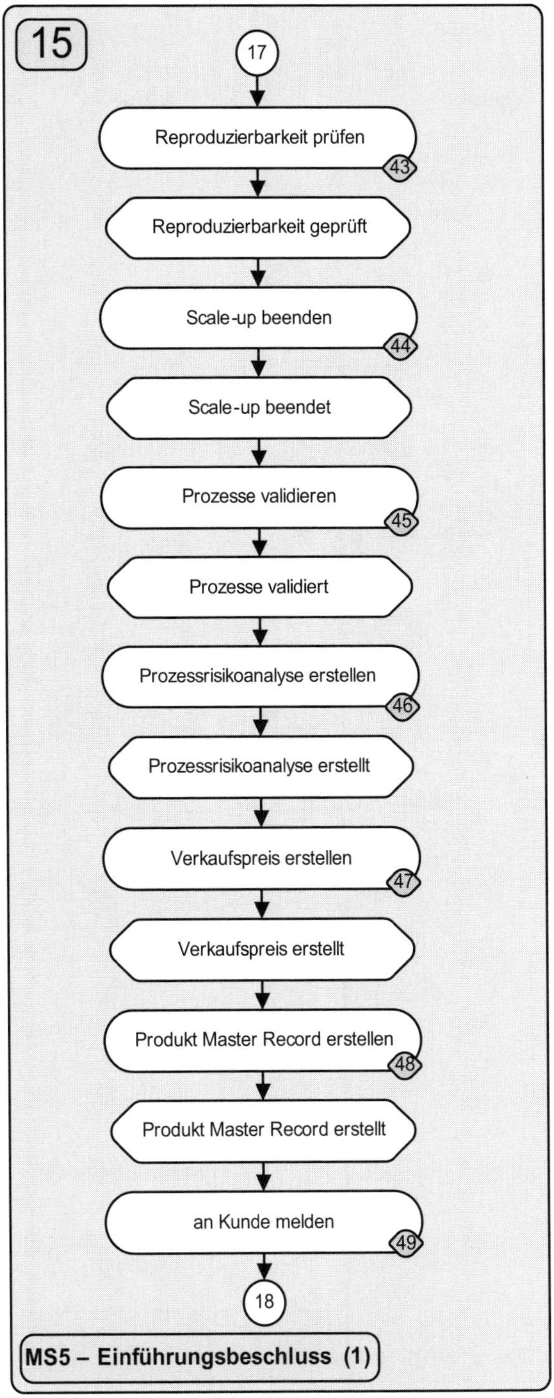
15
17
Reproduzierbarkeit prüfen
43
Reproduzierbarkeit geprüft
Scale-up beenden
44
Scale-up beendet
Prozesse validieren
45
Prozesse validiert
Prozessrisikoanalyse erstellen
46
Prozessrisikoanalyse erstellt
Verkaufspreis erstellen
47
Verkaufspreis erstellt
Produkt Master Record erstellen
48
Produkt Master Record erstellt
an Kunde melden
49
18
MS5 – Einführungsbeschluss (1)

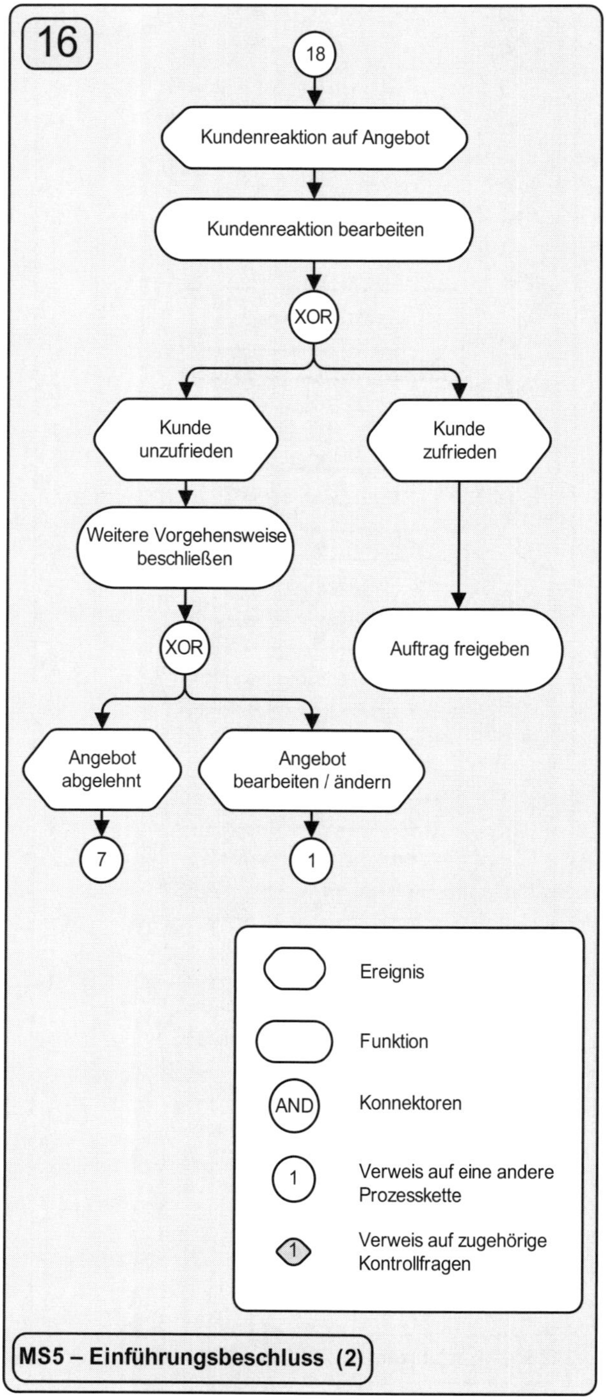
16
18
Kundenreaktion auf Angebot
Kundenreaktion bearbeiten
XOR
Kunde unzufrieden
Kunde zufrieden
Weitere Vorgehensweise beschließen
Auftrag freigeben
XOR
Angebot abgelehnt
Angebot bearbeiten / ändern
7
1
Ereignis
Funktion
AND
Konnektoren
1
Verweis auf eine andere Prozesskette
1
Verweis auf zugehörige Kontrollfragen
MS5 – Einführungsbeschluss (2)

Anhang 4 Kontrollfragenliste

Dieser Abschnitt enthält die Kontrollfragen zu den Geschäftsprozessen insbesondere den Entwicklungsrichtlinien (die Nummern entsprechend der Nummerierung der Rauten in den Ablaufdiagrammen).

MS0 – Erstkontakt mit Kunden

0 Marktsituation

- Nachfragepotential der Anfrage.
- Eigene Ressourcenauslastung.
- Kostenverhältnis im Vergleich mit anderen Märkten.
- Markteintrittsbarrieren.

1 Kundendaten erfassen

- Existieren bereits Stammdaten zu dem Kunden?
- Wenn ja, sind Änderungen an den Stammdaten erforderlich?
- Wenn nein, erfolgte eine Erfassung der Kundendaten mit Vergabe einer Kundennummer?

2 Kooperationsrelevanz entscheiden

- Passt diese Anfrage in die Kooperationsstrategie?
- Besitzt die Anfrage einen gewissen „Neuigkeitswert", d. h. ist es kein Wiederholauftrag?
- Erfordert die Anfrage eine Bearbeitung von mehr als einem Partner?
- Wenn nein, ist eine Weitergabe an einen entsprechenden Partner möglich?
- Bei Absage → Sprung zu Frage Nr. 7.

3 Anfragentiefe bestimmen

- Möchte der Kunde eine Leistungsübersicht? (Diese Angebotsform trifft auf Kunden zu, die zum angefragten Erzeugnis Informationen erhalten möchten. Da die Wahrscheinlichkeit einer Auftragserteilung gering ist, wird nicht auf die speziellen Kundenbedürfnisse eingegangen. Stattdessen erhält der Kunde Standardbeschreibungen, um ihm eine Leistungsübersicht zu gewähren.)
- Wenn ja, sind Infomaterialien, Prospekte etc. vorhanden?
- Möchte der Kunde eine, Richt- oder Budgetpreis? (Bei dieser Angebotsform wird auf das Kundenbedürfnis näher eingegangen, allerdings in einer Kurzfassung, d. h. der Kunde erhält keine detaillierten Angaben im Hinblick auf Preis und die Baugruppen. Der Preis dient als Grundlage für ein im Falle einer Zusage zu erstellendes Festpreisangebot.)
- Möchte der Kunde ein Festpreisangebot? (Hierbei wird das Kundenproblem exakt bearbeitet. Das erstellte Angebot ist detailliert und speziell auf die Bedürfnisse und

Anforderungen des Kunden ausgerichtet. Die für dieses Angebot erstellten Angaben sind für den Anbieter verbindlich. Diese Angebotsart tritt dann auf, wenn eine Erteilung eines Auftrags stattgefunden hat und somit der Konkretisierungsgrad hoch angelegt ist.)

4 Auftragsart bestimmen

Handelt es sich hierbei um einen
- ... Entwicklungsauftrag (hierbei hat der Kunde eine Vorstellung eines möglichen Produktes, die Entwicklung liegt bei der Kooperation)?
- ... Fertigungsauftrag (hierbei hat der Kunde eine genaue Vorstellung vom Produkt, die Kooperation fertigt bis auf kleine Anpassungen gemäß der Kundenspezifikation)?
- ... Dienstleistungsauftrag?

5 Patent- und Lizenzfragen prüfen

- Existiert ein ähnliches Produkt, das bereits patentiert ist? Welche Fertigungspatente müssen beachtet werden?
- Wenn ja, ist eine Verhandlung mit dem Patenthalter möglich?
- Wie ist die Patentsituation im relevanten Technologiefeld? Gibt es eine Alternative durch geringfügige Designänderungen?
- Bei Absage → Sprung zu Frage Nr. 7.

6 technische Machbarkeit untersuchen

- Sind die Technologien, die zur Bearbeitung des Kundenauftrags benötigt werden, in der Kooperation vorhanden?
- Wenn ja, inwieweit sind diese verfügbar?
- Bei Absage → Sprung zu Frage Nr. 7.

7 an Kunden melden

- Erfolgte eine Rückmeldung an den Kunden?
- Wenn ja, wie hat dieser reagiert?

8 Fachexperten der Technologiepartner einberufen (1)

- Wurden die zur fachlichen Bearbeitung der Kundenanfrage notwendigen Mitglieder für den Expertenpool zusammengestellt?
- Wurden alle Experten zur Versammlung benachrichtigt?

MS1 – Machbarkeit

9 Produktidee des Kunden analysieren

Durch die Produktidee wird für ein am Markt befindliches Problem eine Lösung zu finden versucht. Die Produktideen stammen hierbei von den Kunden (Umsetzung eigener Produktideen ist zunächst nicht geplant) (siehe auch: http://www.gruenderleitfaden.de/produkte/prodidee.htm).

10 Patent- und Lizenzfragen durch Partner überprüfen

- Werden fertigungsrelevante Patente anderer verletzt?
- Besteht die Möglichkeit, ein aus dem Entwicklungsvorhaben resultierendes Patent anzumelden?
- Wenn ja, welche Instrumente kommen für den Know-how-Schutz in Frage (siehe auch: http://www.gruenderleitfaden.de/produkte/knowhow.htm)?

  Möglichkeiten des Nachahmungsschutzes:
  - o Patente (in Deutschland → Deutsches Patentamt, für Europa → Europäisches Patentamt) Voraussetzungen:
- Neuheit (weltweit und vor Anmeldung nicht bekannt),
- Erfindungshöhe,
- gewerbliche Anwendbarkeit.
  - o Gebrauchsmuster.
  - o Topographie (10 Jahre).
  - o Geschmacksmuster (5 Jahre, kann bis auf 20 Jahre verlängert werden). Hierbei handelt es sich um das Design. Grundlage für die Anmeldung sind fotografische oder grafische Darstellungen der Gestaltungsmerkmale.
  - o Marken (Name, Symbol oder Bezeichnung).
- Wie schnell ist es möglich, dass potentielle Wettbewerber die Innovation nachahmen können?
- Bei Absage → Sprung zu Frage Nr. 16.

11 Technische Machbarkeit bewerten

- Bei Absage der Partner oder bei eigener negativer Bewertung nach gemeinsamer Diskussion → Sprung zu Frage Nr. 16.

12 Vorgehensweise/Teilprozesse festlegen (grob)

- Sind die Teilprozesse an die entsprechenden Partner vergeben?
- Sind die Partner auch informiert?
- Welcher Zeitaufwand ist für die jeweiligen Teilprozesse erforderlich?
- Welcher Arbeitsaufwand ist für die jeweiligen Teilprozesse erforderlich?

13 FMEA durchführen

Die FMEA wird von allen Partnern und der Koordination zusammen in einem Team durchgeführt. Sie dient zur vorherigen Erkennung von Fehlern, da ein Vermeiden von Fehlern besser und kostengünstiger ist als das Beheben im Nachhinein (vgl. Kapitel 6.3).

- Konstruktions-FMEA,
- Fertigungs-FMEA.

Die Fertigungs-FMEA sollte unter dem Aspekt der Virtualisierung noch unterteilt werden in

- eigene Prozesse,
- Nachbarprozesse,
- Zusammenspiel der eigenen Prozesse mit den Nachbarprozessen.

Allgemeine Fragen bei der Ausarbeitung der FMEA:
- Worin sind Risiken zu sehen?
- Wie können diese vermieden werden?
- Welche Prozesse sind besonders fehleranfällig bzw. risikoreich?
- Wer ist für den jeweiligen Prozess zuständig?
- Welche Fehler könnten durch Weitergabe des Produktes an den nächsten Partner entstehen?
- Welche Auswirkungen kann die Bearbeitung des Produktes durch den vorherigen Partner auf unsere Vorgehensweise haben?
- Wie oder in welchen Zeitabständen wird eine Kontrolle durchgeführt?
- Wie sind diese Fehler zu bewerten, inwieweit können sie behoben werden?
- Welche Auswirkungen hat ein Fehler auf das Unternehmen?
- In welchen Bereichen (Konstruktion, Fertigung etc.) können Fehler auftreten?

14 Machbarkeit abschätzen

- Gibt es unberechenbare Risiken?
- Können alle Fehler/Risiken beachtet und überwacht werden?
- Ist eine Fortführung der Kundenanfrage möglich?
- Bei Absage → Sprung zu Frage Nr. 16.
- Wenn nein, wurde der Kunde darüber informiert?

15 Kosten/Profitabilität ermitteln (grob)

Verhältnis Ertrag zu Aufwand
- Wird zur Berechnung der Kosten das Target Costing oder das Kosten-Plus-Verfahren verwendet?
- Werden unsere Kosten gedeckt?
- Reicht der Umsatz aus, um einen zufrieden stellenden Gewinn zu erzielen?
- Wurden die vorgeschriebenen Steuern beachtet?
- Werden Entwicklungen von den Auftraggebern finanziert?
- Zahlungsweise des Kunden?
- Welche Finanzierungsmöglichkeiten werden dem Kunden angeboten?
- Inwieweit sind die (variablen und fixen) Kosten der Partner transparent?
- Wie hoch ist der Grad der Transparenz gegenüber dem Kunden?
- Wie groß ist der preisliche Verhandlungsspielraum?

16 an Kunden melden

- Wurde der Kunde über den aktuellen Stand informiert?
- Ist eine Fortführung des Projektes möglich?
- Wenn nein, wurden die Partner darüber informiert?
- Wurde der Projektabbruch dokumentiert und abgelegt?

17 vorläufiges Angebot an Kunden abgeben

- Wurden die Angebotsunterlagen erstellt?
- Wurden die vorläufigen Angebotsunterlagen dokumentiert und abgelegt?

- Wurde das Angebot dem Kunden unterbreitet?
- Ist der Kunde zufrieden mit dem Angebot?
- Wenn nein, ist der Kunde zufrieden mit dem überarbeiteten Angebot?
- Wenn nein, wurde alle Projektteilnehmer über den Projektabbruch informiert?
- Wenn nein, wurden die Daten über den Projektabbruch dokumentiert und abgelegt?

18 Fachexperten der Fachpartner einberufen (2)

- Wurde der Expertenkreis für dieses Projekt bereits neu zusammengestellt?
- Wurden alle Mitglieder des Expertenkreises informiert?

MS2 – Funktionsmuster

19 Technische Machbarkeit eines Funktionsmusters zeigen

- Liegt die Machbarkeit eines Funktionsmusters vor?
- Wenn ja, welche Technologien kommen dafür in Frage?
- Wenn ja, erfüllt das Funktionsmuster die Anforderungen des Kunden?
- Wenn nein, worin sind die Ursachen zu sehen?
- Wenn nein, sind Substitutionsmöglichkeiten für die Erzeugung eines Funktionsmusters gegeben?
- Wenn nein, erfolgte eine Rückmeldung an den Kunden?
- Ist der Kunde bei Erhalt der Rückmeldung zu einer Änderung bei der Erzeugung des Funktionsmusters bereit?
- Wenn ja, erfolgte ein Änderungsvorschlag?
- Wenn nein, wurden die Partner über den Projektabbruch informiert?
- Bei Absage → Sprung zu Frage Nr. 25.

20 Festlegung der Teilprozesse für das Funktionsmuster

- Wurden die Teilprozesse diskutiert und an die entsprechenden Partner vergeben?
- Erfolgte eine Information der Partner darüber?
- Wie lange dauert die jeweilige Bearbeitung eines Teilprozesses?
- Wie groß ist der jeweilige Arbeitsaufwand eines Teilprozesses?

21 Gesamt-FMEA bewerten

- Treten bei der Bewertung der gesamten FMEA Risiken auf?
- Wenn ja, worin sind Risiken zu sehen?
- Wenn ja, sind diese Risiken tragbar und kann von einer Weiterführung des Projektes ausgegangen werden?
- Wenn nein, ist durch eine Umstellung oder Änderung eines Teilprozesses eine Fehlerbehebung möglich?
- Bei Absage → Sprung zu Frage Nr. 25.

22 Randbedingungen festlegen

23 Projektplan erstellen

- Wurden die einzelnen Teilschritte diskutiert?
- Wurden die Teilschritte aufeinander abgestimmt?
- Wurde der Projektpartnerplan erstellt und schriftlich dokumentiert?

24 Profitabilität bewerten

25 an Kunden melden

- Erfolgte eine Rückmeldung an den Kunden?
- Ist eine Fortführung des Projektes möglich?
- Wenn nein, wurden die Partner über den Projektabbruch informiert?
- Wurde der Projektabbruch dokumentiert und abgelegt?

26 Angebot erstellen

- Wurden die Angebotsunterlagen erstellt?
- Sind die Zahlungsbedingungen festgelegt?
- Sind die Lieferbedingungen im Angebot enthalten?
- Sind Beteiligungen an besonderen Kosten festgelegt worden (z. B. Teuerungsrate)?
- Sind die rechtlichen Bedingungen festgelegt worden?
- Wurde das Angebot mit den Partnern abgestimmt?
- Wurde alles berücksichtigt, was von den Partnern gefordert wurde?
- Wurde das Angebot dokumentiert und abgelegt?
- Ist das Angebot dem Kunden übermittelt worden?
- Ist der Kunde zufrieden mit dem Angebot?
- Wenn nein, erfolgt eine Angebotsbearbeitung?
- Ist der Kunde mit dem Ergebnis zufrieden?
- Wenn nein, wurden alle Partner über die Absage des Kunden informiert?
- Wenn nein, erfolgte eine Dokumentation mit Ablage über den Projektabbruch?
- Bei Absage → Sprung zu Frage Nr. 25.

MS3 – Prototyp

27 Technische Machbarkeit eines Prototyps zeigen

- Liegt ein Funktionsmuster vor?
- Wenn nein, worin sind die Ursachen zu sehen?
- Wenn ja, welche Abweichungen sind noch auszuführen?
- Wurde eine Machbarkeitsabschätzung für den Prototyp vorgenommen?
- Wenn das Ergebnis der Machbarkeitsabschätzung negativ ist, worin sind die Ursachen zu sehen?
- Bei Absage → Sprung zu Frage Nr. 33.

28 Festlegung der Teilprozesse für den Prototyp

- Wurden die Teilprozesse diskutiert und an die entsprechenden Partner vergeben?
- Erfolgte eine Information der Partner darüber?

- Wie lange dauert die jeweilige Bearbeitung eines Teilprozesses?
- Wie groß ist der jeweilige Arbeitsaufwand eines Teilprozesses?

29 Gesamt-FMEA bewerten

- Treten bei der Bewertung der gesamten FMEA Risiken auf?
- Wenn ja, worin sind Risiken zu sehen?
- Wenn ja, sind diese Risiken tragbar und kann von einer Weiterführung des Projektes ausgegangen werden?
- Wenn nein, ist durch eine Umstellung oder Änderung eines Teilprozesses eine Fehlerbehebung möglich?
- Bei Absage → Sprung zu Frage Nr. 33.

30 Randbedingungen festlegen

31 Projektplan erstellen

- Wurden die einzelnen Teilschritte diskutiert?
- Wurden die Teilschritte aufeinander abgestimmt?
- Wurde der Projektplan erstellt und schriftlich dokumentiert?

32 Profitabilität bewerten

33 an Kunden melden

- Erfolgte eine Rückmeldung an den Kunden?
- Ist der Kunde zufrieden mit dem Prototyp?
- Wenn nein, ist eine Fortführung des Projektes möglich?
- Wenn nein, wurden die Partner über den Projektabbruch informiert?
- Wurde der Projektabbruch dokumentiert und abgelegt?

34 Angebot erstellen

- Erfolgte die Erstellung der Angebotsunterlagen?
- Sind die Zahlungsbedingungen festgelegt?
- Sind die Lieferbedingungen im Angebot enthalten?
- Sind Beteiligungen an besonderen Kosten festgelegt worden (z. B. Teuerungsrate)?
- Sind die rechtlichen Bedingungen festgelegt worden?
- Wurde das Angebot mit den Partnern abgestimmt?
- Wurde alles berücksichtigt, was von den Partnern gefordert wurde?
- Wurde das Angebot dokumentiert und abgelegt?
- Ist das Angebot dem Kunden übermittelt worden?
- Ist der Kunde zufrieden mit dem Angebot?
- Wenn nein, erfolgt eine Angebotsnachbearbeitung?
- Ist der Kunde mit dem Ergebnis zufrieden?
- Wenn nein, wurden alle Partner über die Absage des Kunden informiert?
- Wenn nein, erfolgte eine Dokumentation mit Ablage über den Projektabbruch?
- Bei Absage → Sprung zu Frage Nr. 33.

MS4 – Industrialisierung

35 Technische Machbarkeit zeigen (Industrialisierung)

- Liegt ein Funktionsmuster/Prototyp vor?
- Wenn nein, worin sind die Ursachen zu sehen?
- Ist eine Industrialisierung des Produktes unter Berücksichtigung der wirtschaftlichen Randbedingungen sinnvoll machbar?
- Wenn nein, was ist der Grund dafür?
- Bei Absage → Sprung zu Frage Nr. 41.

36 Festlegung der Teilprozesse (Industrialisierung)

- Wurden die Teilprozesse diskutiert und an die entsprechenden Partner verteilt?
- Erfolgte eine Information der Partner darüber?
- Terminierung: Wie lange dauert die Bearbeitung eines Teilprozesses?
- Wie groß ist der Arbeitsaufwand eines Teilprozesses?

37 Gesamt-FMEA bewerten

- Treten bei der Bewertung der gesamten FMEA Risiken auf?
- Wenn ja, worin sind Risiken zu sehen?
- Wenn ja, sind diese Risiken tragbar und kann von einer Weiterführung des Projektes ausgegangen werden?
- Wenn nein, ist durch eine Umstellung oder Änderung eines Teilprozesses eine Fehlerbehebung möglich?
- Bei Absage → Sprung zu Frage Nr. 41.

38 Randbedingungen festlegen

39 Projektplan erstellen

- Wurden die einzelnen Teilschritte diskutiert?
- Wurden die Teilschritte aufeinander abgestimmt?
- Wurde der Projektplan erstellt und schriftlich dokumentiert?

40 Profitabilität bewerten

41 an Kunden melden

- Erfolgte eine Rückmeldung an den Kunden?
- Ist der Kunde zufrieden mit dem industriell erzeugten Produkt?
- Wenn nein, ist eine Fortführung des Projektes möglich?
- Wenn nein, wurden die Partner über den Projektabbruch informiert?
- Wurde der Projektabbruch dokumentiert und abgelegt?

42 Angebot erstellen

- Erfolgte die Erstellung der Angebotsunterlagen?
- Sind die Zahlungsbedingungen festgelegt?
- Sind die Lieferbedingungen im Angebot enthalten?

- Sind Beteiligungen an besonderen Kosten festgelegt worden (z. B. Teuerungsrate)?
- Sind die rechtlichen Bedingungen festgelegt worden?
- Wurde das Angebot mit den Partnern abgestimmt?
- Wurde alles berücksichtigt, was von den Partnern gefordert wurde?
- Wurde das Angebot dokumentiert und abgelegt?
- Ist das Angebot dem Kunden übermittelt worden?
- Ist der Kunde zufrieden mit dem Angebot?
- Wenn nein, erfolgt eine Angebotsbearbeitung?
- Ist der Kunde mit dem Ergebnis dieser zufrieden?
- Wenn nein, wurden alle Partner über die Absage des Kunden informiert?
- Wenn nein, erfolgte eine Dokumentation mit Ablage über den Projektabbruch?
- Bei Absage → Sprung zu Frage Nr. 41.

MS5 Einführungsbeschluss

43 Reproduzierbarkeit prüfen

- Erfolgte eine Prüfung der Reproduzierbarkeit?
- War das Ergebnis zufrieden stellend?
- Wenn nein, worin liegt die Ursache?
- Wenn nein, kann die Ursache behoben werden?

44 Scale-up beenden

- Wurde alles für eine Umstellung auf Großserie berücksichtigt?
- Ist eine Umstellung möglich?
- Wenn nein, worin liegen die Ursachen?

45 Prozesse validieren

- Wurden alle benötigten Dokumente erstellt?
- Wenn nein, was war der Grund dafür?

46 Prozessrisikoanalyse erstellen

- Wurde eine Prozessrisikoanalyse erstellt?
- Wenn ja, wie sieht das Ergebnis aus?
- Wenn nein, was ist der Grund für das Fehlen?

47 Verkaufspreis erstellen

- Sind die Herstellkosten korrekt kalkuliert?
- Wurde der Verkaufspreis ermittelt?

48 Product Master Record erstellen

- Erfolgte eine Gesamtdokumentenerstellung?
- Wenn nein, warum?
- Wenn ja, wurden alle Daten berücksichtigt?

49 an Kunden melden

- Wurde der Kunde über den aktuellen Stand informiert?
- Ist eine Fortführung des Projektes möglich?
- Wenn nein, wurden die Partner darüber informiert?
- Wurde der Projektabbruch dokumentiert und abgelegt?

Die voranstehenden Kontrollfragen finden Sie auch im Downloadbereich des Hanser Verlages zu diesem Buch.

Danksagung

Ohne die Hilfe vieler Personen und Organisationen, die uns in den letzten Jahren sowohl beim Aufbau unserer Kooperation als auch bei der Erstellung dieses Buches unterstützt haben, wäre es uns nicht möglich gewesen, dieses Buch zu schreiben. Wir danken vor allem unserem Kollegen Herrn Klaus Bittner, der uns in vielerlei Hinsicht bei der Erstellung dieses Buches unterstützt hat und maßgeblich an der Zusammenstellung des Kapitels 7 über die Werkzeuge mitgewirkt hat.

Wir danken unseren Frauen Sibylle Gengenbach und Angelika Böhm-Dickerhof für ihr Verständnis, dass wir in den letzten Monaten wesentliche Teile unserer Freizeit anstatt mit der Familie mit dem Schreiben dieses Buches verbracht haben.

Weiterhin danken wir Frau Gehring und Herrn Dr. Finking vom Referat Mikrosystemtechnik des Bundesministeriums für Bildung und Forschung, Frau Dr. Gabi Fernholz vom Projektträger VDI/VDE-IT sowie Herrn Prof. Georg Bretthauer und Herrn Dr. Peter Bley vom Forschungszentrum Karlsruhe, dass sie es uns möglich gemacht haben, im Rahmen eines Förderprojekts die Grundlagen für den Start der MikroWebFab-Kooperation zu schaffen.

Unseren Kooperationspartnern aus der Geschäftsführung und dem technischen Management der MikroWebFab-Partnerunternehmen ACR GmbH (jetzt: Schmid Technology System GmbH), I-Sys Automationstechnik GmbH, HE-System Electronic GmbH, HL-Planartechnik GmbH, Microcoat Biotechnologie GmbH, Ernst Reiner GmbH & Co. KG und dem Forschungszentrum Industrieforum Mikrofertigungstechnik danken wir für die über Jahre andauernde geduldige Unterstützung und die vielen Diskussionsrunden, in denen die Grundlagen zu diesem Buch geschaffen wurden.

Unterstützung zum Kapitel 7 „Werkzeuge“ erhielten wir von Herrn Reinhard Arlt von der Firma Infor Business Solutions AG, Karlsruhe, Herrn Josef Gentischer von der Firma ACR GmbH in Niedereschach und Herrn Dr. Friedemann Reim von der Firma Informationsmanagement GmbH, Stuttgart.

Beiträge zum Kapitel 5 „Innere Werte“ erfolgten von Frau Anke Zahnleiter, Herrn Tim Kolvenbach, Herrn Andreas von Schlichtegroll, Herrn Henning Reh sowie Herrn Bernd Trostel von der PeCon Unternehmensberatung GmbH, Schriesheim.

Bei Herrn Bernhard Böhm von der Kanzlei Knigge-Nourney-Böhm, Leipzig möchten wir uns besonders auch für seine Unterstützung bei der Ausarbeitung des Themenbereichs Rechtsformen von Kooperationsnetzwerken bedanken.

Ebenfalls danken wir Frau Neuy von IVAM, Dortmund für ihre Bereitschaft, an den Fallbeispielen zu diesem Buch mitzuwirken.

Wir danken Frau Jessica Hänssel, Frau Yasemin Salur, Frau Anna Parusel sowie Herrn Aurélien Cremmel für die Erstellung der Checklisten und Grafiken in diesem Buch.

Unsere Danksagung möchten wir nicht ohne großen Dank an unsere Lektorin Frau Lisa Hoffmann-Bäuml vom Hanser Verlag beenden, die uns mit viel Geduld auf dem Weg zu dem vorliegenden Buch begleitet hat.